Manfred Griehl/Joachim Dressel

Focke-Wulf
Fw 190/Ta 152

Für
Monika
und
Monika

Manfred Griehl / Joachim Dressel

Focke-Wulf Fw 190 / Ta 152

Jäger
Jagdbomber
Panzerjäger

MOTORBUCH VERLAG STUTTGART

Einbandgestaltung: Johann Walentek

Abbildungen auf der Titelseite:
Focke-Wulf 190 eines Schlachtgeschwaders im Überflug; Ostfront 1943.
Dreiseitenansicht des Nachtjägers Fw 190 A-6/R11 mit Neptun-Suchgerät.

Bildnachweis:
Aders 3, Bekker 2, Bundesarchiv 20, Creek 5, Crow 3, DASA 82, Deutsches Museum 2, Dölling 1, Dressel 3, Filley 3, FAG Frankfurt/Main 2, Franzke 3, Griehl 15, Häberlen 4, Heck 1, Herwig 15, Jurleit 4, Kössler 2, Kudlikow 1, Lang 2, Lutz jr. 6,MBB 2, Migge 1, NASM 3, Nowarra 24, Obert 2, Petrick 3, Radinger 3, Selinger 2, Sengfelder 2, Schliephake 20, Schumacher 1, Stapfer 8, USAF 5.

Zeichnungen:
Claus Backmann (BA), Leipzig.

Die teilweise schlechte Bildqualität ist auf das Alter der Fotos zurückzuführen.

ISBN 3-613-01681-8

1. Auflage 1995

Ein Unternehmen der Paul Pietsch Verlage GmbH & Co.

Satz: Vaihinger Satz + Druck, 71665 Vaihingen an der Enz.
Druck: Gulde-Druck, 72070 Tübingen.
Bindung: E. Riethmüller, 70176 Stuttgart.
Printed in Germany

Inhalt

I.
Vorwort

Die nun – nach langen Recherchen – vorliegende Dokumentation soll allen an der Luftfahrtgeschichte Interessierten und zugleich dem Modellbauer ein leicht zugängliches Nachschlagewerk mit einer breiten Datenfülle bieten. Daneben wird das Bild einer Entwicklungsgeschichte nachgezeichnet, die nicht gerade gradlinig verlief und oftmals Überraschungen bereithielt.

Es wurde bewußt darauf verzichtet, die zahllosen Luftkämpfe und -schlachten des Zweiten Weltkriegs, bei denen die Fw 190 und Ta 152 eingesetzt wurde, erneut aufzubereiten. Es ging den Autoren vielmehr darum, in kurzer und prägnanter Form, anhand einer Fülle unbekannter Dokumente, informativen Aufstellungen und aussagekräftigen Fotos, die Geschichte eines Flugzeugs, das immerhin in 20.000 Exemplaren gebaut worden ist und mannigfaltigen Zwecken diente, von allen Seiten zu beleuchten.

Es werden daher in erster Linie wichtige Entwicklungstendenzen, wie etwa die Suche nach dem am besten geeigneten, leistungsfähigsten Triebwerk, nach der effektivsten Ausrüstung und Bewaffnung, um nur einige Punkte zu nennen, beschrieben. Einzelentwicklungen konnten nur gestreift oder am Rande erwähnt werden, um so nicht den Rahmen der Dokumentation zu sprengen.

Die für die vorliegende Dokumentation genutzten Fakten entstammen überwiegend den erhalten gebliebenen Originaldokumenten der Focke-Wulf-Werke sowie dem Schriftverkehr der zahlreichen, an der Entwicklung beteiligten staatlichen Stellen, Ausschüssen und Kommissionen.

Trotz langer und schwieriger Recherchen konnten einige Überschneidungen in der Struktur der Typenbezeichnungen und im Entwicklungsablauf nicht vermieden werden. Mehrfach kam es zu doppelt vergebenen Bezeichnungen für einzelne Bauausführungen. Manche Versuchsmuster wurden zudem nacheinander für die verschiedensten Zwecke mit unterschiedlichen Motoren getestet und erhielten dann neue Bezeichnungen. Die von den Autoren genannten Baureihenbezeichnungen entstammen alle den erhalten gebliebenen Originalunterlagen der Focke-Wulf-Werke, des RLM, des OKL, des KdE, des Jägerstabes, des Chef TLR und anderer Behörden und Dienststellen.
Die letzten der von uns verwandten Baumuster-Aufstellungen stammen vom März 1945 und dürften den abschließenden Stand der Fw 190/Ta 152-Entwicklung wiedergeben.

Die bisherigen Angaben in der Literatur zur Fw 190 stimmen in zahlreichen Details nicht überein oder sind bruchstückhaft. Als Beweis für die genannten Baureihenbezeichnungen wurden einige der Original-Aufstellungen im Wortlaut wiedergegeben.

Es soll an dieser Stelle auch darauf hingewiesen werden, daß sich zur Geschichte eines Flugzeugs, noch wesentlich mehr sagen ließe, doch dies würde den vorhandenen Rahmen bei weitem sprengen. Insbesondere im Bereich der Einsatzgeschichte muß auf einschlägige Geschwader -Chroniken verwiesen werden, da bei der vorliegenden Dokumentation die technische Entwicklung vorrangig war.

Dank der Unterstützung der Firmenarchive der DASA und von MBB, des Bundesarchives in Freiburg/Br. sowie dem Bildarchiv in Koblenz, der Flughafen AG und ihrem Archiv in Frankfurt/Main, den Sondersammlungen des Deutschen Museums in Münchens und deren Mitarbeitern, ferner dem NASM in Washington/DC und der USAF konnte die Geschichte der Fw 190 und Ta 152 in vielen Bereichen rekonstruiert werden. Ferner halfen der Arbeitskreis für Wehrforschung, Mitglieder die DGLR Lilienthal-Obert e.V., die Firmenarchive von BMW, Daimler-Benz und der MTU. Außerdem kamen Informationen vom Deutschen Aero Club e.V., der Deutschen Dienststelle (WAST) in Berlin und dem Deutschen Studienbüro für Luftfahrt in Frankfurt/Main.

Hinzu kam die Hilfe vieler Luftfahrtinteressierter, insbesondere der Herren Aders, Bekker, Borzutzki, Cony, Crow, Dierich, Dölling, Filley, Forsyth, Franzke, Häberlen, Heck, Herwig, Hildebrandt, Jurleit, Dipl-Ing. Kössler, Kudlikow, Lang, Lange, Lutz jr., Meier, Müller, Müller-Romminger, Migge, Nowarra (+), Obert, Petrick, Radinger, Ransom, Regel, Reschke, Ricco, Riedinger, Salonen, Selinger, Sengfelder, Soppa, Schliephake, Schumacher, Silva, Spenser, Stapfer und Valtonen. Ohne ihre uneigennützige Mithilfe wäre diese Dokumentation nicht in diesem Umfang möglich gewesen.

Ganz besonderer Dank gilt Herrn Flugkapitän Hans Sander, der vor einigen Jahren sein profundes Wissen zur technischen Geschichte der Fw 190 und Ta 152 in langen Gesprächen an die Autoren weitergab und zusätzlich seine persönlichen Aufzeichnungen zur Verfügung stellte.

Dies gilt auch für Eddie Creek und Richard Smith, die – in enger Zusammenarbeit – ihre reichhaltigen Unterlagen über die Fw 190 und Ta 152 mit den Autoren austauschten.

Mainz, im September 1995
Manfred Griehl

II. Einleitung

1. Focke-Wulf, das Werk

Am 01.01.1924 wurde die Bremer Flugzeugbau AG von Heinrich Focke, Georg Wulf und Dr. Naumann mit Unterstützung aus der bremischen Wirtschaft gegründet. Das Anfangskapital belief sich auf 200.000 RM. Dipl.-Ing. Focke hatte sich schon in jungen Jahren intensiv mit der Fliegerei beschäftigt und verfügte über das entsprechende »Know-how« für den Flugzeugbau.

Als Konstruktionsleiter – und gleichzeitig als Vorstand – führte Dipl.-Ing. Heinrich Focke (08.10.1890 – 25.02.1979) die Gesellschaft. Sein Partner Georg Wulf (17.05.1885 – 29.09.1927) fungierte als Einflieger und Erprobungsleiter. Dr.rer.pol. Werner Naumann übernahm die kaufmännische Führung des Unternehmens. Das erste von der Focke-Wulf AG hergestellte Flugzeug war die A-16, deren Einflug am 23.06.1924 begann. Einige Monate später, am 24.10.1924, wurde die Bremer Flugzeugbau AG in Focke-Wulf Flugzeugbau AG umbenannt.

Trotz wirtschaftlich unbeständiger Zeiten entwickelte sich das Unternehmen zielstrebig. Einige der Kleinverkehrsflugzeuge flogen bei der Bremer Luftverkehrs-GmbH, aus der später die Norddeutsche Luftverkehrs AG entstehen sollte, die schließlich mit anderen Gesellschaften in der Lufthansa aufging. Letztere beschaffte schließlich das robuste Verkehrsflugzeug »Möve« von Focke-Wulf.

Mit der dort eingesetzten Maschine wurden sechs Millionen Flugkilometer unfallfrei zurückgelegt. Ein Beweis für die Flugsicherheit dieses Produkts.

Leider stürzte Georg Wulf 1927 mit einer »Ente« (F-19a) anläßlich einer Vorführung tödlich ab. Trotz des schmerzlichen Verlustes für das Werk gingen die Arbeiten ohne Unterbrechung weiter. Für seine Verdienste erhielt Dipl.-Ing. Heinrich Focke 1931 vom Bremer Senat den Titel Professor verliehen. Im September jenes Jahres erwarb Focke-Wulf die Albatros Flugzeugwerke GmbH in Berlin-Johannisthal. Bis Anfang 1933 hatte Dipl.-Ing. Focke bereits 29 verschiedene Sport-, Schulflugzeuge und kleinere Verkehrsmaschinen konstruiert und gebaut. Bekannt wurden außer der »Möve« (A-17, A-29a und A-38), die F-19 »Ente«, der »Habicht« (A-20a und A-28) sowie der »Bussard«, die A-32.

1933 schied Prof. Focke aus persönlichen Gründen aus dem Vorstand der Gesellschaft. Er widmete sich von nun an dem neuen Aufgabengebiet »Drehflügler«. Nach Arbeiten an der deutschen Variante der Cierva C-19 im Jahre 1932, entstand 1933 der Tragschrauber C-30 »Heuschrecke« von dem 30 Maschinen gebaut wurden. Die Hubschrauber-Entwicklung vollzog sich in einem eigenen Bereich innerhalb des Bremer Werks. Bevor 1936 die bekannten Flüge mit dem ersten brauchbaren Hubschrauber, der Fw 61, erfolgen konnten, kam es zur Gründung einer eigenen Gesellschaft, der Focke, Achgelis & Co GmbH. Sitz dieses Unternehmens wurde Delmenhorst.

Fw 44, das erfolgreiche Schulflugzeug.

Fw 56 während des Einflugbetriebs.

Kurt Waldemar Tank, der Konstrukteur

Professor Dr.-Ing. e.h.

Nach einigen »Wanderjahren« fand der junge Dipl.-Ing. Kurt Tank bei den Focke-Wulf-Werken die Anstellung, die sein Leben in hohem Maße prägen sollte. Durch sein Gespür für die richtige Entscheidung und nicht zuletzt dank seines Organisationstalents gelang es ihm, nicht nur die Focke-Wulf-Werke zu ungeahnter Größe aufblühen zu lassen, sondern auch maßgeblich bei der Entwicklung neuartiger Technologien mitzuarbeiten. Sein Ansehen sowie sein Einfluß auf die im Bereich des Generalluftzeugmeisters und des Jägerstabs zu treffenden Entscheidungen förderte fraglos die zielgerichtete Fortentwicklung der Fw 190 bis hin zur Ta 152. Die Entscheidung, ein Hochleistungsflugzeug zu entwickeln, das quasi die »High-Tech«-Ausführung der überaus wendigen russischen »Rata« darstellen sollte, legt von alledem ein beredtes Zeugnis ab.

Lebenslauf:

1898	Am 24. Februar in Bomberg-Schwedenhöhe geboren.
1915–1918	Freiwilliger an der Ostfront, Ausbildung zum Offizier, 1918 schließlich Leutnant und Kompanieführer.
1918–1922	Abitur, Studium an der Technischen Hochschule in Berlin-Charlottenburg, Fachrichtung Elektrotechnik. Gründung der Akaflieg Berlin durch Kurt Tank. Konstruktion eines Segelflugzeugs »Teufelchen« im Rahmen der Diplom-Vorprüfung (durch Prof. v. Parseval und Prof. Dr. Hoff).
1922	Praktikant bei der Luftfahrzeugbau-Gesellschaft in Stralsund.
1923	Segelflugausbildung, Teilnahme am Röhn-Wettbewerb mit zwei Maschinen der Akaflieg.
1924	Abschluß des 1. Staatsexamen als Diplom-Ingenieur, Anstellung bei Rohrbach Metallflugzeugbau in Berlin zum Aufbau einer Entwurfsabteilung.
1925	Erwerb des A-2-Scheines.
1930–1931	Leiter des Projektbüros der Bayrischen Flugzeugwerke in Augsburg.
1931	Anstellung als Chef des Entwurfsbüros und der Flugerprobung bei der Focke-Wulf GmbH in Bremen (1. November).
1932	Konstruktion der Fw 44 »Stieglitz«.
1933	Technischer Leiter der Focke-Wulf-Werke.
1934	Konstruktion der Fw 56 »Stößer“
1936	Verleihung des Titels Flugkapitän; Konstruktion des Kampfzerstörers Fw 57.
1936	Konzeption und Entwicklung der Fw 200.
1937	Erstflug der Fw 200 V1 unter Führung von Kurt Tank in Bremen.
1939–1945	Entwicklung der Fw 190 A bis G sowie der Focke-Wulf Ta 152, Ta 154 sowie des strahlgetriebenen Projekts Ta 183.
1944–1945	Leiter der Entwicklungshauptkommission (ESK) sowie der Entwicklungssonderkommission »Nachtjagd«. Gefangennahme durch den englischen Geheimdienst am 8.04.1945 in Bad Eilsen, dem Sitz des Entwicklungsbüros.
1945–1946	Das »Ingenieurbüro Tank« beschäftigt sich mit der Entwicklung und Herstellung verschiedener Wohn- und Werkstattbauten.
1947–1955	Aufenthalt in Argentinien; Entwicklung des Strahljägers »Pulqui II« (I. A. Fabricia Militar de Aviones in Cordoba) in Anlehnung an die Ta 183.
1956–1968	Aufenthalt in Indien; Entwicklung des Strahlflugzeugs HF 24 »Marut«; Serienbau ab 1963.
1968	Rückkehr Professor Tanks nach Deutschland.
1983	Kurt Tank stirbt am 5. Juni 1983 im Alter vom 85 Jahren.

Prof. Dr.-Ing. e.h. Kurt Tank mit Ritterkreuzträger Walter Nowotny während dessen Besuch im Focke-Wulf-Stammwerk.

Mit dem Ausscheiden von Prof. Focke übernahm im Sommer 1933 Dipl.-Ing. Kurt Tank (24.02.1898 – 05.06.1983), der seit 1931 den Focke-Werken als Chef des Entwurfbüros und Leiter der Flugerprobung angehörte, die technische Leitung des gesamten Unternehmens. Bewährter kaufmännischer Leiter blieb Dr. Naumann. Als Betriebsleiter fungierte Ing. Hans Schubert, dessen betriebliche Neuorganisation erst die Möglichkeiten für die moderne Großserienfertigung von Flugzeugen bei Focke-Wulf eröffnete. Unter seiner Leitung sollten die Werke Hastadt und Hemelingen bei Bremen entstehen. Der Aufbau einer neuen Luftwaffe warf seine Schatten schon längst voraus. Schul- und Übungsflugzeuge wurden in großer Stückzahl benötigt.

1936 wurde aus der Focke-Wulf Flugzeugbau AG eine Gesellschaft mit beschränkter Haftung. Der Kapitalrahmen wurde auf 2.500.000 RM erhöht.

Mit der Serienfertigung des kunstflugtauglichen Doppeldeckers Fw 44 »Stieglitz« sowie des wendigen Übungsflugzeugs Fw 56 »Stösser« erzielte die Focke-Wulf GmbH große Erfolge und beteiligte sich damit intensiv an der Aufstellung der neuen Luftstreitkräfte. Der Schulung auf mehrmotorigen Flugzeugen diente gleichzeitig die Fw 58 »Weihe«, welche ebenfalls in beachtlichen Stückzahlen gefertigt wurde.

Nach dem Tode des Chefpiloten Dipl.-Ing. Thomas Schröder am 23.04.1936 übernahm Flugzeugbaumeister (FBM) Dipl.-Ing. Hans Sander bis Kriegsende dieses überaus verantwortungsvolle Aufgabengebiet.

Dem 1937 realisierten Zerstörer-Entwurf, der Fw 57, war indessen kein Erfolg beschieden, da die entsprechend starken Triebwerke fehlten. Die Entwicklung der Fw 200 »Condor« brachte dem Werk jedoch einen weiteren Aufschwung, zumal mit dem viermotorigen Großflugzeug aufsehenerregende Fernflüge nach New-York und Tokio in Rekordzeiten gelangen. Der Verkaufserfolg der Fw 200 in In- und Ausland führte zum Serienbau. Bei Kriegs-

Hans Sander, der Einflieger

Dipl.-Ing., Flugkapitän a.D., Regierungsbaudirektor a. D.

Hans Sander zeichnete als Leiter der Flugerprobung der Fw 190 bei Focke-Wulf verantwortlich. Er gehörte jener eingespielten Mannschaft hervorragender Werkspiloten an, die zwischen 1939 und 1945 ein immer leistungsstärkes Einsatzflugzeug für die deutsche Luftwaffe entwickelte und erprobte. Hans Sander wurde in dem von Ernst Udet angelegten »Goldenen Buch der Flieger« als erster Flugzeugführer wegen seiner herausragenden Leistungen eingetragen. Seine Verbundenheit mit der Fliegerei bis in die achtziger Jahre zeigt sein Engagement beim Deutschen Aeroclub e.V. und sein stets ausgeprägtes Interesse für die Luftfahrt.

Lebenslauf:

1908	Am 25. September in Barmen bei Wuppertal geboren.
1928	Abitur in Wuppertal-Elberfeld.
1928–1934	Studium des Allgemeinen Maschinenbaus mit Fachrichtung Automobil- und Flugzeugbau an der Technischen Hochschule Aachen. Flugzeugführer-Ausbildung bei der Akaflieg (Akademische Fliegergruppe) der TH Aachen. 1933/1934 Konstruktion des Segelflugzeugs »Blaue Maus II« (FVA 9) als Diplomarbeit. Abschluß des Studiums mit dem Staatsexamen; Diplom-Ingenieur.
1934–1937	Ausbildung zum Flugzeugbaumeister bei der DVL in Berlin-Adlershof einschließlich Praktikum bei Focke-Wulf, Erwerb des C-2- und K-2-Scheines; 15 Monate bei der Erprobungsstelle Rechlin. 1937 Flugzeugbaumeister (2. Staatsexamen) Einstellung bei Focke-Wulf in Bremen als Versuchspilot; Erprobung der Fw 57 und Fw 187
1938	Erprobung der Fw 189 »Uhu«
1939–1945	Erprobung der Fw 190 (bis April 1945) Aufbau der Hauptabteilung Mustererprobung (= Versuchsabteilung) bei Focke-Wulf. Hans Sander wird Chefingenieur und Chefpilot der Mustererprobung.
1940	Verleihung des Titels Flugkapitän.
1943–1945	Erprobung der Fw 200, Ta 154 und Ta 152; letzter Flug am 5.04.1945 (Fw 190 V73); bis dahin 2222 Flugstunden und 159.227 km
1946–1954	Anstellung bei der Turbomeca sowie der Sud Aviation in Toulouse.
1954–1958	Leiter des Versuchslabors bei der Hauptentwicklungsabteilung bei VW. Mitbegründer des Wolfsburger Segelflugclubs; Erprobung der Pützer »Elster«.
1958–1962	Deutscher Vertreter bei Lockheed für die Entwicklung der F-104 G »Starfighter«.
1963–1965	Deutscher Vertreter im Hawk-Missile-Büro in Paris.
1965–1973	Beamter im NATO-Sekretariat in Paris sowie später in Brüssel.
1973	Pensionierung als Regierungsbaudirektor.
1974–1980	Motorflugreferent beim Deutschen Aeroclub. 1980: Letzte Segelflüge, Verleihung der »3 Diamanten zur Gold C« (No. 551, FAI).

beginn mußte ein Teil dieser Maschinen als Transportflugzeuge eingesetzt werden. Schließlich wurde die Fw 200 C, zumindest für einige Zeit, recht erfolgreich als Fernaufklärer und Kampfflugzeug geflogen.

Bedingt durch die rastlose Aufrüstung entstanden daneben Konstruktionen wie der zweimotorige Zerstörer Fw 187 »Falke« oder der Heeresaufklärer Fw 189 »Eule«, um nur einige der bekannten Konstruktionen zu nennen. Aussichtsreiche Entwürfe wie die Fw 191 als künftiger »Bomber B« scheiterten an den Triebwerken.

Als die Entwicklung der Fw 190 »Würger« gerade greifbare Formen annahm, fielen 1941 die ersten Bomben auf das Bremer Werksgelände. Nach dem zunächst in Bremen erfolgten Musterbau wurde die Fw 190-Fertigung auf eine Vielzahl weiterer Werke ausgedehnt. Es entstanden die Niederlassungen und Montagewerke in Cottbus, Einswarden, Eschwege, Halberstadt, Hannover-Langenhagen (Erprobung und Musterbau), Gotenhafen bei Danzig, Marienburg in Westpreußen, Neubrandenburg, Posen, Schwerin, Sorau und Tutow. Nachdem ein schwerer alliierter Luftangriff auch einen Teil des Bremer Stammwerks in Schutt und Asche gelegt hatte, konnte kurzfristig auf Werkshallen von Blohm & Voss ausgewichen werden. Die Belegschaftstärke lag 1944 bei 37.000 Mitarbeitern.

Der Bedarf an Tausenden von Fw 190 bedingte eine zusätzliche Ausweitung der Produktion. Die Maschinen wurden daher – außer bei Focke-Wulf – noch bei Ago in Oschersleben bei Magdeburg, bei Arado in Warnemünde, bei Bücker in Rangsdorf bei Berlin, bei Fieseler im Raum Kassel, den Mitteldeutschen Metallwerken (Mimetall) in Erfurt/Türingen,

Flugkapitän Hans Sander, der großen Anteil an der Focke-Wulf-Werkserprobung trug.

Windkanalmodell der Fw 190.

Ohne Chance blieb die Fw 187, hier das zweite Versuchsmuster.

In großen Stückzahlen entstand die Fw 189, ein leistungsfähiger Heeresaufklärer.

den Norddeutschen Dornier-Werken in Wismar an der Ostsee sowie bei Erla in Leipzig-Mockau und bei Weser in Bremen-Lemwerder oder Berlin-Tempelhof hergestellt, beziehungweise endmontiert. Die Arbeitsgemeinschaft »Roland« sollte zusätzlich, ab Anfang 1945, im Raum Hamburg- Bremen-Delmenhorst) die Produktion der Fw 190/Ta 152 steigern helfen. Die Einbindung von Blohm & Voss im Raum Hamburg sowie in Wenzendorf kam kurz vor Kriegsende ebenfalls über die Planungsphase nicht mehr hinaus. Außer der Endmontage des Focke-Wulf-Jägers sollten dort diverse Umrüstungsaufgaben im Bereich der Fw 190 durchgeführt werden. Gleichzeitig war ab 1944 an den

Die Fw 200 stellte einen der großen Erfolge von Focke-Wulf dar.

serienmäßigen Umbau von älteren Fw 190 A zu zweisitzigen Schulflugzeugen in Altenburg und Menibum gedacht. Blohm & Voss sowie die Lufthansa-Werft Prag sollten zudem ab 1945 mit der Herstellung des Schulflugzeugs Ta 152 S betraut werden.

Im Lauf des Krieges nahmen die gegnerischen Luftangriffe ständig zu. Beim 123. Angriff alliierter Bomber auf den Großraum Bremen am 13.05.1944 wurde ausschließlich das Focke-Wulf Werksgelände getroffen. Nicht erst dieser Angriff, sondern die allgemeine Lage führte zur Verlagerung und Verbunkerung der wichtigsten Produktionsteile der Rüstungsindustrie.

Gemäß dem Plan zur Verlagerung wichtiger Fertigungsvorhaben vom 5.7.1944 in besonders geschützte Werke sollten die Fw 190 und Ta 152 ab 1944 im unterirdischen Werk Gevelsberg produziert werden. Ferner war die Endmontage im Bunker Kaufering bei Landsberg sowie im Bunker Mecklenburg (Langenhagen) vorgesehen.

Der Bereich Motorenproduktion gehörte zwar nicht zu den Focke-Wulf-Werken oder deren Lizenznehmern, war aber ebenso wichtig wie die Herstellung der Fw-190- und Ta-152-Zellen. Die Jumo 213-Triebwerksproduktion sollte ab dem zweiten Halbjahr 1944 zunehmend bei den Mittelwerken bei Nordhausen; die des DB 603 in den Bunkeranlagen von Obrigheim, Genshagen sowie bei Brünn (Objekte »Rochen« und »Goldfisch I« und »II«) stattfinden. Die Übertagefertigung des Jumo 213 lief gleichzeitig bei den Junkers-Motorenwerken in Dessau, Köthen, Magdeburg und Leipzig weiter. Die benötigten DB-603-Triebwerke sollten die Flugmotorenwerke Ostmark in Wiener Neudorf herstellen. Die Mehrzahl der BMW- 801-Triebwerke stammte aus den Werken Allach und Oberwiesenfeld im Raum München.

Die dislozierte Produktion von Zellen und Triebwerken sollte einigermaßen Gewähr dafür bieten, daß die Endfertigung auch im Fall schwerer Luftangriffe in gewissem Rahmen weiterlaufen konnte. Die zunehmenden Materialengpässe, zusammenbrechende Verkehrsverbindungen und immer einschneidendere Treibstoffzuteilungen bereiteten dieser Planung ab 1944 schrittweise ein Ende.

2. Fw 190, das Produkt

Die vorliegende Dokumentation möchte die gesamte Bandbreite der Entwicklung der Fw 190 als Nachschlagewerk mit informativen Übersichten und neuem Bildmaterial vorstellen. Es handelt sich bei der Fw 190 und Ta 152 – wer wollte dies bestreiten – um Flugzeuge, die Luftfahrtgeschichte geschrieben haben und deren Baumuster-Katalog Seiten füllen. Viele Varianten wurden nur als Prototyp oder in wenigen Musterumbauten hergestellt. Von vielen Entwürfen blieb auch nur eine ausgearbeitete Projektstudie übrig, eine unter vielen anderen. Dennoch verbindet alle gezeigten Ausführungen der Fw 190 und Ta 152 der Wunsch Professor Kurt Tanks, der Luftwaffe ein optimales Einsatzmuster zur Verfügung zu stellen.

Geprägt wurde die Gesamtentwicklung der Fw 190 und ihrer Nachfolgemuster durch die schwierig zu lösende Frage, welches Hochleistungstriebwerk am besten für die jeweilige Bauausführung geeignet und noch dazu in großen Stückzahlen verfügbar war. Nachdem der BMW-139-Sternmotor nur als Übergangslösung gedient hatte, kam es zum Einbau des leistungsstärkeren BMW-801-Doppelsternmotors, dessen Aussehen die meisten Standardausführungen der Fw 190 prägen sollte.

Vom »Verfolgungsjagdeinsitzer« mit seiner verstärkungsbedürftigen Starrbewaffnung (bis hin zu Ausführungen mit untergehängten drallstabilisierten oder ferngelenkten Raketen) über den »Zerstörer« mit einem Rohrwaffen-Kaliber bis zu 30 mm führte der Weg zum gepanzerten Sturm- und den modern ausgerüsteten, einsitzigen Allwetter- und Nachtjägern.

Es handelte sich keineswegs um eine vorausbedachte Planung. Die Realität diktierte den Fortgang der weiteren Entwicklung, deren grobe Einteilung

Modell mit markierten Hautfeldern der geplanten Fw 190-Beplankung.

Attrappe der Fw 190 mit einer relativ eng an die Kabine herangerückten BMW 139-Mockup.

Die frühe Rumpfanordnung der 1:1-Holzattrappe der Fw 190.

Kontur des geplanten Seitenleitwerks der Fw 190 V1.

Die Bewaffnung in den inneren Flächen sollte bei den frühen Versuchsmustern aus je einem MG 131 (links) und einem MG 15 (rechts) bestehen.

sich durchaus an den verschiedenen Motorenausstattungen der Fw 190 klassifizieren läßt:

a) Fw 190 A mit BMW 801 C-0 bis D-2, ohne Verwendung einer Druckkabine
b) Fw 190 B mit BMW 801 D-2 und GM 1-Anlage sowie mit Druckkabine
c) Fw 190 C mit DB 603 und Abgasturbine
d) Fw 190 D mit Jumo 213 A, C, E, E-1 und F, mit GM 1 und/oder MW-Anlagen

Die folgerichtige Weiterentwicklung der Fw 190 mit BMW 802-, Jumo-222- oder anderen Hochleistungsmotoren scheiterte an deren unbefriedigendem Entwicklungsstand. Die Verwendung von zusätzlichen auf den Flächenspitzen aufgesetzten Lorin-Antrieben und aufwendigen Turbinenanlagen ließen sich nicht realisieren.

Gegen Ende des Krieges flog die Mehrzahl der Fw 190 und Ta 152 entweder mit dem BMW 801 D-2 (in verschiedenen Ausführungen) oder dem Jumo 213 A. Alle leistungsstärkeren Jumo 213-Triebwerke der Ausführungen E, E-1 oder F-1 konnten infolge der Kriegsereignisse nur noch in geringen Stückzahlen produziert werden. Sie spielten allenfalls bei der Erprobung eine Rolle.

Außer als »Normaljäger« sollte die Fw 190 als »Höhenjäger« produziert werden, die Gesamtentwicklung gliederte sich in vier Schritte:

a) Fw 190 mit BMW 801 D und Zusatzeinspritzung
b) Fw 190 mit BMW 801 D und Turbolader
c) Fw 190 mit DB 603 A und Abgasturbine
d) Fw 190 mit Jumo 213 E/F-Höhentriebwerk

Die Aufwendigkeit dieser Planung verlangte eine zu lange Entwicklungszeit und führte nach zahlreichen Musterbauten, wenn auch mit respektablen Leistungen, nicht zum gewünschten Erfolg – einem truppentauglichen Höhenjäger mit Druckkabine. Erst mit der Bereitstellung des Jumo 213 E/F-Motors hätte kurz vor Kriegsende, bei fehlenden Produktionsmitteln, endlich ein leistungsfähiger Höhenjäger zur Verfügung gestanden.

Gleichzeitig wurde aus der Behelfsverwendung »Jagdbomber« mehr und mehr eine eigene Entwicklungsreihe, die Fw 190 F. Der leichte Jagdbomber wurde zum Langstrecken-Jabo, dem »Jabo-Rei«, der bei jedem Wetter flugtauglich sein sollte. Aus dem bloßen Jagdbomber entwickelte man ab 1944 den mit Panzerabwehr-Raketen bewaffneten Panzerjäger, welcher sowohl die Ju 87 als auch die

Besprechung zwischen Generalingenieur Lucht, Generaloberst Udet und Dipl.-Ing. Franke vor der Fw 190 V1, Sommer 1939.

Fw 190 V1 während der Flugerprobung im Werk Bremen. Beachtenswert sind die frühen Abdeckungen des Einziehfahrwerks.

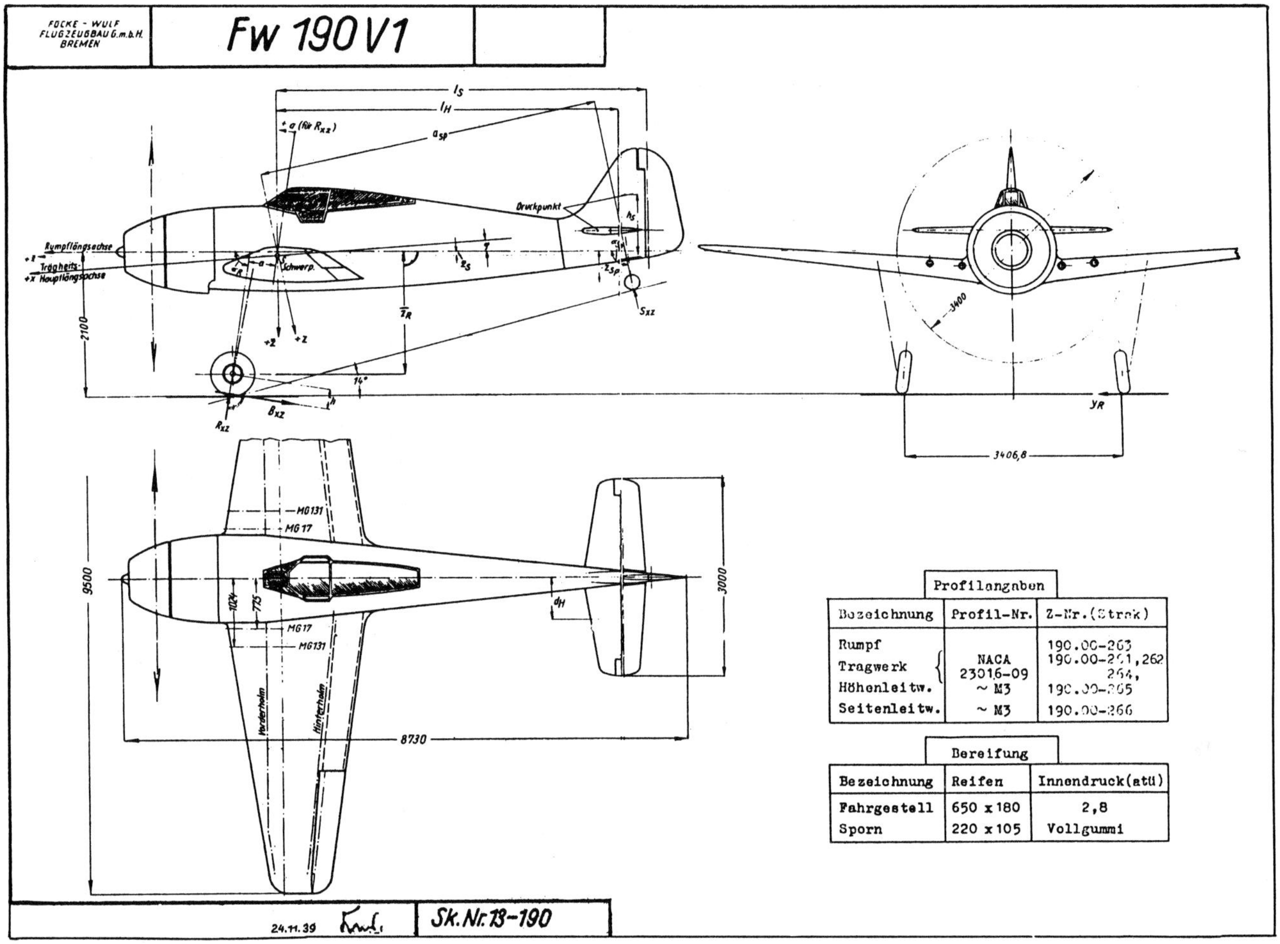

Dreiseitenansicht der Fw 190 V1 vom 24.11.1939.

Hs 129 ersetzen sollte. Durch die Verwendung von »Panzerblitz-« und »Panzerschreck-Projektilen« unter den Flächen zahlreicher Fw 190 F-8 wurde eine neue Dimension der Luftnahunterstützung eingeleitet.

Eine Sonderform, der leicht bewaffnete Torpedoträger »Jato«, blieb bereits 1943 in der Entwicklung stecken. Die Wiederaufnahme der Entwicklung mit einem verbesserten Lufttorpedo im Sommer 1944 begann zu spät. Der scharfe Einsatz mit Bombentorpedos sollte ab Ende 1944 stattfinden, konnte aber infolge des Verlustes des Herstellerwerkes nicht verwirklicht werden. So blieb es allein bei der praktischen Erprobung.

Die Notwendigkeit, den Einsatz über dem Gefechtsfeld bei einer sich ständig ausweitenden Abwehrkapazität des Gegners zu überstehen, schuf ein Schlachtflugzeug. Diese Fw 190 G sollte zudem nacht- und allwettertauglich sein.

Die Aufklärer-Varianten erhielten in der Planungsphase die Bezeichnung Fw 190 E, wurden aber nicht in Großserie gefertigt. Es handelte sich bei den meist als »Gewalt-Aufklärer« eingesetzten Maschinen in erster Linie um Umbauten der A-Serie.

Spätestens ab Sommer 1944 zeichnete sich ab, daß die Fw 190 »Dora« sowie einige Ausführungen der Ta 152 wohl die letzten kolbengetriebenen Jagdflugzeuge der Luftwaffe sein würden. Die bei-

Abmessungen der Fw 190-Ausführungen

Bauserie	Spannweite (m)	Länge (m)	Gesamthöhe (m) 1)	Flügelfläche (m²)	Spurbreite (m)
Fw 190 A-1	10,38	8,85	3,95	18,30	3,50
Fw 190 A-2	10,51	8,85	3,95	18,30	3,50
Fw 190 A-3	10,51	8,85	3,95	18,30	3,50
Fw 190 A-4	10,51	8,85	3,95	18,30	3,50
Fw 190 A-5	10,51	9,00	3,95	18,30	3,50
Fw 190 A-6	10,51	9,00	3,95	18,30	3,50
Fw 190 A-7	10,50	8,95	3,95	18,30	3,50
Fw 190 A-8	10,50	8,95	3,95	18,30	3,50
Fw 190 A-9	10,50	8,95	3,95	18,30	3,50
Fw 190 B-0	12,30	8,95	3,95	20,30	3,50
Fw 190 C-0	12,30	9,50	3,95	20,30	3,50
Fw 190 D-9	10,50	10,20	3,86	18,30	3,50

1) Gesamthöhe: Rollstellung mit freilaufender Schraube

Quellen: Handbücher Teil O vom 4.10.1943, 8.12.1943 und 3.06.1944; Baubeschreibung Nr. 252 »Höhenjagdflugzeug Fw 190«

den zuletzt genannten Maschinen basierten auf der Fw 190 A, deren Weiterentwicklung als »Fw 190 neu« direkt zur »Ta 152 mit Einheitstriebwerk«, beziehungsweise von der »Fw 190 mit Jumo 213« zur Ta 153 und dann zur Fw 190 D-9 bis D-15 führte. Trotz der immensen Verbesserung der Leistungen dieser – in gewisser Weise – als »Hochleistungsflugzeuge« anzusehenden Entwicklungen des Kreises um Professor Tank, warf eine neue Generation von Einsatzmaschinen bereits ihre Schatten voraus: Den Strahlflugzeugen gehörte die Zukunft, obwohl sie noch mit »Kinderkrankheiten« behaftet waren und zahlreiche Schwachstellen ihre Funktion einschränkten. Zahlreichen Dokumenten des OKL sowie des Chefs der Technischen Luftrüstung ist heute zu entnehmen, daß die Jagdgeschwader der Luftwaffe nur solange noch mit Maschinen wie der Fw 190 D-9 oder D-13 ausgestattet werden sollten, bis die Me 262 A-1a in größeren Stückzahlen verfügbar sein würde.

III. Vom Projekt zur Großserie

1. Fw 190 – Das Jagdflugzeug

Dem Entwurf des »Verfolgungs-Jagdeinsitzers« Fw 190 lag die Forderung des Technischen Amtes des RLM aus dem Jahre 1937 zu Grunde, ein Flugzeug zu entwickeln, das gute Flugeigenschaften und Leistungen aufweisen und außerdem – in bezug auf die »konstruktive Durchbildung« unbedingt folgende Bedingungen erfüllen sollte:

1. Sehr kurze Herstellungszeiten infolge eines einfachen Aufbaus im Großserienbau,
2. größtmögliche Betriebssicherheit durch den Fortfall der Flüssigkeitskühlung,
3. leichte Wartungsmöglichkeiten durch gute Zugänglichkeit der gesamten Motorenanlage und der Ausrüstung sowie
4. ein guter Schutz des Flugzeugführers in den Hauptschußrichtungen.

Diese Forderungen führten zum Entwurf eines freitragenden Tiefdeckers mit Einziehfahrwerk und luftgekühltem Doppel-Sternmotor. Trotz des verhältnismäßig großen Motorendurchmessers war es möglich, die vom RLM geforderten Flugleistungen zu ereichen. Es wurde besonderer Wert auf eine gute Wendigkeit und eine nicht zu hohe Landegeschwindigkeit (mittels einfacher Landehilfen) gelegt.

Um die Fertigungsdauer der Fw 190 zu verkürzen und den Bau des Flugzeugs mit wenig geschulten Arbeitskräften rasch durchführen zu können, wurde der gesamte Aufbau so einfach wie möglich gehalten. Sowohl der Rumpf als auch Flügel und Leitwerk wurden aus Duraluminium in Schalenbauweise ausgeführt und so aufgeteilt, daß sie als offene Schalen hergestellt werden konnten. Zur Verringerung der Landegeschwindigkeit wurden Spreizklappen vorgesehen, da bei allen anderen Landehilfen größere Anforderungen an die Genauigkeit der Werkstattausführung gestellt werden mußten. Aus demselben Grunde wurde auch die Fahrwerksanlage möglichst einfach gehalten. Die beiden Fahrwerkshälften ließen sich in die Flächen und der Sporn in den Rumpf einziehen. Das Ausfahren erfolgte durch das Eigengewicht und mittels zweier Öldruckzylinder.

Für den Einbau des luftgekühlten Motors war in erster Linie das Bestreben maßgebend, eine betriebssichere und noch dazu leicht zu wartende Motorenanlage zu schaffen. Die Wahl fiel zunächst auf den BMW 139-Doppelsternmotor, bei dessen Einbau in die Fw 190 sich bei der V1 eine Flugmasse von 3000 kg und bei der V2 von 3125 kg ergab.

Eine übersichtliche Anordnung der Instrumente und einfache Bedienungsgeräte sollten den Piloten weitgehend entlasten und es ihm ermöglichen, sich voll und ganz seinen fliegerischen und taktischen Aufgaben zu widmen.

Alle Teile, die ständig überwacht und gewartet werden mußten, wurden entweder direkt oder durch große Klappen leicht zugänglich gemacht.

Die erste bekannte Aufnahme der Fw 190 V1 im Flug.

V.l.n.r.: Fw 190 V5, Fw 190 V2 (RM+CA), Fw 190 A-0/U11 (WerkNr. 0015), Fw 190 A-1 (KB+PJ) und die Fw 190 A-0/U4 (WerkNr. 0022).

Die V2 wird nach einem Testflug zu ihrer Halle geschleppt. Im Hintergrund eine Fw 200 C-1 sowie ein Fw 200-Rumpf.

Instandsetzungsarbeiten an der Fw 190 V2, die sich am 4.03.1940 überschlug, wobei die Kanzel sowie das Leitwerk erheblich beschädigt wurden.

Die Ausrüstung umfaßte außer den notwendigen Flug- und Triebwerksüberwachungsgeräten bei dem ersten Versuchsmuster eine Sauerstoffanlage für Höhenflüge. Bei der Fw 190 V2 kam zusätzlich eine einfache Bordfunkanlage zum Einbau. Die Bewaffnung des zweiten Prototyps bestand aus zwei MG 17 mit zusammen 1500 Schuß Munitionsvorrat und zwei weiteren dieser Waffen mit 940 Schuß.

Der Kraftstoffvorrat der ersten Musterflugzeuge ermöglichte bei 80 % Motorvolleistung eine Flugzeit von etwa 1,5 Stunden.

Die ersten Entwurfsskizzen für einen freitragenden Tiefdecker entstanden bereits Ende 1937. Erste detaillierte Dreiseitenansichten lagen dann im Frühjahr 1938 vor. Sie zeigten eine zunächst auffallend niedrige Kabinenverkleidung, welche später – zwecks Verbesserung der Sichtverhältnisse des Piloten – modifiziert werden mußte. Die beim Technischen Amt des Reichsluftfahrtministeriums (RLM) eingereichten Pläne führten 1938 zum Bau einer 1:1-Attrappe, welche nach mehreren Besichtigungen durch Ingenieure des Technischen Amtes grundsätzlich gebilligt wurde und zum Auftrag für anfangs drei Prototypen führte.

Um die Erprobung auf eine breitere Basis zu stellen, wurde diese Planung für das mit Sternmotor ausgerüstete, einsitzige Jagdflugzeug überdacht und zunächst vier Maschinen mit BMW 139 bestellt; die Versuchsmuster V1 bis V4. Die folgenden Baumuster (V5 und V6) sollten versuchsweise mit dem BMW 801 ausgerüstet werden, dessen Betriebssicherheit jedoch noch nicht überzeugte. Die V-Musterbezeichnungen für die V8 bis V11 wurden in Fw 190 A-0/U3 bis A-0/U6 geändert. Bereits ab der Werknummer 0005 sollte die Nullserie des mit Fw 190 A-0 bezeichneten Tagjägers anlaufen.

Der Erstflug der unbewaffneten Fw 190 V1 (D-OPZE) fand am 1.6.1939 unter Führung von Werkspilot Hans Sander in Bremen statt. Ende Oktober 1939 wurde die Maschine in Rechlin/Müritz einem Vergleichsfliegen mit der Bf 109 und der Bf 110 unterzogen. Da die Kühlung des BMW 139 mit der zunächst verwendeten Doppelhaube keinesfalls zu lösen war, wurde Ende 1939 beschlossen, die Fw 190 V1 bis V4 mit einer konventionellen Triebwerksverkleidung (NACA-Haube) zu versehen. Hiernach erfolgte eine weitere fliegerische Überprüfung bei der Erprobungsstelle in Rechlin. Ab Anfang

Die Fw 190 V1 (FO+LY) zeigt im März 1940 die geänderte Motorhaube sowie die Waffeneinbauten in der Flügelwurzel.

Verkleidung der Flügelwurzel-Bewaffnung der Fw 190 V5.

1940 bis mindestens März 1943 wurde die Maschine anschließend im Werk Bremen geflogen.

Der erste Flug der Fw 190 V2 (FO+LZ) fand am 30.11.1939 in Bremen statt. Die Maschine wurde im Dezember 1939 umgebaut und erhielt statt der Doppelhaube die »Focke-Wulf-Haube mit Lüfterrad«. Die Maschine wurde mit und ohne Lüfterrad, das der unmittelbaren Motorenkühlung diente, bis Anfang 1940 getestet. Nachdem die Maschine am 4.03.1940 in Tarnewitz bei der Waffenerprobung beschädigt worden war, folgte eine Reparatur in Bremen, ehe das Flugzeug zwischen dem 11.09.1940 und 19.05.1941 wieder bei der E-Stelle in Tarnewitz verfügbar war. Die Maschine befand sich nach Werksunterlagen zumindest bis zum 29.03.1943 im Flugbetrieb.

Die am 29.09.1939 in Auftrag gegebene Fw 190 V3 wurde nicht endmontiert; die bereits hergestellten Baugruppen dienten als Ersatzteile für die V1, V2 und V5. Focke-Wulf rechnete am 7.05.1940 insgesamt 71.940,- RM für die angefallenen Arbeiten an dem dritten Versuchsmuster ab.

Der vierte Prototyp (WerkNr. 0004) diente als

Die Fw 190 V5g war mit vier MG 17 bewaffnet und nahm die Erprobung im Werk Bremen im Frühjahr 1940 auf.

Die erste, noch kurze Fläche der Fw 190 V6 während der Endmontage.

Bei dieser Maschine handelt es sich vermutlich um die Fw 190 V7, deren Starrbewaffnung aus vier MG 17 sowie zwei MG FF bestand, und die hauptsächlich als Musterflugzeug der A-1-Serie diente.

Die Fw 190 A-0 (SB+IA) wurde von einem BMW 801 C-1 angetrieben. Die Flächenbewaffnung (außen) bestand aus je einem MG FF.

Bruchzelle für den Bauzustand Fw 190 V1 und V2.

Das nächste, von Anfang an mit dem BMW 801 ausgerüstete Versuchsmuster, nahm als V5k (das »k« steht für »kurze Fläche«) die Werkserprobung im April 1940 in Bremen auf. Im Sommer 1940 erhielt die Maschine ein verbessertes Leitwerk, das zusammen mit der von 14,9 m² auf 18,3 m² vergrößerten Fläche für eine merkliche Leistungssteigerung, so Hans Sander, verantwortlich zeichnete. Die nun als Fw 190 V5g (das »g« steht nun für »große Fläche«) bezeichnete Maschine stellte gleichzeitig die erste Fw 190 A-0, genauer die A-0/U1, dar. Auch die im Oktober 1940 folgende Fw 190 V6 besaß anfangs die kleine Fläche und erhielt nach dem Umbau als erste Fw 190 eine starre 20-mm-Bewaffnung (MG FF). Außer der Fw 190 V5 und V6 und den WerkNrn. 0008 bis 0014 sollten alle übrigen Fw 190 A-0 die großen Fläche von 18,3 m² Flügelfläche erhalten. Die bei der V5 eingetretene Leistungssteigerung führte jedoch dazu, daß das RLM am 27.01.1940 den Auftrag erteilte, die

Nahaufnahme der Fw 190 V9 (BMW 801 C-0, später C-1), die später eine verstärkte Waffenanlage erhielt.

Die frühe Abwurfanlage mit 300-l-Behälter unter dem Rumpf der Fw 190 V9.

Der abwerfbare 300-l-Zusatzbehälter unter dem Rumpf der Fw 190 A.

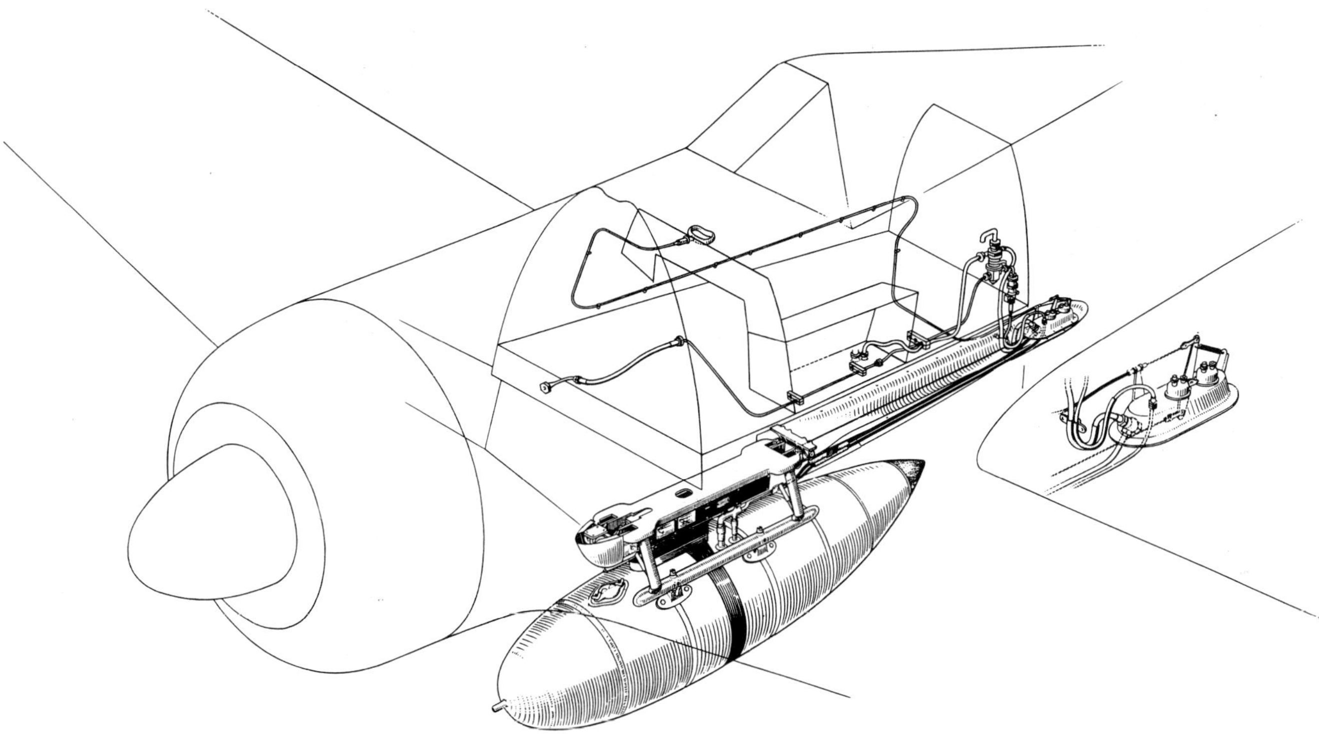

Der Mustererprobung diente in Hannover-Langenhagen diese frühe Fw 190 A-0 (WerkNr. 0008).

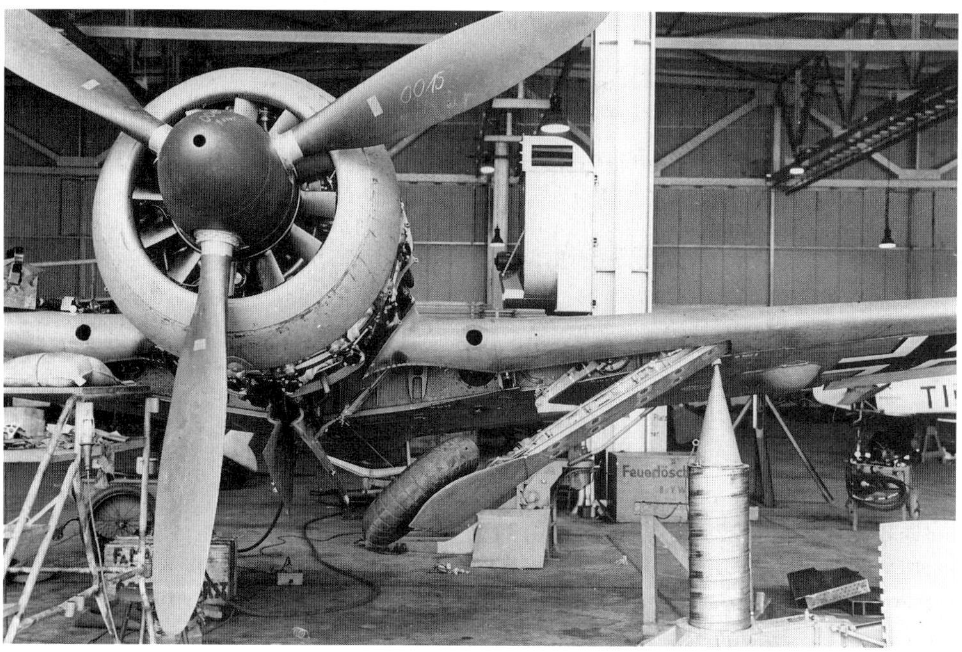

Die Fw 190 A-0/U11 (BMW 801 C-1, WerkNr. 0015) flog als Musterflugzeug für die Fw 190 A-2 Serie.

Die Abdeckung bei einer Fw 190 A-0 (KB+PV), deren WerkNr. zwischen 0032 und 0035 lag.

Fw 190 A-0 (WerkNrn. 0008 bis 0014) sogleich mit der großen Fläche auszurüsten. Ab der WerkNr. 0016 war die 18,3 m²-Fläche obligatorisch. Die Maschinen bis zum 14. Nullserienflugzeug wurden zwischen dem 19.11.1940 und dem 21.01.1941 flugklar gemeldet und so konnte, mit Ausnahme der WerkNr. 0014, welche erst am 3.02.1941 das »Roll-out« erreichte, mit der Werkserprobung begonnen werden.

Die Konstruktion und der Bau der Betriebsmittel für die Nullserie (A-0) war bis Anfang 1940 weitgehend beendet. Die Kosten hierfür beliefen sich laut Rechnung vom 30.05.1940 auf 515.400,- RM. Für die Konstruktion und den Bau von Betriebsmitteln für die Fw 190 A-1 wurden anschließend 5.098.600,- RM dem Reich in Rechnung gestellt, wovon etwa 4.500.000,- RM auf reine Baukosten entfielen.

Im März 1941 wurde unter Führung von Oberstleutnant Otto Behrens von der E-Stelle Rechlin in Roggenthin eine Erprobungsstaffel 190 aufgestellt. Unter Führung von Karl Borris (II./JG 26) trafen 30 Mann technisches Personal dieser Jagdgruppe bei der E-Stelle ein. Die Einheit erhielt zunächst sechs der neuen Jagdflugzeuge, um diese auf »Herz und Nieren« zu überprüfen.

Nach dem Abschluß der Erprobung und dem Erreichen der Einsatzreife dienten die Maschinen zumeist der Triebwerks- und Ausrüstungserprobung. Eine besondere Bedeutung hatten die Flugversuche mit BMW 801 C-1, C-2, D-1 und D-2, die Vorversuche mit den Jumo 213 AV-Reihenmotoren sowie die baldige Schaffung eines betriebssicheren »Einheitstriebwerks«.

Mit der Fw 190 A-0 (WerkNr. 0022) wurde ein Katapultsitz praktisch erprobt. Der Auftrag hierüber wurde am 24.06.1943 erteilt. Laut einer Rechnung vom 1.09.1944 kostete der Musterumbau 66.494.– RM.

Als erstes Versuchsmuster für die künftige Großserie diente die mit einem BMW 801 C-0 ausgerüstete Fw 190 V7. Später sollte die Maschine auch den verbesserten C-1-Sternmotor erhalten haben, wie er bei vielen späteren Serienflugzeugen zum Einbau kam. Die Ausführung A-0/U1 wurde teilweise mit dem BMW 801 D-1, die A-0/U2 mit dem leistungsstärkeren BMW 801 D-2 geflogen. Als Bewaffnung waren serienmäßig vier MG 17 sowie – als Rüstsatz – zwei MG FF im Flügelmittelteil installiert. Ab August 1941 wurden die ersten Serienflugzeuge (A-1) an das Jagdgeschwader 26 »Schlageter« nach Le Bourget bei Paris abgege-

Dieselbe Maschine erhält auf dem Werksflugplatz in Hannover ihren Kraftstoff aus einem Beute-Tankwagen.

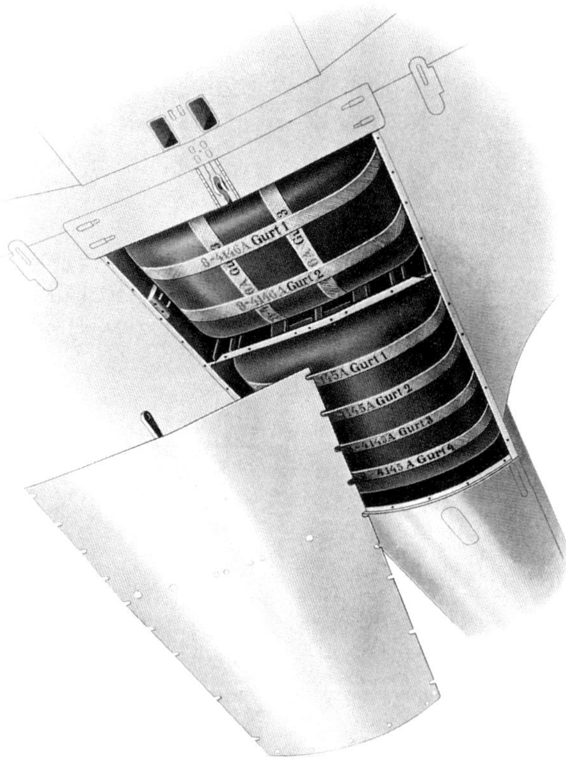

Schema der Kraftstoffanlage im Rumpf der Fw 190 A-1.

Die TI+DQ (WerkNr. 067) gehörte zur Baureihe Fw 190 A-1.

ben. Schon Anfang 1942 lief die Fertigung zugunsten der Fw 190 A-2 aus. Focke-Wulf hatte bis dahin 118; die beiden Nachbaufirmen (Ago und Arado) weitere 105 bzw. 203 Fw 190 A-1 hergestellt. Mittels Rüstsatz konnte die A-1, wie fast alle folgenden Fw 190 auch, als Jagdbomber mit Abwurfanlage zum Einsatz gelangen. Mittels des Rüstsatzes (Baugruppe 861) konnte unter dem Rumpf ein elektrischer Träger für zylindrische Abwurflasten (ETC) bis 500 kg (zunächst ein ETC 500, später der vebesserte ETC 501) angebracht werden. Hiermit war es auch möglich, einen abwerfbaren Zusatztank von 300 l Fassungsvermögen mitzuführen.

Bei der Ausführung Fw 190 A-2 wurde zunächst der BMW 801 C-1, später auch die Triebwerksausführung D-2 eingebaut. Ein Teil der Maschinen erhielt nachträglich die markanten neuen Trieb-

Kabinenansicht der Fw 190 A-2 mit Reflex-Visier, dessen geplosterte Vorderseite gut erkennbar ist.

Anlauf der Großserienproduktion, die fertiggestellten Maschinen gehören zu den Baureihen Fw 190 A-1 (WerkNr. 098, rechtes Flugzeug) und A-2 (WerkNr. 223, linkes Flugzeug).

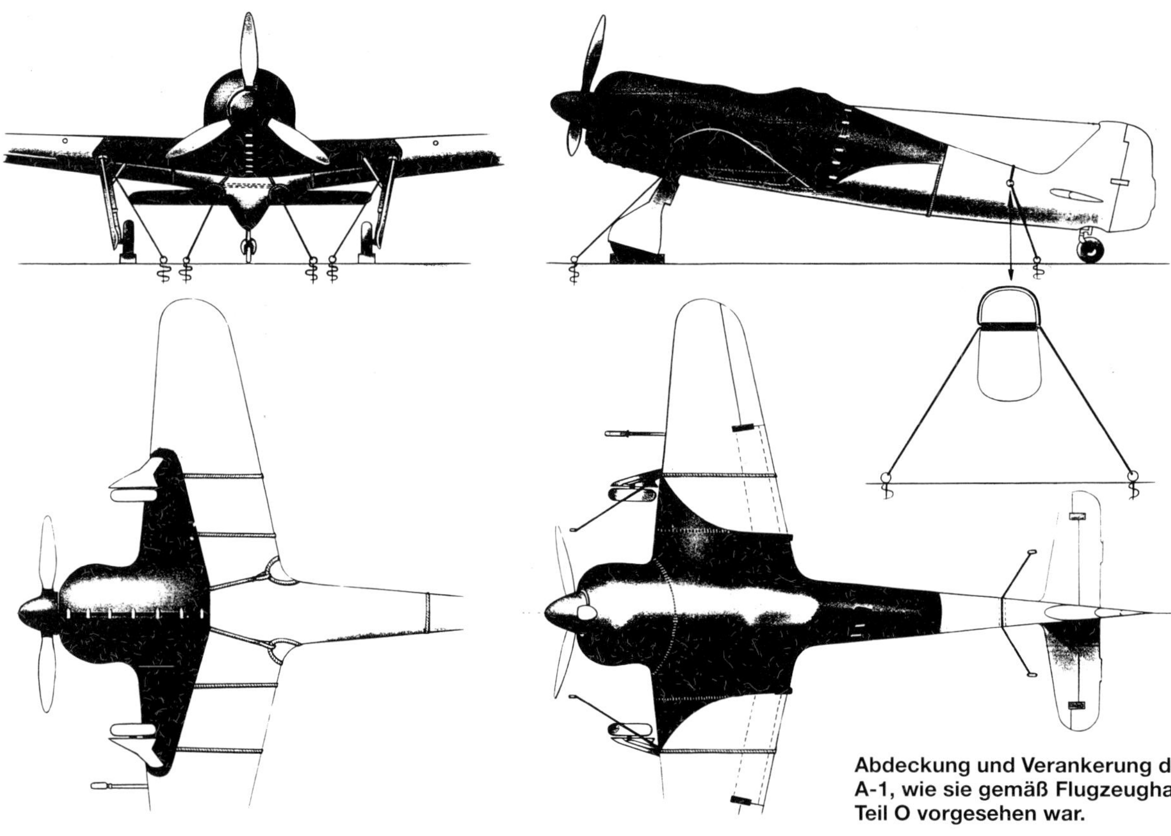

Abdeckung und Verankerung der Fw 190 A-1, wie sie gemäß Flugzeughandbuch Teil O vorgesehen war.

Die Haupttrennstellen-Übersicht bei der Fw 190.

werksverkleidungsbleche mit den »Kiemenspalten«, welche für die Fw 190 A-3 und A-4 typisch waren.

Die Bewaffnung bestand zumeist aus zwei MG 17 im Rumpfwerk sowie zwei MG 151/20 in den Flügelwurzeln. Die MG FF in den Flächen waren als Rüstsatz lieferbar. Als ETC wurde das Modell 501 genutzt. Im Gegensatz zur A-1 war bei der A-2 die Windschutzscheibe aus widerstandsfähigem Panzerglas gefertigt. Dem Passivschutz diente auch die hinter dem Pilotensitz eingebaute Panzerplatte.

Die Produktion der Fw 190 A-2 begann im August 1941 und endete im Sommer 1942. Die Mehrzahl der gebauten 942 Maschinen wurde an die Jagdgeschwader 1, 2, 5 und 26 geliefert. Die Maschinen waren ferner für die Mitführung von zwei Zusatzbehältern unter den Außenflügeln vorbereitet.

Ab Spätsommer 1941 bis Mitte 1942 wurde die Fw 190 A-3 gleichzeitig bei Ago, Arado, Fieseler und Focke-Wulf in Serie gebaut. Bis Ende 1941 konnten bereits 224 Maschinen, im folgenden Jahr 1878 Fw 190 A3 abgenommen und zu den Jagdverbänden überführt werden. Die Spitzenproduktion lag im Juli 1942 bei 194 Maschinen. Zwischen Oktober 1942 und März 1943 wurden 60 Fw 190 Aa-3 als »Serie Hamburg« zum Preis von 30.600.000,– RM für die Türkei hergestellt. Außer den Jagdgeschwadern 1,2,5, 26 und 51 erhielten

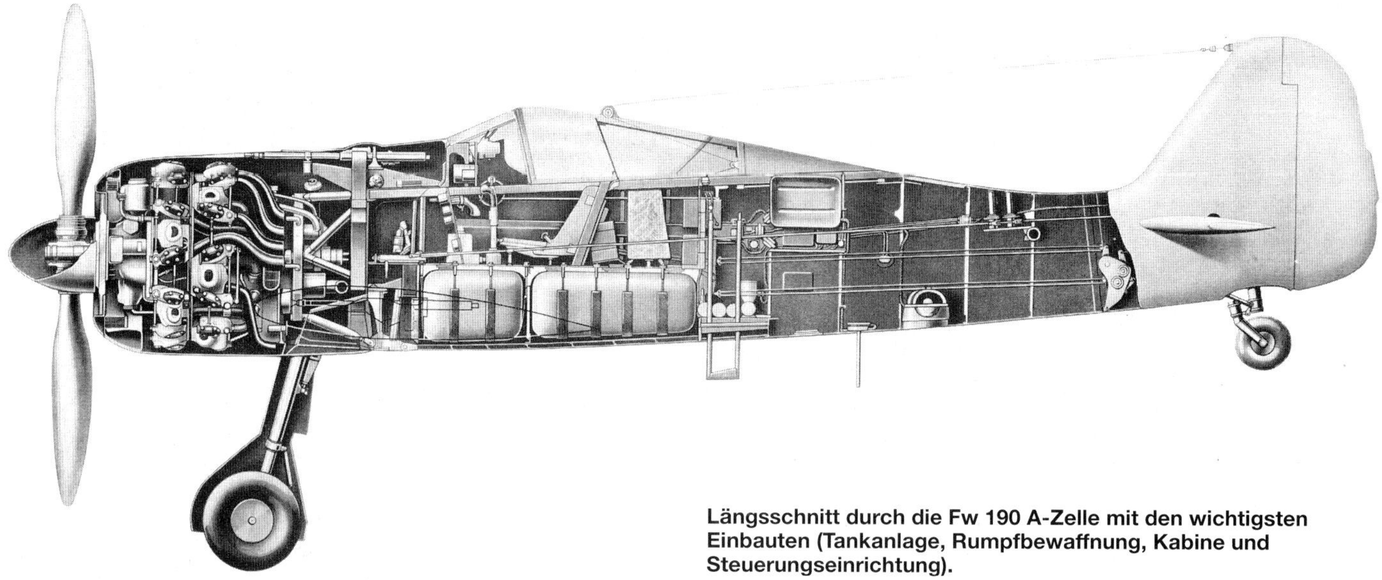

Längsschnitt durch die Fw 190 A-Zelle mit den wichtigsten Einbauten (Tankanlage, Rumpfbewaffnung, Kabine und Steuerungseinrichtung).

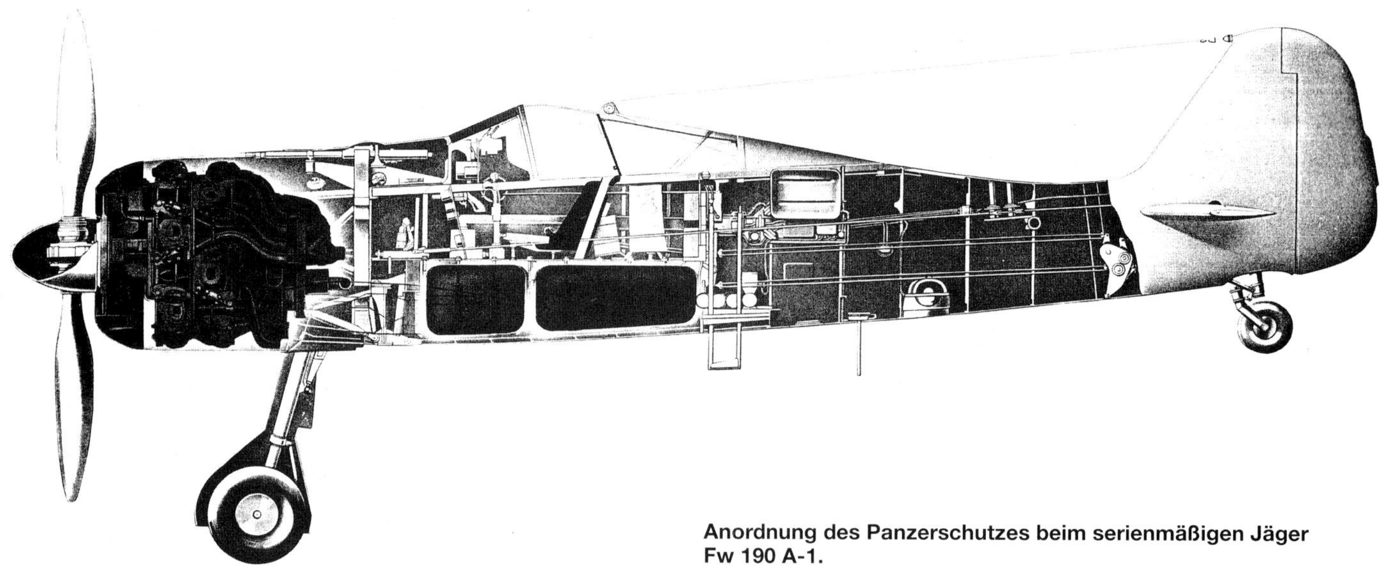

Anordnung des Panzerschutzes beim serienmäßigen Jäger Fw 190 A-1.

auch die beiden ersten Schlachtgeschwader der Luftwaffe, das SG 1 sowie das SG 2, und die 9.(H)/LG zwei Maschinen der Ausführung A-3.

Die Fw 190 A-4 kam ab Juni 1942 bis Anfang 1943 in Serie von der Mutterfirma und den drei anderen Herstellern. Das erste Musterflugzeug war die Fw 190 V24, ein Vorbote von fünf A-4-Varianten und des künftigen »Jabo-Rei«. Die A-4 und die nachfolgenden Baureihen der A-Ausführung unterschieden sich äußerlich von den Baureihen A-0 bis A-3 durch den Antennenmast auf dem Seitenleitwerk. Als Triebwerk fand fast ausschließlich der BMW 801 D-2 Verwendung; lediglich einige A-4/U1 wurden von einem BMW 801 C-3 angetrieben. Mit

Prüfung des Einzieh-Mechanismus beim Hauptfahrwerk einer der letzten Fw 190 A-1 (WerkNr. 100, GD+FW).

Serienbau der Fw 190 A-1 bei Focke-Wulf in Bremen.

Nahaufnahme des Hauptfahrwerks der Fw 190 A-1 mit der Aussparung für die Flächenbewaffnung (links des ausgefahrenen Fahrwerksbeins).

Einbau des BMW 801 C-1 bei der Fw 190 A-1 (Werk-Nr. 0072, TI+DV).

den entsprechenden Umrüstsätzen konnte die Fw 190 A-4 auch als schneller Jagdbomber zum Einsatz kommen. Etwa 30 Maschinen erhielten den Umrüstsatz U3. Sie wurden später in Fw 190 F-1 umbenannt und trafen ab Sommer 1943 bei den Frontverbänden ein. Die Fw 190 A-4/U8, der »Jabo-Rei«, diente als Vorläufer der A-5/U8, aus der später die Fw 190 G-1 entstehen sollte.

Die Masse der gebauten Fw 190 A-4, mehr als 900 Flugzeuge, wurde mit Sicherheit endmontiert und an die Jagdgeschwader JG 1, 2, 5, 11, 26, 51, 54 und 300 sowie an die beiden ersten Schlachtgeschwader verteilt. Weitere Maschinen erhielt das Schnellkampfgeschwader (SKG) 10. Die als Aufklärer ausgerüsteten Fw 190 A-4/U4 kamen bei der Fernaufklärungsgruppe 123 und bei der Nahaufklärungsgruppe 13 zum Einsatz.

Ab Ende 1942 standen die ersten Fw 190 A-5 zur Verfügung. Der Serienbau sollte bis September 44 andauern, wurde aber im Juni 1943 eingestellt. Bei der A-5 wurde der BMW 801 D-2 erstmals – zwecks Schwerpunktverlagerung – um 13,5 cm vorverlegt. Teilweise wurde diese Maßnahme auch schon bei der A-4 Produktion durchgeführt. Die Starrbewaffnung bestand serienmäßig aus zwei Rumpfwaffen MG 17 sowie je zwei MG 151/20 und weiteren zwei 20-mm-Waffen (MG 151/20 oder MG FF) in den Flächen. Das ETC 501 gehörte serienmäßig zur Ausrüstung der Maschinen. Als Funkausrüstung waren ein FuG 16Z sowie das Kenngerät FuG 25 installiert.

Am 15.12.1943 erging der Auftrag, fünf A-5 mit einer Flammenvernichteranlage und einem Blendschutz über der Auspuffanlage zu versehen. Die umgerüsteten Maschinen erhielten die Bezeichnung A-5/U2. Als Musterflugzeug diente die WerkNr. 1449, welche im Sommer 1943 erprobt wurde. Bereits im April 1943 erfolgte die Umbenennung der A-5/U3-Schlachtflugzeuge in Fw 190 F-2. Die Maschinen erhielten in aller Regel nur das Rumpf-ETC 501 und verfügten weder über einen vergrößerten Rückenpanzer hinter dem Pilotensitz noch über über die gewölbte Kanzelverglasung, die dme Flugzeugführer eine bessere Sicht bot. Die Bewaffnung bestand nur aus zwei MG 17, die teilweise bei der Tropenausführung entfiele, und den beiden MG 151/20 in den Flächenwurzeln. Die Serienflugzeuge mit den WerkNrn. 669, 670, 883, 1286, 1288 und 1414 dienten als Erprobungsträger für den »Jabo-Rei«, wobei die beiden ersten die Hauptlast trugen. Ein weiteres Erprobungsmuster (WerkNr. 1200) war 1943 mit einem BMW 801 C-3-Doppelsternmotor und MW-50-Anlage in Erprobung. Der spätere Einsatz als Langstreckenjagdbomber erfolgte zunächst beim SG 4 sowie beim SKG 10.

Der »At-Plan« der Fw 190 A-, F- und G-Ausführungen, der die austauschbaren Teile und Baugruppen dieser Versionen zeigt.

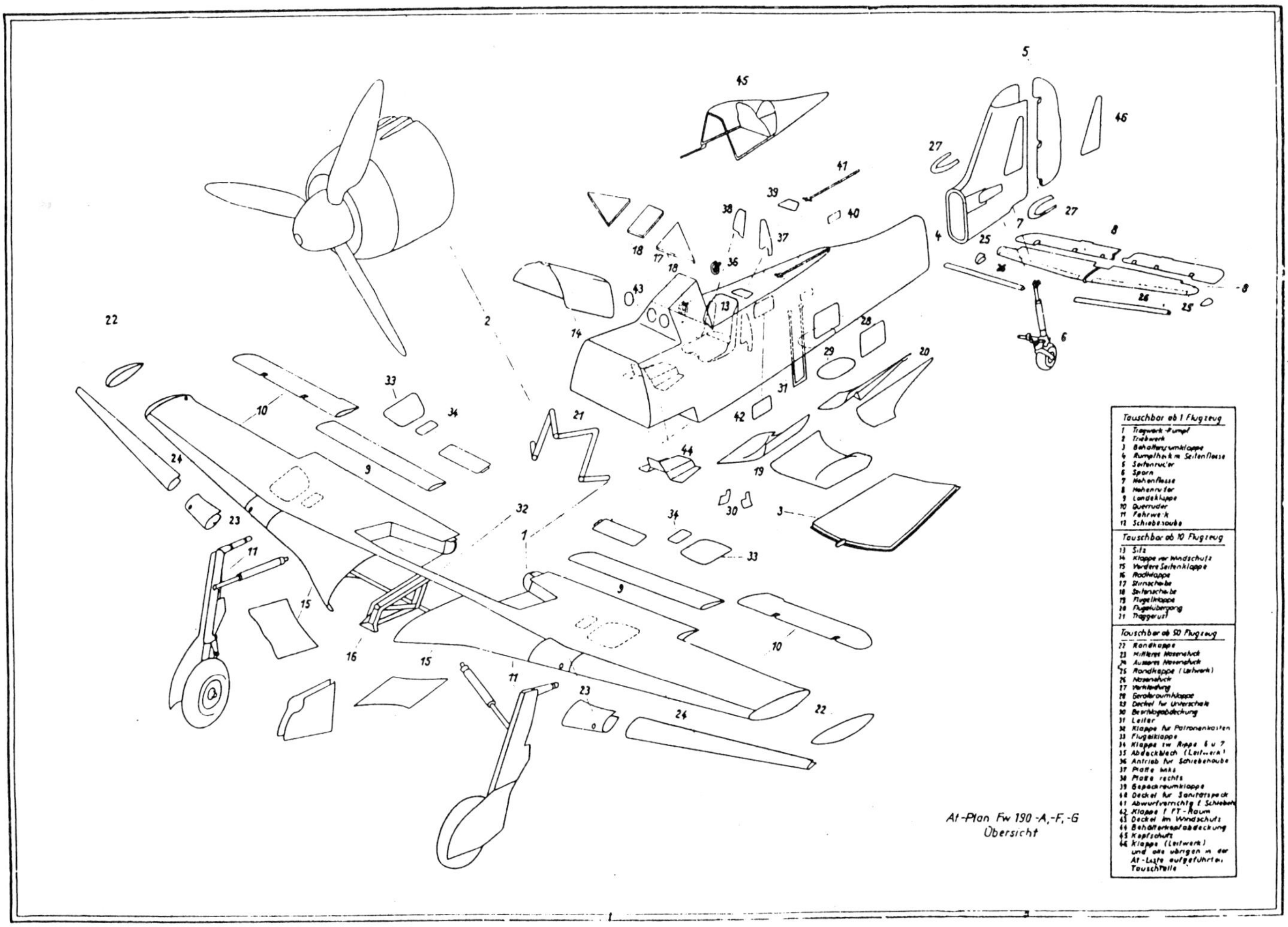

Schematische Darstellung des Fahrwerks mit direktem Antrieb in aus- und eingefahrenem Zustand.

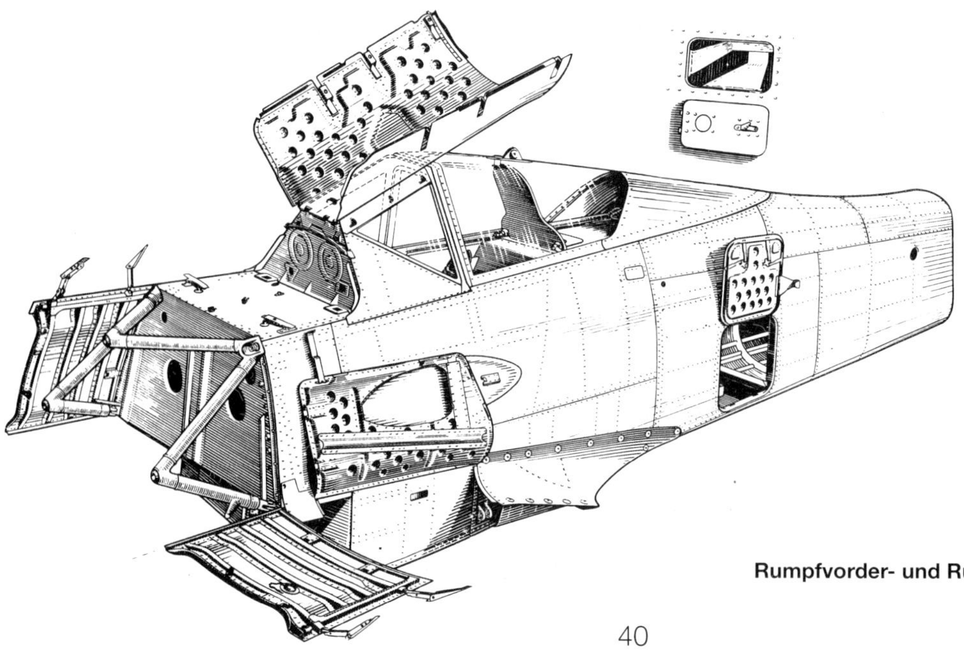

Rumpfvorder- und Rumpfhinterteil der Fw 190 A-1.

D. (Luft) T. 2190 A-1
Teil O

Nur für den Dienstgebrauch!

Fw 190 A-1

Flugzeug-Handbuch

(Stand Juli 1943)

Fliegertechnische Schule 4/Dv.-Stelle

zugewiesen

am 12.7.44 Ungültig

Prüfnummer: 13

Teil O

Allgemeine Angaben

Gültig auch für A-2 bis A-4

Ausgabe Oktober 1943

Das Flugzeughandbuch der Fw 190 A-1, dessen Teil 0 die allgemeinen Angaben zu der Maschine enthielt, Oktober 1943.

Die Fw 190 A-5/U17 stellte den Vorläufer für das geplante Schlachtflugzeug Fw 190 F-3 dar, dessen Serienproduktion ab Juni 1943 anlaufen sollte. Die F-3 besaß ein ETC unter dem Rumpf sowie zwei ETC 50 unter den Flächen. Die Flügellasten ließen sich anfangs jedoch nur gleichzeitig auslösen. Die Bewaffnung bestand in der Regel aus zwei MG 17 und zwei MG 151/20; gelegentlich kamen die Maschinen auch ohne Rumpfbewaffnung zum Einsatz. Ein Teil der Flugzeuge erhielt statt dem ETC 501 das ETC 503. Ab Januar 1945 wurde statt der flacheren meist die gewölbtere Kabinenhaube montiert. Gegen Kriegsende entfielen des öfteren die Flächen-ETC, da man zumeist einen Abwurfbehäl-

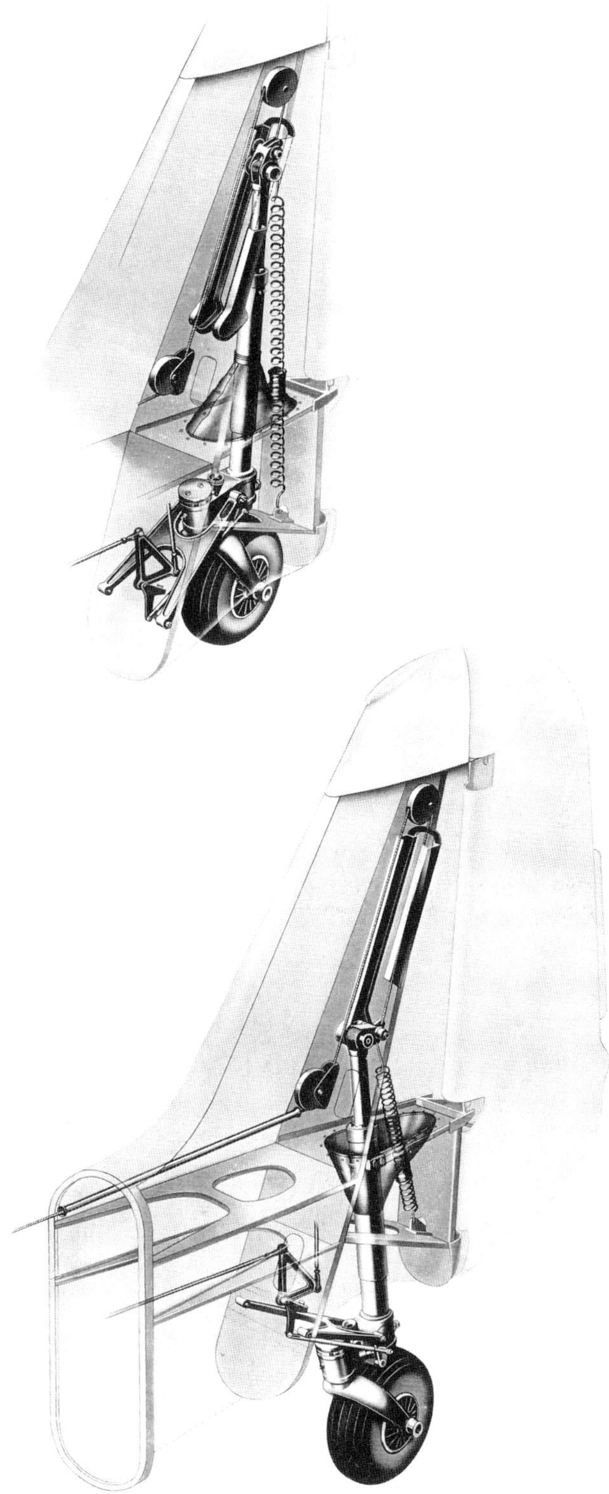

Spornrad in ein- und ausgefahrenem Zustand.

Aufgeklappte Rumpfbewaffnung bei der Fw 190 A-2 (Werk-Nr. 433, RR+CG), im Hintergrund die WerkNr. 439 (RR+CM).

Mit den späten Ausführungen des Fw 190 D-2 war der Doppelsternmotor als »Jägertriebwerk« entwicklungsmäßig in der Leistung ohne größeren Aufwand kaum mehr zu steigern.

V.l.n.r.: Fw 190 A-1 (KB+PN), Fw 190 V5k, Fw 190 A-1 (KB+PJ) und die Fw 190 A-0/U11 (WerkNr. 0015).

Fw 190 A-2 mit noch unvollständigem Kabinenaufbau im Werk Bremen.

Die siebte Fw 190 A-2 (WerkNr. 207, GE+CG) diente als Waffen-Erprobungsmuster für die Bauausführung Fw 190 A-3.

Eine der ersten Fw 190 A-3 des Jagdgeschwaders 26 (Werk-Nr. 269, PG+GX).

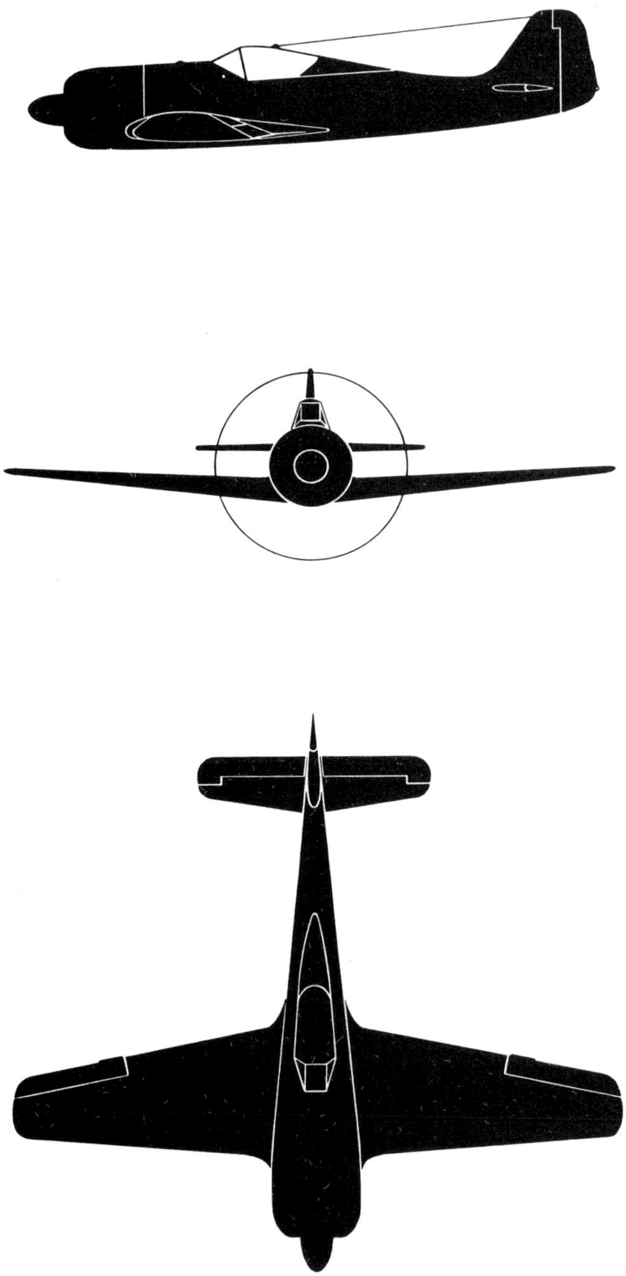

Schattenriß der Fw 190 A-1 aus dem Handbuch für die Baureihen Fw 190 A-1 bis A-3.

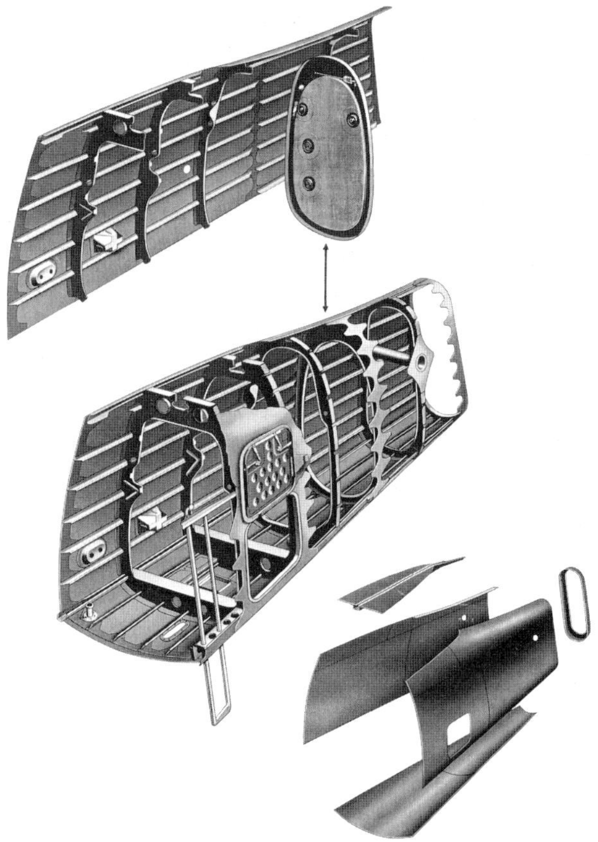

Das Rumpfhinterteil der Fw 190 A-1 im Detail.

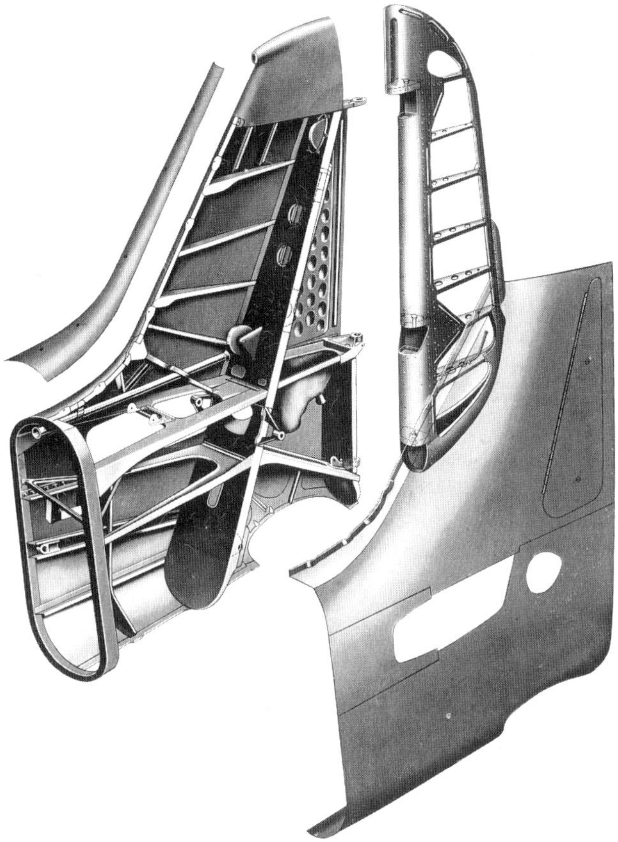

Das aufgeschnittene Rumpfheck mit Seitenruder der Fw 190 A-1.

ter (AB) 250 oder 500 mit unterschiedlicher Füllung mitführte.

Die Fw 190 A-6 sollte die endgültige Ausführung des »Fw-190-Schlachtflugzeugs« darstellen. Der Bedarf an Jagdflugzeugen verhinderte jedoch, daß diese Planung Wirklichkeit wurde. Die von Juni bis Dezember 1943 in großen Stückzahlen gebaute Fw 190 A-6 unterschied sich von den Vorläufern hauptsächlich durch einen verbesserten Flügel mit vier MG 151/20. Als Rumpfbewaffnung blieben vorerst die beiden MG 17. Im Rahmen der laufenden Serie sowie bei Überholungsarbeiten wurden die neuen Fahrwerksfelgen (ohne Lochblende) sowie das FuG 16ZE nachgerüstet. Diese Maschinen sind an der Ringantenne unter dem hinteren Rumpfteil zu erkennen. Die meisten A-6 kamen bei der Reichsverteidigung zum Einsatz. Zur Leistungssteigerung wurde bei den Fw 190 V45 und V47 (Fw 190 B-0 dann A-8/R4) eine GM-1-Anlage eingebaut. Die Erprobung mit leistungsgesteigerten Fw 190 V46, V48 (bis V50) war geplant. Als erstes Muster traf die V47 am 18.02.1944 in Rechlin ein. Eine serienmäßig ausgerüstete Fw 190 A-5 (WerkNr. 410267, GT+IH) erzielte in 800 m Flughöhe einen Geschwindigkeitszuwachs von 68 km/h bei Zuga-

Eine Fw 190 A-3 während des aufwendigen Winterflugbetriebs 1940/41.

Die zur FT-Anlage der Fw 190 A-1/A-2 gehörenden Geräte.

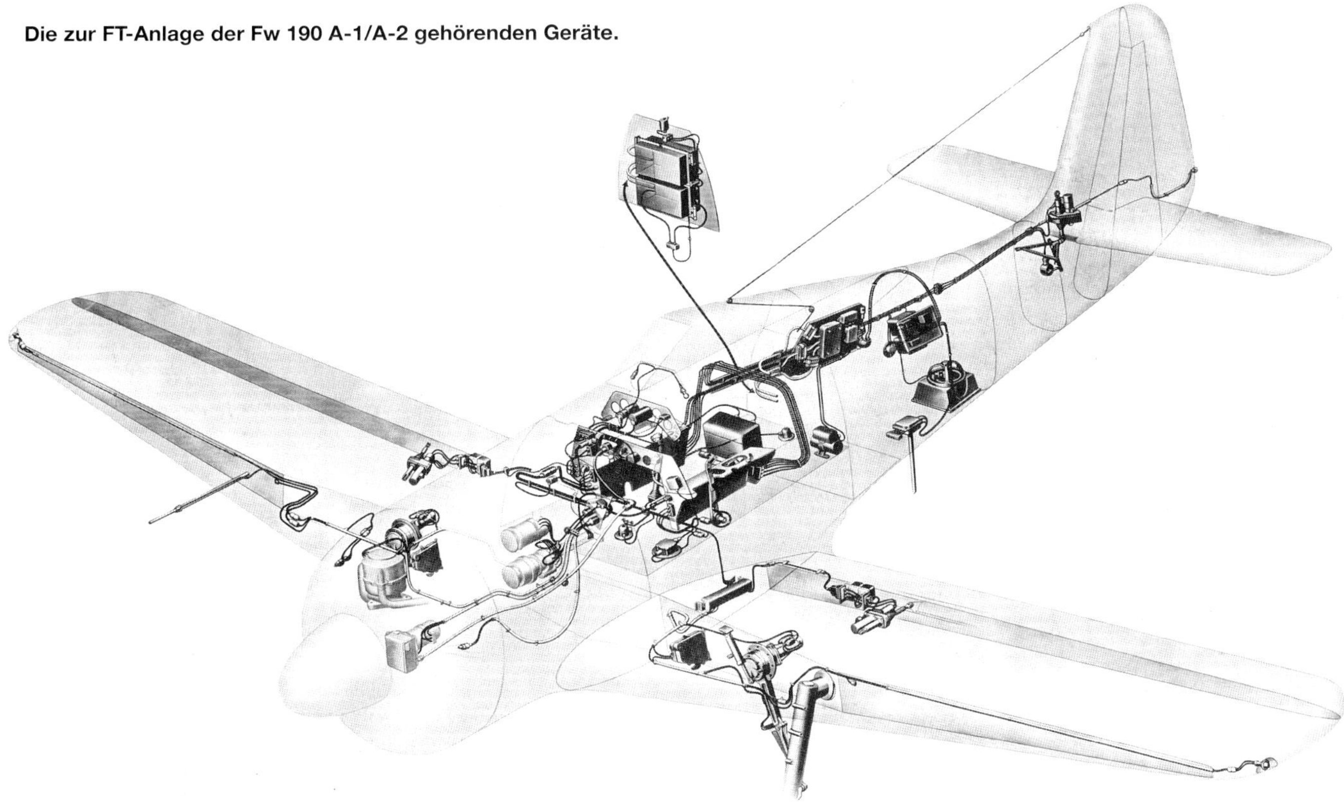

Auf die Fw 190 V24 folgte ein serienmäßiges Musterflugzeug für die Baureihe Fw 190 A-4 (BG+KC).

Anfang 1945 wurde diese Fw 190 A-8 in flugfähigem Zustand erbeutet.

be von 0,15 kg GM 1 pro Sekunde. Der Leistungsverbesserung diente auch die Bestellung von fünf Einheitstriebwerken (BMW 801 E bzw. F) am 24.06.1943. Diese Motorenanlage wurde bei den Versuchsmustern V34 bis V36 eingebaut, teilweise aber durch erneut verbesserte Triebwerke BMW 801 D-2/TU ersetzt. Alle Anstrengungen, weitaus leistungsstärkere Motoren der nachfolgenden Leistungsklasse (etwa BMW 802) einzubauen, scheiterten.

Einige Fw 190 A-6 wurden zu Nachtjägern mit verbesserter Funkmeßanlage (FuG 217) umgerüstet. Die Leistungen dieser Flugzeuge befriedigten jedoch nicht. Für die sogenannten Wilde-Sau-Einsätze wurden die Maschinen mit einem provisorischen Blendschutz ausgestattet. Dieser dämpfte zwar die Auspuff-Flammen sichtlich, konnte sie aber nicht vollständig absorbieren. Eine besondere Typenbezeichnung – außer dem Zusatz »/N« führten diese Einsatzmuster nicht.

Die Gesamtproduktion der FW 190 belief sich 1943 auf 3223 Maschinen, darunter etwa 1300 Fw 190 F und G, von denen 3208 von der Luftwaffe übernommen wurden. Die Mehrzahl der bei Arado und Focke-Wulf hergestellten Fw 190 A gehörte zur Bauausführung A-6. Allein im Juni 1943 verließen 325 neue Fw 190 die Werkshallen.

Die Fw 190 A-7 war ursprünglich als die endgültige Ausführung eines schnellen Aufklärer konzipiert worden. Nachdem aber die Notwendigkeit bestand, die Jägerproduktion schnellstens zu steigern, wurde ab Ende 1943 – nach Auslauf der Fw 190 A-6-Fertigung – sogleich mit der Herstellung der A-8 in Großserie begonnen. Als man ab Januar 1944 die Fw 190 A-8 mit einem zusätzlichen Kraftstoffbehälter im Rumpf ausrüstete, erhielten alle bis dahin fertiggestellten A-8 nachträglich die Baureihenbezeichnung A-7. Die wesentliche waffentechnische Verbesserung ab der Fw 190 A-7 lag in der Einführung von zwei MG 131 (13 mm) als Rumpfbewaffnung. Die schon lange als zu schwach betrachteten MG 17 (7,92 mm) entfielen damit.

Bruchlandung einer Fw 190 A-8 im Februar 1945 bei Bremen infolge Kraftstoffmangels, bei dem Piloten soll es sich um Oberfähnrich Wolfgang Engel gehandelt haben.

Die Ausführung Fw 190 A-8 gehörte zu den wichtigsten Baureihen der Fw 190-Serienproduktion. Sie unterschied sich von den zunächst hergestellten Fw 190 A-8 (der späteren A-7) durch eine Änderung des Flugzeugrumpfes. Als Triebwerk diente weiterhin der BMW 801 D-2-Doppelsternmotor, dessen Leistungsfähigkeit durch kleinere Modifizierungen noch etwas gesteigert werden konnte. Die Bewaffnungsanordnung glich der Fw 190 A-7; als Waffeneinbauten im mittleren Flügelteil waren daher statt zwei MG 151/20 auch zwei MK 108 möglich. Ferner konnte bei Bedarf auch eine GM-1-Anlage mit einem zusätzlichen 115 l fassenden Rumpfbehälter in der A-8-Zelle untergebracht werden. Die Flugmasse lag nunmehr zwischen 4270 bis 4700 kg, etwa 1700 kg mehr als bei der Fw 190 V1.

Ferner war die elektrische Verkabelung für die Verwendung mehrerer Außenlasten sowie für die »Sonderwaffenanlage« (Werfergranaten WGr. 21) bereits bei der Serienfertigung vorbereitet worden. Ab Anfang 1945 erhielt der Pilot der Fw 190 A-8 eine verstärkte Rückenpanzerung gegen Beschuß von hinten, die gewölbte Kabinenhaube sowie Holzpropeller mit breiten Blättern. Für den Einsatz als Jagdbomber, dem nunmehr immer größere Bedeutung zukam, stand das um 200 mm vorversetzte ETC 501 unter dem Rumpf zur Verfügung. Da man vielfach von unbefestigten Feldflugplätzen operieren mußte, entfielen auch die inneren Fahrwerksklappen.

Das von der A-8 abgeleitete Schlachtflugzeug F-8 verfügte über eine verbesserte Abwurfwaffen-Elektrik, welche nun den Einzelwurf aller fünf Lasten ermöglichte. Daneben unterschied sich die Fw 190 F-8 von der F-3 durch die Verwendung von zwei MG 131 im Rumpf. Die Zelle selbst entsprach bis etwa August 1944 mit ihrer Rumpf- und Fahrgestellpanzerung dem der Fw 190 A-7; ab Spätsommer glich die F-8 dann der A-8 mit zusätzlichem 115-l-Behälter im Rumpf und dem vorverlegten ETC 501. Das ETC 501 wurde ab Januar 1945 zunehmend vom ETC 503 ersetzt. Anstatt der vier

Mit Schneekufen wurde mindestens eine Fw 190 A-2 getestet.

ETC unter den Flächen kamen vermehrt vier ETC 71 zum Einsatz, welche die Mitnahme der Abwurfbehälter AB 71 ermöglichten. Ab 1944 wurde die Fw 190 A-8 mit den Rüstsätzen R-7, R-8 und R-11, die dem früheren Rüstsatz R2 entsprachen, als »Sturmjäger« im Rahmen der Reichsverteidigung eingesetzt.

Die Produktion der Fw 190 A-9 (zunächst als Fw 190 H-1 bezeichnet) lief entgegen den Behauptungen verschiedener Veröffentlichungen offensichtlich noch im Spätjahr 1944 an. Die Maschinen hatten die Zelle sowie die Flächen der Ausführung A-8 und sind daher kaum von diesen zu unterscheiden. Das bei der A-9 eingebaute Triebwerk gehörte zur Baureihe BMW 801 D-2 und konnte in der Triebwerkanlage TS oder TH bestehen. Die Leistung dieser Doppelsternmotoren lag wiederum etwas höher als bei früheren Serienversionen, sollte aber im Lauf der Großserie nochmals gesteigert werden, sofern der BMW 801 F (d.h. ein verbesserter, auf dem BMW 801 D-2 aufbauender Versuchsmotor der Baureihe E mit der Triebwerksanlage TF) genügend betriebssicher sein würde. Das aus der Fw 190 A-9 zu entwickelnde, ebenfalls mit einem BMW 801 F ausgerüstete Höhenjagdflugzeug mit einer Flügelfläche von 20,3 m² blieb lediglich Projekt. Ebenso verbot die mangelnde Betriebsreife des Jumo 222 den Einbau.

Die Fw 190 A-9 konnte mit allen Rüstsätzen der Ausführung A-8 versehen werden. Außer zwei Rumpfbehältern (520 l) war die Mitnahme von zwei Abwurfbehältern unter den Flächen jederzeit möglich. Die Bewaffnung bestand zumeist aus vier MG 151/20 in den Flächen und zwei MG 131 im Rumpf. Bei der Ausführung A-9/R2 entfielen die äußeren MG 151, dafür wurden dann zwei MK 108 (mit jeweils 55 Schuß Munitionsvorrat) installiert. Entsprechend der A-8/R11 sollte die A-9/R11 als Schlecht-

Die RI+KW bewährte sich mit Schneekufen nicht, da der Leistungsabfall zu groß war.

wetterjäger mit Kurssteuerung zum Einsatz kommen. Als weiterer Schlechtwetterjäger war die A-9/R12 geplant, welche die Bewaffnung der A-9/R2 aufweisen sollte. Die A-9 sollte solange produziert werden, bis der nahtlose Übergang zur Fw 190 D-9 und deren Folgemustern (D-11 bis D-15) möglich geworden wäre.

Bei der Fw 190 A-10 sollte es sich um eine Fw 190 A-9 handeln, deren Flügel so geändert werden sollten, daß die Aufnahme zweier MK-103-Kanonen in der Flächenmitte jederzeit möglich war. Das neue voluminösere Tragwerk hätte zudem die Verwendung größerer Laufräder (Durchmesser: 740 mm) gestattet.

Gleichzeitig war an die Verwendung von hydraulisch zu betätigenden Landeklappen und einer ebenfalls hydraulischen Fahrwerksmechanik gedacht. Die A-10 wäre jedoch keine »Neubauserie« geworden, sondern nur die serienmäßige Nachrüstung der Fw 190 A-9 auf den nächsthöheren Leistungsstandard.

Eine weitere Leistungsverbesserung sollten bei der A-10 zwei Staustrahltriebwerke an den Flächenenden bewirken. Erste Pläne hierzu entstanden Anfang 1944.

Für die Produktion der Maschinen (A-9 und A-10) sollten Ago, Arado, Fieseler, Focke-Wulf und Mimetall herangezogen werden. Infolge Feindeinwirkung oder Brüchen kam es zu zahlreichen Ausfällen. Ein System von Reparaturwerften wie Ago in Oschersleben, Hansen in Münster, Basser in Zwickau und ein Betrieb im Graudenz, um nur die wichtigsten zu nennen, war daher unerläßlich.

Die Jagdfliegerschule in Altenburg baute 1944, der Not gehorchend, einige Fw 190 A-5 zu doppelsitzigen Schulmaschinen um. Focke-Wulf überarbeitete Ende 1944 deren Umrüstunterlagen und bereitete entsprechende Umrüstsätze vor, welche

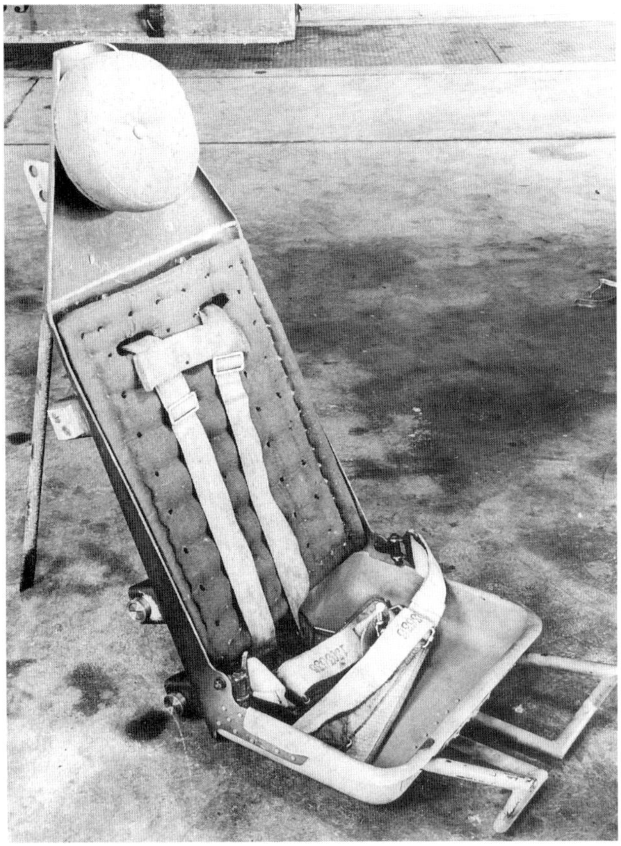

Versuchsweise wurde die Fw 190 A-0/U4 (WerkNr. 0022) mit einem Schleudersitz ausgerüstet.

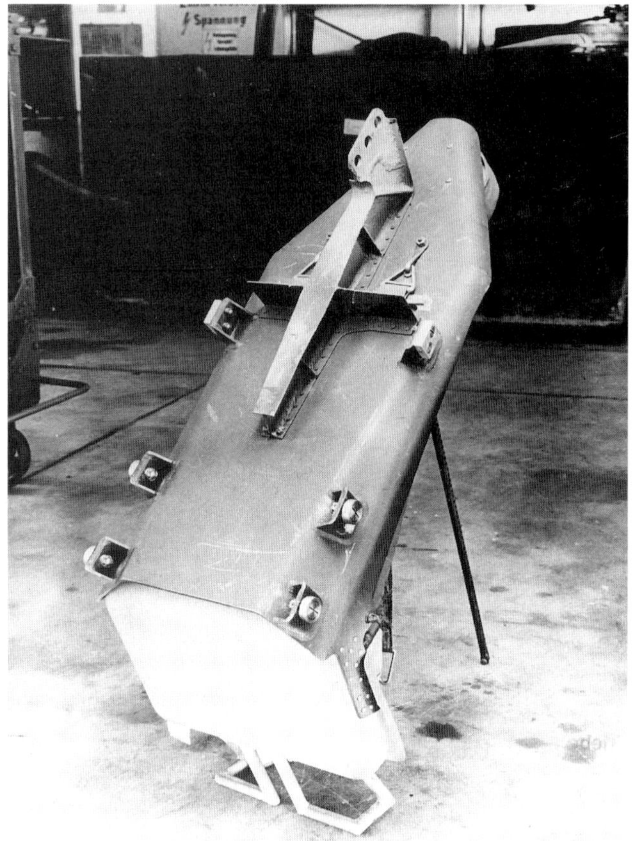

Rückansicht des Focke-Wulf Schleudersitzes mit den beiderseits angebrachten Führungen.

den Umbau der Fw 190 A-2 bis A-5 in die S-5, sowie die A-8 in die S-8, erlaubten. Bis Kriegsende wurde jedoch nur eine verhältnismäßig geringe Zahl dieser Doppelsitzer hergestellt.

Die wohl letzte Statistik über die Flugzeugverteilung stammt vom 2.03.1945; sie weist für den Februar 1945 außer 859 Messerschmitt Bf 109 und 155 Me 262 noch 529 Fw 190 A und D auf. Hiervon entfielen:

a)	Fw 190 A-1 bis A-8	17 Reparaturflugzeuge
b)	Fw 190 A-8	134 Neubauflugzeuge
		4 Reparaturflugzeuge
c)	Fw 190 A-8/R2	47 Neubauflugzeuge
d)	Fw 190 A-9	12 Neubauflugzeuge
e)	Fw 190 D-9	287 Neubauflugzeuge
f)	Fw 190 D-9 mit EZ 42	28 Neubauflugzeuge

Die Reparaturflugzeuge sowie 64 weitere Fw 190 (der insgesamt 529 Maschinen) wurden für das »Mistel-Programm« bereitgestellt. Ferner wurden im Februar 1945 noch 309 (im Vormonat 367) Fw 190 F-3, F-8, F-9 und F-16 hergestellt, von denen (zusammen mit einigen Reparaturflugzeugen) 282 an Frontverbände, 99 an Ergänzungseinheiten und ein Flugzeug an den General der Fliegerausbildung abgegeben wurden.

Von der Fw 190 wurden bis April 1945 wenig mehr als 20.000 Maschinen gebaut:

Einpassen des »hölzernen Piloten« in die Kabine der Fw 190 A-0 (WerkNr. 0022 (SB+IB)).

Vor einem Versuchsabschuß des mit Preßluft betriebenen Rettungsgeräts.

Versuchsanordnung während der Katapulttests. Das Seitenleitwerk ist sicherheitshalber abgedeckt.

Produktions-jahr	Jäger und Nachtjäger flugzeuge	Jagdbomber und Schlacht
1941	228	—
1942	1880	68
1943	2171	1183
1944	7488	4279
1945	1630	1104
Insgesamt:	13397	6634

Eine Zählung des im Westen angefallenen »Beutematerials« durch die Alliierten ergab bei Kriegsende 978 Fw 190, von denen 968 zerstört waren, von den verbliebenen zehn Flugzeuge übernahmen die Briten vier und die Amerikaner sechs als Beutegut. Frankreich und die UdSSR hatten sich bereits vorab bedient.

Fw 190 – Die Versuchsmuster

V – Muster- bezeichnung	Werk-Nr.	Stamm- kennz.	Erstflug/Triebwerk/Bemerkungen/Verbleib (ab Fw 190 V5 jeweils erste Nennung)
Fw 190 V1	0001	D-OPZE WL-FOLY FO+LY RM+CA	Erstflug : 1. 06. 1939 Triebwerk : BMW 139, Umbau auf BMW 801 C-0 Bemerkungen : Dezember 1939 in Langenhagen, unbewaffnetes Musterflugzeug, kurze 14,9 m^2-Fläche, Flugbetrieb bis mindestens März 1943
Fw 190 V2	0002	WL-FOLZ FO+LZ RM+CB	Erstflug : 1. 09. 1939 Triebwerk : BMW 139, Umbau auf BMW 801 C-0 Bemerkungen : Bewaffnung: 2 MG 17 und 2 MG 131, am 30. 11. 1939 in Hannover-Langenhagen, im Februar 1940 in Tarnewitz, Bruch am 4. 03. 1940
Fw 190 V3	0003	–	Nur als Baugruppen vorhanden, teilweise für die Reparatur von frühen V-Mustern verwandt.
Fw 190 V4	0004	–	Bruchversuche für Bauzustand Fw 190 V1 und V2
Fw 190 V5k Fw 190 V5g	0005k 0005g	+ +	Erstflug : April 1940 Triebwerk : BMW 801 C-0 Bauzustand : Fw 190 V5k k = kurze Fläche 14,9 m^2, anschließend mit großer Fläche (Fw 190 V5g) von 18,30 m, Musterflugzeug der Nullserie Fw 190 A-0 Bemerkungen : Bewaffnung: 4 MG 17, Bruch am 9. 09. 1940, Musterflugzeug für Fw 190 A-0, Erprobung in Rechlin-Roggentin, verschrottet.
Fw 190 V6	0006	KB+PH	Erstflug : Oktober 1940 Triebwerk : BMW 801 C-0 Bauzustand : Fw 190 A-0/U1 (Musterflugzeug) Bemerkungen : Umbau auf Fläche der Fw 190 V5g von 18,3 m^2, Bewaffnung: Zunächst 4 MG 17, dann 4 MG 17 und 2× MG FF (Flächen)
Fw 190 V7	0011	KB+PM	Erstflug : 27. 02. 1941 (1. Nennung) Triebwerk : BMW 801 C-0 (Werk-Nr. 80164) Bauzustand : Fw 190 A-1 (1. Großserienflugzeug)

V – Muster-bezeichnung	Werk-Nr.	Stamm-kennz.	Erstflug/Triebwerk/Bemerkungen/Verbleib (ab Fw 190 V5 jeweils erste Nennung)	
			Bemerkungen	: Triebwerkstests bei BMW ab 27. 02. 1941, Bewaffnung: 4× MG 17 und 2× MG FF, FT-Anlage: FuG VIII und FuG 25
Fw 190 V8	0021	SB+IA	Erstflug	: Anfang 1941
			Triebwerk	: BMW 801 C-0
			Bauzustand	: Fw 190 A-0/U3 > Fw 190 A-1
			Bemerkungen	: Verbesserte FT-Ausrüstung (FuG VIIa und FuG XXV, große Fläche, Bruch am 1. 10. 1941
Fw 190 V9	0022	SB+IB	Erstflug	: Sommer 1941
			Triebwerk	: BMW 801 C-0 (später: C-1 und D)
			Bauzustand	: Fw 190 A-0/U4 > Fw 190 A-1
			Bemerkungen	: Ausrüstung wie Fw 190 V8, jedoch nur FuG VIIa, Triebwerkserprobung ab 22. 07. 1941
Fw 190 V10	0015	KB+PT	Erstflug	: Anfang 1942
			Triebwerk	: BMW 801 C-1
			Bauzustand	: Fw 190 A-0/U5 > Fw 190 A-1
			Bemerkungen	: Ausführung wie Fw 190 V8, jedoch 2× MG 151 und 2× MG 17, Waffenerprobungsflugzeug
Fw 190 V11	(0010)	–	Erstflug	: (FKT: 1941)
			Triebwerk	: Wright – Triebwerk
			Bauzustand	: Fw 190 A-0/U6 (geplant)
			Bemerkungen	: Bauausführung unterblieb
Fw 190 V12	0035	SK+JR	Erstflug	: Anfang 1942
			Triebwerk	: BMW 801 C und GM 1 – Anlage
			Bauzustand	: Fw 190 A
			Bemerkungen	: Erprobung einer Druckkabine, Bewaffnung: 2× MG FF und 4× MG 17, Flugzeug wurde nach den Versuchen verschrottet
Fw 190 V13	0036	SK+JS	Erstflug	: Anfang 1942
			Triebwerk	: DB 603 A-0 (Werk-Nr. 136)
			Bauzustand	: Fw 190 B-0
			Bemerkungen	: 1. Maschine mit Bauch-Ölkühler, zunächst unbewaffnet, später 2× MG 131 im Rumpf, FT-Anlage: FuG VIIa und FuG 25, Bruchlandung in Wenzendorf am 30. 07. 1942

V – Muster-bezeichnung	Werk-Nr.	Stamm-kennz.	Erstflug/Triebwerk/Bemerkungen/Verbleib (ab Fw 190 V5 jeweils erste Nennung)
Fw 190 V14	0201	GE+CA	Erstflug : Anfang 1942 Triebwerk : BMW 801 D-2 Bauzustand : Fw 190 A-2 Bemerkungen : Bomben- und Reichweitenerprobung, Bewaffnung: 2 MG 17, 2 MG 151 und (als Rüstsatz) 2 MG FF, Abwurfanlage
Fw 190 V15	0037	CF+VN	Erstflug : 10. 05. 1942 Triebwerk : DB 603 A-1, später DB 603 A-2 Bauzustand : Fw 190 B-0 Bemerkungen : 18.3 m^2-Fläche, Druckkabine, sonst wie Fw 190 V13, unbewaffnet, 1944 Umbau auf Bauzustand Ta 152 C-2
Fw 190 V16	0038	CF+OW	Erstflug : August 1942 (FKT) Triebwerk : DB 603 A-1 Bauzustand : Fw 190 B-0 Bemerkungen : Ausrüstung wie Fw 190 V15, bei Daimler-Benz 2. 08. 1942 bis 14. 08. 1944, in Echterdingen durch Luftangriff am 14. 08. 1944 zerstört
Fw 190 V17 Fw 190 V17/U1	0039	CF+OX	Erstflug : 26. 09. 1942 Triebwerk : Jumo 213 AV, Jumo A-0, A-1 und A-2, mit VS 10 – Luftschraube Bauzustand : Erprobungsträger für Jumo 213 A (kein Einheitstriebwerk), ab 18. 08. 1944 als Fw 190 D-9 bezeichnet Bemerkungen : Triebwerkserprobung nach Rumpfverlängerung (0,50 m), Leitwerk der der Fw 190 C-0, FT-Anlage: FuG VIII und FuG 25, am 18. 12. 1943 in Langenhagen, 6. 06. 1944 in Rechlin (Motorenerprobung)
Fw 190 V18 Fw 190 V18/U1 Fw 190 V18/U2	0040	CF+OY	Erstflug : 20. 12. 1942 Triebwerk : DB 603 A mit TK 11 – Abgasturbine Bauzustand : »Höhenjäger 2« (= »Känguruh«) Bemerkungen : FT-Anlage: FuG VIIa und FuG 25, Höhen-erprobung bei DB ab 10. 12. 1942, 1944 Umbau auf Ta 152 mit Holzleitwerk, abgestellt in Hannover-Langenhagen am 6. 04. 1945

V – Musterbezeichnung	Werk-Nr.	Stammkennz.	Erstflug/Triebwerk/Bemerkungen/Verbleib (ab Fw 190 V5 jeweils erste Nennung)
Fw 190 V19	0041	CF+OZ	Erstflug : Dezember 1942 Triebwerk : Jumo 213 C (Einheitstriebwerk) Bauzustand : Fw 190 »Versuch D – Serie« (geplant: Fw 190 D-1) Bemerkungen : Vorverlegtes Triebwerk, keine Druckkabine, Rumpfverlängerung um 0,50 m, Einbau von FuG 16Z und FuG 25a, elt. und hydraul. Fahrwerksbetätigung, Fla-Vernichteranlage geplant, schwerer Bruch am 16. 02. 1943
Fw 190 V20	0042	TI+IG	Erstflug : 23. 11. 1943 Triebwerk : Jumo 213 CV (später DB 603A) Bauzustand : Fw 190 »Versuch D – Serie« Bemerkungen : Ähnl. Ausrüstung wie Fw 190 V19, Rumpfverlängerung um 0,50 m, unbewaffnet, später Umbau auf Ta 152 C-4 (DB 603 A) mit Bewaffnung: 5× MG 151 und 2× MG 131, zerstört bei Luftangriff am 5. 04. 1944
Fw 190 V21 Fw 190 V21/U1	0043	TI+IH	Erstflug : 13. 03. 1944 Triebwerk : Jumo 213 C, Umbau auf DB 603 LAV16 Bauzustand : Fw 190 »Versuch D – Serie« Bemerkungen : Zunächst unbewaffnet, dann Einbau von Bewaffnung, Druckkabine, sonst wie Fw 190 V20, Umbau auf Ta 152 C, geänderte Abgasanlage, ab 10. 11. 1944 mit DB 603 geflogen, Erprobung bis 15. 03. 1945 in Backnang
Fw 190 V22	0044	TI+II	Erstflug : unbekannt Triebwerk : Jumo 213 A und C Bauzustand : Fw 190 »1. Musterflugzeug D – Serie« Bemerkungen : Triebwerks-Dauererprobung (sog. Einheitstriebwerk) ohne Druckkabine, Bewaffnung: 2 MG 131, 2-4 MG 151 (Flächen)
Fw 190 V23	0045	TI+IJ	Erstflug : unbekannt Triebwerk : Jumo 213 A und C Bauzustand : Fw 190 »2. Musterflugzeug D – Serie« Bemerkungen : Triebwerks-Dauererprobung, jedoch mit Druckkabine und Motorkanone ausgerüstet

V – Musterbezeichnung	Werk-Nr.	Stammkennz.	Erstflug/Triebwerk/Bemerkungen/Verbleib (ab Fw 190 V5 jeweils erste Nennung)	
Fw 190 V24	561	TF+SI	Erstflug	: unbekannt
			Triebwerk	: BMW 801 D-2
			Bauzustand	: Fw 190 A-4, A-4/U1, A-4/U3 (= Fw 190 F-1), A-4/U4, A-4/U8 (= Fw 190 G-1), Fw 190 A-4/R1 (Leitjäger für Y-Verfahren), Fw 190 G-1 »Jabo-Rei«
			Bemerkungen	: 1. Serienflugzeug der Baureihe A-4, Bewaffnung : 2 MG 17, 2 MG 151 sowie als Rüstsatz 2 MG FF in den Außenflächen
Fw 190 V25	0050	GH+KO	Erstflug	: unbekannt
			Triebwerk	: Jumo 213 A und C
			Bauzustand	: Fw 190 »Versuchs D – Serie« (später Ta 152 H)
			Bemerkungen	: Fw 190 A-8 – Zelle, Umbau wie Fw 190 V20, jedoch MK 108-Bewaffnung und MK 103 als Motorlafette, PKS 12 – Einbau, später Umbau auf Ta 152 H-1 – Musterflugzeug (Werk-Nr. 110025), Waffenerprobung in Tarnewitz
Fw 190 V26	0051	GH+KP	Erstflug	: unbekannt
			Triebwerk	: Jumo 213 C
			Bauzustand	: Fw 190 D mit Druckkabine (als Fw 190 D-2 geplant)
			Bemerkungen	: Bewaffnetes Musterflugzeug, Überführung von Delmenhorst nach Tarnewitz am 9. 05. 1944, später Musterumbau auf Ta 152 H-10
Fw 190 V27	0052	GH+KQ	Erstflug	: unbekannt
			Triebwerk	: Jumo 213 C
			Bauzustand	: Fw 190 D mit Druckkabine (als Fw 190 D-2 geplant)
			Bemerkungen	: Bewaffnung: 2× MG 131 und 4× MG 151/20 in den Flächen
Fw 190 V28	0053	GH+KR	Erstflug	: unbekannt
			Triebwerk	: Jumo 213 C
			Bauzustand	: Fw 190 D mit Druckkabine (als Fw 190 D-2 geplant)
			Bemerkungen	: Anschließend Verwendung als statische Bruchversuchszelle wie Fw 190 V19 (verlängter Rumpf)

V – Muster-bezeichnung	Werk-Nr.	Stamm-kennz.	Erstflug/Triebwerk/Bemerkungen/Verbleib (ab Fw 190 V5 jeweils erste Nennung)	
Fw 190 V29 Fw 190 V29/U1 Fw 190 V29/U2	0054	GH+KS	Erstflug	: März 1943
			Triebwerk	: DB 603 S-1 mit TK 11
			Bauzustand	: »Höhenjäger 2«
			Bemerkungen	: Ausrüstung ähnl. Fw 190 V18, Druckkabine und 18,3 m^2 – Fläche, 27. 06. 1943 zu Hirth, später Umbau auf Ta 152 H-10 (20,3 m^2), als Musterflugzeug bis März 1945 im Flugbetrieb
Fw 190 V30 Fw 190 V30/U1	0055	GH+KT	Erstflug	: April 1943
			Triebwerk	: DB 603 S-1 mit TK 11
			Bauzustand	: »Höhenjäger 2«
			Bemerkungen	: Unbewaffnet, neues Leitwerk, später Umbau auf Ta 152 H-10, Auslieferung in Adelheide am 6. 08. 1944, 23. 08. 1944 Bruch bei Außenladung in Vechta (70%), nicht wieder aufgebaut
Fw 190 V31	0056	GH+KU	Erstflug	: Anfang 1943
			Triebwerk	: DB 603 S-1 mit TK 11
			Bauzustand	: »Höhenjäger 2«
			Bemerkungen	: Unbewaffnet, später Umbau auf Ta 152 H-10 geplant, Verlust am 29. 05. 1944
Fw 190 V32 Fw 190 V32/U1 Fw 190 V32/U2	0057	GH+KV	Erstflug	: 11. 11. 1943
			Triebwerk	: DB 603 S-1 (Höhenlader)
			Bauzustand	: Ta 153 »Schnelle Lösung Jäger«
			Bemerkungen	: Zunächst »Höhenjäger 2«, Turbinenausbau am 15. 12. 1943, anschließend bei Daimler-Benz für DB 603 G – Erprobung: 1. Musterflugzeug für Ta 153, anschließend Umbau zur Ta 152 H-0, abgestellt am 6. 04. 1945 in Hannover-Langenhagen
Fw 190 V33 Fw 190 V33/U1	0058	GH+KW	Erstflug	: Anfang 1943
			Triebwerk	: DB 603 S
			Bauzustand	: »Höhenjäger 2«
			Bemerkungen	: Triebwerkserprobung, Bewaffnung: 2× MG 151 in Flügelwurzel, Umbau auf Ta 152 H-1, Auslieferung in Adelheide am 13. 07. 1944, Absturz am 13. 07. 1944

V – Musterbezeichnung	Werk-Nr.	Stammkennz.	Erstflug/Triebwerk/Bemerkungen/Verbleib (ab Fw 190 V5 jeweils erste Nennung)
Fw 190 V34	410230	VL+OW	Erstflug : Juni 1944 Triebwerk : BMW 801 F, Ausführung TH Bauzustand : Fw 190 A-9 »Jäger« und Fw 190 F-9 Schlachtflugzeug« Bemerkungen : Musterflugzeug mit Einheitstriebwerk F, Bewaffnung: 2× MG 151 (Flächenwurzeln) und 2× MG FF (Fläche außen), FuG 16 Z und FuG 25a, Ausbau der Rumpfbewaffnung, ab 14. 08. 1944 in Rechlin vorhanden
Fw 190 V35	816	BH+CF	Erstflug : Oktober 1943 Triebwerk : BMW 801 F, Ausführung TU Bauzustand : Fw 190 A-9 »Jäger« und Fw 190 F-9 »Schlachtflugzeug« Bemerkungen : Serienzelle (A-9) entspr. Fw 190 V 34, ab 8. 04. 1944 in Rechlin
Fw 190 V36	817	BH+CG	Erstflug : November 1943 Triebwerk : BMW 801 F, Ausführung TU Bauzustand : Fw 190 A-9 »Jäger«, später Fw 190 F-5/R1 und Fw 190 F-5/R2 »Schlachtflugzeug«, Fw 190 F-9 »Schlachtflugzeug und Fw 190 G-5 »Jagdbomber-Rei« Bemerkungen : Serienzelle (A-9), statt außen MG FF nun 2× MG 151, statt FuG 16 Z, 16 Z nun FuG 16 Ze und FuG 25a, 1944 in Rechlin vorhanden
Fw 190 V37	unbekannt	+	Erstflug : Ende 1943 Triebwerk : BMW 801 D-2, anschließend BMW 801 F Bauzustand : Fw 190 F-6/R1, Fw 190 F-6/R2 »Schlachtflugzeug« und Fw 190 G-6 »Jagdbomber-Rei« Bemerkungen : Waffenerprobung: Rumpfbewaffnung: 2× MG 17 (oder MG 131), Flächenwurzel: 2× MG 151, Fläche (außen): 2× 2 MG 151 im Flügel, ab 8. 04. 1944 in Rechlin, FuG 16 Z und FuG 25a, bei Fw 190 G-3 – Erprobung neue Tragfläche und Bomben-Schlösser
Fw 190 V38	unbekannt	+	Erstflug : Anfang 1944 Triebwerk : BMW 801 D-2 Bauzustand : Fw 190 A-8, später A-9 geplant

V – Muster-bezeichnung	Werk-Nr.	Stamm-kennz.	Erstflug/Triebwerk/Bemerkungen/Verbleib (ab Fw 190 V5 jeweils erste Nennung)
			Bemerkungen : Waffenerprobung ab 8. 04. 1944 in Rechlin, Bewaffnung wie Fw 190 V37, jedoch Fläche außen: 2×2 MK 108 im Flügel
Fw 190 V39	unbekannt	+	Erstflug : unbekannt Triebwerk : BMW 801 D-2 Bauzustand : Fw 190 A-8, später A-9 geplant Bemerkungen : Werkserprobungsmaschine mit 2× MG 131, 2×MG 151/20 und 2× MK 103, Bauausführung nicht nachweisbar
Fw 190 V40	unbekannt	+	Erstflug : unbekannt Triebwerk : BMW 801 D-2 Bauzustand : Fw 190 F-6 Bemerkungen : Mustererprobung als Jagdbomber mit 4×ETC 50, Bauausführung nicht nachweisbar
Fw 190 V41	unbekannt	+	Erstflug : unbekannt Triebwerk : BMW 801 D-2 Bauzustand : Fw 190 G-6 Bemerkungen : Mustererprobung als Schlachtflugzeug Bauausführung nicht nachweisbar
Fw 190 V42	1083	GE+LA	Erstflug : 1943 Triebwerk : BMW 801 D-2 Bauzustand : Fw 190 A-2/U13 > Fw 190 G-3/N »Jagdbomber-Rei Nachteinsatz« Bemerkungen : Nur Flügelwurzel-Bewaffnung: 2× MG 151, Abwurfanlage der Fw 190 V24, Scheinwerfer, Blendschutz und UV-Gerätebrett-Beleuchtung
Fw 190 V43	0817	BH+CG	Erstflug : 1943 Triebwerk : BMW 801 D-2 Bauzustand : Fw 190 A-5/U13 > Fw 190 G-3 »Jagdbomber-Rei« (Tag-Einsatz) Bemerkungen : Triebwerkserprobung, nur 2× MG 151 (Flügel-wurzel), Abwurflast bis 500 kg/1-2× 300 l Abwurftank, FuG 25a und FuG 16Z, Kurs-steuerung, Zielflugvorsatz, Fw – ETC anstelle Ju 87 – ETC und kleine Elt.-Anlage

V – Muster-bezeichnung	Werk-Nr.	Stamm-kennz.	Erstflug/Triebwerk/Bemerkungen/Verbleib (ab Fw 190 V5 jeweils erste Nennung)
Fw 190 V44	0855	GC+LA	Erstflug : 1943 Triebwerk : BMW 801 D-2 Bauzustand : Fw 190 G-4 »Jagdbomber-Rei« (Nacht-Einsatz) Bemerkungen : Bewaffnung s. Fw 190 V43, Abwurfanlage: 2× 250 kg oder 2× 300 l, Bildgeräte-Einbau: Robot-Kamera in der Flügelnase, geänderte FT-Anlage: FuG 16 Z/Ey und FuG 25, Kutonase, verschiebbares Revi, Variometer, zusätzlicher Ölbehälter, Kontakt-Höhenmesser und Blendschutz
Fw 190 V45	7347	RP+IU	Erstflug : Juli/August 1943 Triebwerk : BMW 801 D-2/TS mit GM 1 – Anlage Bauzustand : Fw 190 A-6/R4 Bemerkungen : Triebwerkserprobung mit GM 1 – Anlage, in Langenhagen am 2. 11. 1944, keine Druckkabine, Erprobung zumeist im Werk, ab Oktober 1944 Abgabe an Fliegertechnische Schule in Altenburg
Fw 190 V46	0046	TI+IK	Erstflug : Januar 1943 Triebwerk : BMW 801 D-2/TS mit GM 1 – Anlage geplant Bauzustand : Fw 190 B-0 geplant Bemerkungen : Triebwerkserprobung mit GM 1 – Anlage geplant, Bauausführung unbekannt zunächst Erprobung mit 20,3 m^2-Fläche, dann mit 18,3 m^2-Fläche.
Fw 190 V47	530115	DO+RO	Erstflug : 8. 02. 1943 Triebwerk : BMW 801 D-2 und GM 1 – Anlage Bauzustand : Fw 190 B-0, später Fw 190 A-8/R4 Bemerkungen : Triebwerkserprobung, keine Druckkabine, ab 18. 02. 1944 in Rechlin
Fw 190 V48	0048	TI+IM	Erstflug : 6. 04. 1943 Triebwerk : BMW 801 D-2 mit GM 1 – Anlage geplant Bauzustand : Fw 190 B-0 geplant Bemerkungen : Triebwerkserprobung mit GM 1 – Anlage geplant, Bauausführung unbekannt
Fw 190 V49	0049	TI+IN	Erstflug : Sommer 1943 Triebwerk : BMW 801 D-2 mit GM 1 – Anlage geplant

V – Muster-bezeichnung	Werk-Nr.	Stamm-kennz.	Erstflug/Triebwerk/Bemerkungen/Verbleib (ab Fw 190 V5 jeweils erste Nennung)
			Bauzustand : Fw 190 B-1 geplant Bemerkungen : Triebwerkserprobung mit GM 1 – Anlage geplant, Bauausführung unbekannt
Fw 190 V50	0811	BH+CA	Erstflug : 25. 08. 1943 Triebwerk : BMW 801 D-2 mit GM 1 – Anlage geplant, später BMW 801 F Bauzustand : Fw 190 B-1 geplant Bemerkungen : Triebwerkserprobung mit GM 1 – Anlage geplant, Bauausführung unbekannt
Fw 190 V51	530765	TG+AT	Erstflug : Sommer 1943 Triebwerk : BMW 801 D-2 Bauzustand : Fw 190 A-7/R2 und Fw 190 A-8/R2 Bemerkungen : Musterflugzeug für Waffenverstärkung (2× MG 17, 2× 151 und 2× 151 (145 Schuß) oder MK 108 (55 Schuß), später mit MK 103 (Gondelwaffen)
Fw 190 V52	170002	DU+JB	Erstflug : März 1944 Triebwerk : BMW 801 D-2 (TS/TH) Bauzustand : Fw 190 A-9 Bemerkungen : FT – Musterprobung mit FuG 125 »Hermine« und ZV3
Fw 190 V53	170003	DU+JC	Erstflug : Juni 1944 Triebwerk : Jumo 213 CV, anschließend Jumo 213 C-1 Bauzustand : Fw 190 D-9/D-10 (Umbau aus Fw 190 A-8) Bemerkungen : Einbau einer Motorkanone MK 103, in Langenhagen am 19. 09. 1944, anschließend bei E-Stelle Tarnewitz 3× MG 151 und 2× MG 131, dann Flächen mit zwei MK 103 in der Flügelwurzel
Fw 190 V54	170024	BH+RX	Erstflug : Juli 1944 Triebwerk : Jumo 213 A-1, anschließend C-1 Bauzustand : Fw 190 D-9 Bemerkungen : Am 4. 08. 1944 (Langenhagen), Bewaffnung wie Fw 190 V53, am 5. 08. 1944 durch Luftangriff zerstört

V – Muster-bezeichnung	Werk-Nr.	Stamm-kennz.	Erstflug/Triebwerk/Bemerkungen/Verbleib (ab Fw 190 V5 jeweils erste Nennung)
Fw 190 V55	170923	GV+CV	Erstflug : August 1944 Triebwerk : Jumo 213 F und MW 50 – Anlage Bauzustand : Fw 190 D-11 (Umbau aus Fw 190 A-8) Bemerkungen : In Langenhagen am 25. 01. 1945 vorhanden
Fw 190 V56	170924	GV+CW	Erstflug : 15. 08. 1944 Triebwerk : Jumo 213 F und MW 50 – Anlage Bauzustand : Fw 190 D-11 (Umbau aus Fw 190 A-8) Bemerkungen : In Langenhagen am 15. 08. 1944 vorhanden, ab November 1944 in Rechlin zur Erprobung, am 27. 03. 1945 bei Focke-Wulf in Delmenhorst vorhanden, am 25. 01. 1945 bei Focke-Wulf (Einbau von MK 108 in den äußeren Tragflächen
Fw 190 V57	170926	GV+CY	Erstflug : September 1944 Triebwerk : Jumo 213 (E) F und MW 50 – Anlage Bauzustand : Fw 190 D-11 (Umbau aus Fw 190 A-8) Bemerkungen : In Langenhagen am 5. 09. 1944 vorhanden, dann in Tarnewitz und anschließend in Langenhagen (Februar 1945)
Fw 190 V58	170933	GC+DF	Erstflug : Sommer 1944 Triebwerk : Jumo 213 F1/0131 und MW 50 – Anlage Bauzustand : Fw 190 D-11 (Umbau aus Fw 190 A-8) Bemerkungen : Bewaffnung mit zwei Rumpf-MG 131, am 24. 09. 1944 in Adelheide, im Januar 1945 noch als Erprobungsmaschine vorhanden, anschließend bis 27. 03. 1945 in Delmenhorst.
Fw 190 V59	350156	TG+MH	Erstflug : Sommer 1944 Triebwerk : Jumo 213 F und MW 50 – Anlage Bauzustand : Fw 190 D-11 (Umbau aus Fw 190 A-8) Bemerkungen : 90 % Bruch am 9. 10. 1944 nahe Langenhagen (FF. Schilling/JUMO)
Fw 190 V60	350157	TG+MI	Erstflug : 10. 10. 1944 Triebwerk : Jumo 213 F und MW 50 – Anlage Bauzustand : Fw 190 D-11 (Umbau aus Fw 190 A-8)

V – Musterbezeichnung	Werk-Nr.	Stammkennz.	Erstflug/Triebwerk/Bemerkungen/Verbleib (ab Fw 190 V5 jeweils erste Nennung)
			Bemerkungen : Triebwerksdauererprobung zwischen Herbst 1944 und Ende März 1945, Anfang April Umbau auf H – Triebwerk, ab 13. 11. 1944 bei den Jumo – Werken in Dessau als Erproungsflugzeug vorhanden
Fw 190 V61	350158	VI+QM	Erstflug : Oktober 1944 Triebwerk : Jumo 213 F Bauzustand : Fw 190 D-11 (Umbau aus Fw 190 A-8) Bemerkungen : Im Oktober 1944 in Adelheide, ab 14. 10. 1944 in Langenhagen, dort noch im November 1944 vorhanden
Fw 190 V62	732053	SQ+DQ	Erstflug : Oktober 1944 Triebwerk : Jumo 213 F1/0141 Bauzustand : Fw 190 D-11, dann Fw 190 D-13 Bemerkungen : Motorkanone MG 151/20 und 2× MG 151, Dauererprobung im Herbst 1944, für F1-Erprobung am 5. 04. 1945 nahezu fertiggestellt (Erste Fw 190 V62: Werk-Nr. 350165, dann Umbenennung auf 732053)
Fw 190 V63	350166	CS+IB	Erstflug : Oktober 1944 Triebwerk : Jumo 213 (E) F Bauzustand : Fw 190 D-12 Bemerkungen : Verbleib unbekannt
Fw 190 V64	730254	+	Erstflug : November 1944 Triebwerk : Jumo 213 (E) F Bauzustand : Fw 190 D-12 Bemerkungen : Motorkanone MK 108/Mo, erste Fw 190 V63 trug die Werk-Nr. 350166, später 320165 und zuletzt 350166
Fw 190 V65	350165	CS+IA	Erstflug : November 1944 Triebwerk : Jumo 213 (E) F Bauzustand : Fw 190 D-12/R13 Bemerkungen : In Langenhagen am 17. 11. 1944, die erste Fw 190 V65 trug die Werk-Nr. 732053, dann 350167 und zuletzt 350165

V – Musterbezeichnung	Werk-Nr.	Stamm-kennz.	Erstflug/Triebwerk/Bemerkungen/Verbleib (ab Fw 190 V5 jeweils erste Nennung)
Fw 190 V66	584002	+	Erstflug : 15. 02. 1944 Triebwerk : BMW 801 D-2, Ausführung TS bzw. TH Bauzustand : Fw 190 F-15 und Fw 190 F-16 (Zelle Fw 190 A-8) Bemerkungen : Mustererprobung als Jabo-Rei
Fw 190 V67	930516	+	Erstflug : Dezember 1944 Triebwerk : BMW 801 D-2, Ausführung TS bzw. TH Bauzustand : Fw 190 F-15 und Fw 190 F-16 Bemerkungen : Geänderte FT-Anlage (FuG 15 statt FuG 16)
Fw 190 V68	170003	DU+JC +	Erstflug : Juni 1944 (FKT als Fw 190 A-8) Triebwerk : Jumo 213 A-1/A-2, dann Umbau auf BMW 801 D-2 Bauzustand : Fw 190 F-16 (Umbau aus Fw 190 V53) Bemerkungen : MK 103 – Bewaffnung, am 11. 08. 1944 in Gütersloh, anschließend bei E-Stelle Tarnewitz (MK 213)
Fw 190 V69	582072	GO+KJ	Erstflug : Sommer 1944 Triebwerk : BMW 801 D-2 Bauzustand : Fw 190 F-9 (Umbau aus A-8) Bemerkungen : 1. Versuchmaschine mit zwei Kramer X-4, am 11. 08. 1944 in Gütersloh
Fw 190 V70	580029	GO+KI	Erstflug : Sommer 1944 Triebwerk : BMW 801 D-2 Bauzustand : Fw 190 F-9 (Umbau aus A-8) Bemerkungen : 2. Versuchsmaschine mit X-4, PKS 12–Anlage, Bruch am 25. 08. 1944
Fw 190 V71	350167	CS+IC	Erstflug : 15. 11. 1944 Triebwerk : Jumo 213 F1 Bauzustand : Fw 190 D-13/R13 (Umbau aus Fw 190 A-8) Bemerkungen : Motorkanone MG 151/20 Mo, am 17. 11. 1944 vorhanden, nahezu flugklar am 5. 04. 1945 (ab 24. 02. 1945 bei Junkers), erste Fw 190 V71: Werk-Nr. 732054, dann 732054, zuletzt 350167
Fw 190 V72	170727	GV+BB	Erstflug : 20. 06. 1944 Triebwerk : BMW 801 D-2/TS (TU)

V – Muster-bezeichnung	Werk-Nr.	Stamm-kennz.	Erstflug/Triebwerk/Bemerkungen/Verbleib (ab Fw 190 V5 jeweils erste Nennung)
			Bauzustand : Fw 190 A-8 »Kurssteuerungsmaschine« Bemerkungen : Musterflugzeug mit FuG 125 und PKS 12, in Langenhagen am 29. 06. 1944 vorhanden, ab 11. 10. 1944 in Rechlin zwecks Einbau des FuG 125, Bruch am 5. 08. 1944
Fw 190 V73	733705	TX+PQ	Erstflug : September 1944 Triebwerk : BMW 801 D-2, Ausführung TS Bauzustand : Fw 190 A-8 Serienflugzeug mit »Pb« (später: F-8) Bemerkungen : Musterflugzeug mit Panzerblitz-Rosten, in Langenhagen am 5. 10. 1944, noch am 6.04.1945 flugklar
Fw 190 V74	733713	TX+PY	Erstflug : Sommer 1944 Triebwerk : BMW 801 D-2, Ausführung TS Bauzustand : Fw 190 A-8 (später: Fw 190 F-8) Bemerkungen : Zunächst Leistungserprobung, dann Umbau zum Musterflugzeug mit SG 117 (Rohrblock 108)
Fw 190 V75	582071	DR+MH	Erstflug : September 1944 Triebwerk : BMW 801 D-2, Ausführung TS Bauzustand : Fw 190 F-8 Bemerkungen : Musterflugzeug mit SG 113 A, Überführung am 17. 10. 1944 von Langenhagen nach Echterdingen, Erprobung ab Oktober 1944
Fw 190 V76	210040	TS+DN	Erstflug : 20. 11. 1944 Triebwerk : DB 603 LA Bauzustand : Fw 190 D-14 (Umbau aus Fw 190 D-9) Bemerkungen : 1. Musterflugzeug »Haspel-Jäger«, Umbau in Echterdingen
Fw 190 V77	210043	TS+DQ	Erstflug : 10. 01. 1945 Triebwerk : DB 603 EC mit MW 50 – Anlage Bauzustand : Fw 190 D-14 (Umbau aus Fw 190 D-9) Bemerkungen : 2. Musterflugzeug »Haspel-Jäger«, Umbau in Echterdingen, Flugerprobung im März 1945 in Stuttgart-Echterdingen
Fw 190 V78	551103	DU+LH	Erstflug : 8. 01. 1945 Triebwerk : BMW 801 D-2, Ausführung TS (TU)

V – Muster-bezeichnung	Werk-Nr.	Stamm-kennz.	Erstflug/Triebwerk/Bemerkungen/Verbleib (ab Fw 190 V5 jeweils erste Nennung)
			Bauzustand : Fw 190 F-8 Bemerkungen : 1. Musterflugzeug mit AG 140 (für R 50 BS und R 100 BS), Ausrüstung mit EZ 42 und »Oberon«-Anlage 1945 geplant.
Fw 190 V79	581304	+	Erstflug : 12. 01. 1945 Triebwerk : BMW 801 D-2, Ausführung TS (TU) Bauzustand : Fw 190 F-8 Bemerkungen : 2. Musterflugzeug mit AG 140 (für R 50 BS und R 100 BS) Ausrüstung mit EZ 42 und »Oberon«-Anlage 1945 geplant.
Fw 190 V80	586600	NZ+OP	Erstflug : 16. 01. 1945 Triebwerk : BMW 801 D-2, Ausführung TS (TU) Bauzustand : Fw 190 F-8 Bemerkungen : 3. Musterflugzeug mit AG 140 (für R 50 BS und R 100 BS) Ausrüstung mit EZ 42 und »Oberon«-Anlage 1945 geplant.

Anmerkungen:

1. Die Versuchsmusterbezeichnungen Fw 190 V8 bis V11 wurde nach Fertigstellung der Maschinen vom Werk als »ungültig« erklärt und die Maschinen als A-0/U3 bis A-0/U6 bezeichnet.

2. Die Vergabe der Versuchsmuster-Bezeichnungen Fw 190 V62, V64, V65 und V71 wurden mehrfach geändert. Die Tabelle gibt den letzten Stand wieder.

3. Der mehrfache Umbau der Versuchsmuster Fw 190 V18, V21, V29, V30, V32 und V33führte dazu, daß nur der (bekannte) Erstflug oder die erste Nennung in der Tabelle vermerkt wurde.

4. Die Tabelle beruht ausschließlich auf Aufstellungen und Dokumenten der Focke-Wulf – Werke und weicht von der Literatur-Meinung erheblich ab.

Fw 190 – Die Nullserienflugzeuge

Erst-Bezeichnung	Zweit-Bezeichnung	Werk-nummern	Motoren-anlage	Fläche (m^2)	Bewaffnung	Bemerkungen
Fw 190 V1	–	0001	BMW 139 BMW 801 C-0	14,90	unbewaffnet	Umbau auf BMW 801 C-0
Fw 190 V2	–	0002	BMW 139 BMW 801 C-0	14,90	2×MG 17 2×MG 131	Einbau FuG VIIa-Anlage Umbau auf große Fläche
Fw 190 V3	–	0003	–	14,90	2×MG 17 2×MG 131	Statische Versuchszelle, später als Ersatzteile verwendet
Fw 190 V4	–	0004	BMW 801 C-0	14,90	2×MG 17 2×MG FF	Triebwerkserprobung mit BMW 801 C-0-Sternmotor
Fw 190 V5k V5g	Fw 190 A-0/U1	0005	BMW 801 C-0	14,90 18,30	4×MG 17	Erprobung mit kurzer Fläche, Umbau auf BMW 801 C-1 und großer Fläche (Fw 190 V5g)
Fw 190 V6	Fw 190 A-0/U1	0006	BMW 801 C-0	18,30	4× MG 17	Erprobung mit großer Fläche Umbau auf BMW 801 C-1
Fw 190 A-0	Fw 190 A-0/(U9)	0007	BMW 801 C-1	18,30	4MG 17 2MG FF	Als Motoren-Erprobungsträger gestrichen wegen BMW 801 C-1
Fw 190 A-0	Fw 190 A-0/U2	0008	BMW 801 D (alt)	18,30	2×MG 17 2×MG 131	Triebwerkserprobung BMW 801D (frühe Ausführung), FuG VIIa
Fw 190 A-0	–	0009	unbekannt	18,30	unbekannt	Bauausführung unbekannt
Fw 190 (V11)	Fw 190 A-0/U6	(0010)	Wright	18,30	–	Keine Bauausführung
Fw 190 V7	Fw 190 A-1	0011	BMW 801 C-0	18,30	4×MG 17 2×MG FF	Musterflugzeug der Serien-ausführung Fw 190 A-1
Fw 190 A-0	Fw 190 A-0	0012	unbekannt	18,30	unbekannt	Bauausführung unbekannt
Fw 190 A-0	Fw 190 A-0	0013	unbekannt	18,30	unbekannt	Bauausführung unbekannt
Fw 190 A-0	Fw 190 A-0/U2	0014	BMW 801 D (alt)	14,90	2MG 17 2MG 131	Triebwerkserprobung BMW 801D (frühe Ausführung), FuG VIIa
Fw 190 V10	Fw 190 A-0/U11 Fw 190 A-1	0015	BMW 801 C-1	18,30	4MG 17 2MG FF	Erprobung des Fahrwerks der Fw 190 A-2, Zelle der A-1
Fw 190 A-0	Fw 190 A-0	0016	BMW 801 C-0	18,30	4×MG 17 2×MG FF	Fliegerische und taktische Erprobung, FuG VIIa
Fw 190 A-0	Fw 190 A-0/(U7)	0017	BMW 801 C-0 BMW 801 D (alt)	18,30	4×MG 17 2×MG FF	Umbau und Erprobung mit BMW 801 D (alt), gestrichen, FuG VIIa-Einbau

Erst-Bezeichnung	Zweit–Bezeichnung	Werk-nummern	Motoren-anlage	Fläche (m^2)	Bewaffnung	Bemerkungen
Fw 190 A-0	Fw 190 A-0/U5	0018	BMW 801 C-1	18,30	2MG 17 2MG 151	Erste Maschine mit MG 151/20 Bewaffnung
Fw 190 A-0	Fw 190 A-0	0019	BMW 801 C-0	18,30	4×MG 17 2×MG FF	Fliegerische und taktische Erprobung, FuG VIIa
Fw 190 A-0	Fw 190 A-0	0020	BMW 801 C-0	18,30	4×MG 17 2×MG FF	Fliegerische und taktische Erprobung, FuG VIIa, Erprobung mit BMW 801 D (alt) storniert, Verlust: 1.10.41
Fw 190 (V8)	Fw 190 A-0/U3	0021	BMW 801 C-0	18,30	4×MG 17 2×MG FF	Große Fläche, FuG VIIa und FuG XXV-Anlage
Fw 190 (V9) Fw 190 V9/1	Fw 190 A-0/U4	0022	BMW 801 C-0 BMW 901 C-1	18,30	4×MG 17 2×MG FF	Abwurflasten- und Abwurfbehälter-Erprobung, FuG VIIa, später nur noch 2× MG 17 und mit BMW 801 C-1
Fw 190 A-0 Fw 190 V9/2	Fw 190 A-0/U4	0023	BMW 801 C-0	18,30	4×MG 17 2×MG FF 2×MG 151	Umbau von BMW 801 C-0 auf BMW 801 C-1, FuG VIIa, später mit FuG 16 Z sowie verstärkte Bewaffnung, Erprobung mit Abwurflasten bis zur SC 500
Fw 190 A-0	Fw 190 A-0/U13	0024 bis 0028	BMW 801 C-0 BMW 801 C-1	18,30	4×MG 17 2×MG FF	Fliegerische und taktische Erprobung, FuG VIIa-Einbau
Fw 190 A-0	Fw 190 A-0/U13	0029	BMW 801 D (mod.)	18,30	4×MG 17 2×MG FF	Motorenerprobung mit verbesserter Triebwerksanlage
Fw 190 A-0	Fw 190 A-0/U10	0030	BMW 801 C-1	18,30	2MG 17 2MG 151 2MG FF	Erstes Musterflugzeug mit vier 2 cm-Waffen
Fw 190 A-0	Fw 190 A-0	0031	BMW 801 C-1	18,30	4×MG 17 2×MG FF	Fliegerische und taktische Erprobung, FuG VIIa (FuG 16)
Fw 190 A-0	Fw 190 A-0	0032 bis 0034	BMW 801 C-1	18,30	4×MG 17 2×MG FF	Fliegerische und taktische Erprobung, FuG 16 Z
Fw 190 V12	Fw 190 A-0	0035	BMW 801 C-0	18,30	4×MG 17 2×MG FF	Provisorische Druckkabine und FuG VIIa-Anlage
Fw 190 V13	Fw 190 A-0	0036	DB 603 A-0	18,30	2×MG 17 2×MG 151	Mustermaschine mit Baukühler und ausgebauter Bewaffnung

Anmerkung: Nach Übersichten der Focke-Wulf-Werke vom Mai und September 1941

Fw 190 – Die Baureihen

Baureihen	Verwendungs-weck	Triebwerk	Bewaffnung/Abwurfanlage				
			Motor-kanone	Rumpf-waffen	Flügel-wurzel	Flügel (außen)	ETC Sonstiges
Fw 190 A-0/U1	Jagdflugzeug	BMW 801 C-0	–	2×MG 17	2×MG 17	–	–
Fw 190 A-0/U2	Jagdflugzeug	BMW 801 C-0/D-0	–	2×MG 17	2×MG 131	–	–
Fw 190 A-0/U3	Jagdflugzeug	BMW 801 C-0	–	–	–	–	–
Fw 190 A-0/U4	Jagdflugzeug	BMW 801 C-0/C-1	–	2×MG 17	2×MG 17	2×MG FF	–
Fw 190 A-0/U5	Jagdflugzeug	BMW 801 C-0/C-1	–	2×MG 17	2×MG 151	2×MG FF	–
Fw 190 A-0/U6	Jagdflugzeug	Wright-Sternmotor	–	–	–	–	–
Fw 190 A-0/U7	Jagdflugzeug	BMW 801 D (a.A.)	–	2×MG 17	2×MG 17	2×MG FF	–
Fw 190 A-0/U8	Jagdflugzeug	BMW 801 D (mod.)	–	2×MG 17	2×MG 151	2×MG FF	–
Fw 190 A-0/U9	Jagdflugzeug	BMW 801 C-1	–	2×MG 17	2×MG 17	2×MG FF	–
Fw 190 A-0/U10	Jagdflugzeug	BMW 801 C-1/C-2	–	2×MG 17	2×MG 17	2×MG FF	–
Fw 190 A-0/U11	Jagdflugzeug	BMW 801 D-1	–	2×MG 17	2×MG 17	2×MG FF	–
Fw 190 A-0/U12	Jagdflugzeug	BMW 801 D-1 + GM 1	–	2×MG 17	2×MG 17	2×MG FF	–
Fw 190 A-0/U13	Jagdflugzeug	BMW 801 D-1	–	2×MG 17	2×MG 17	2×MG FF	–
Fw 190 A-1	Jagdflugzeug	BMW 801 C-1	–	2×MG 17	2×MG 17	2×MG FF,	1× ETC 500
Fw 190 A-1/U1	Jagdflugzeug	BMW 801 D-1	–	2×MG 17	2×MG 17	2×MG FF,	1× ETC 500
Fw 190 A-1/U2	Jagdflugzeug	BMW 801 D-2	–	2×MG 17	2×MG 17	2×MG FF,	1× ETC 500
Fw 190 A-2	Jagdflugzeug	BMW 801 C-1/D-2	–	2×MG 17	2×MG 151	2× MG FF	als Rüstsatz
Fw 190 A-2/U1	Schlechtwetterjäger	BMW 801 C-1/D-2	–	2×MG 17	2×MG 151	2× MG FF	als Rüstsatz
Fw 190 A-2/U3	Schlachtflugzeug	BMW 801 D-2	–	2×MG 17	2×MG 151	–	1× ETC 501
Fw 190 A-2/U4	Gefechtsaufklärer	BMW 801 D-2	–	2×MG 17	2×MG 151	–	1× ETC 501
Fw 190 A-3	Jagdflugzeug	BMW 801 C-2/D-2	–	2×MG 17	2×MG 151	2× MG FF	als Rüstsatz
Fw 190 A-3a	Jagdflugzeug	BMW 801 C-1	–	2×MG 17	2×MG 151	2× MG FF	als Rüstsatz
Fw 190 A-3/U1	Jagdflugzeug	BMW 801 C-2/D-2	–	2×MG 17	2×MG 151	2× MG FF	als Rüstsatz
Fw 190 A-3/U2	Jagdflugzeug	BMW 801 C-2/D-2	–	2×MG 17	2×MG 151	6× RZ 65	(EG)-Anlage
Fw 190 A-3/U3	Jagdbomber	BMW 801 D-2	–	2×MG 17	2×MG 151	–	1× ETC 501
Fw 190 A-3/U4	Aufklärer »H«	BMW 801 D-2	–	2×MG 17	2×MG 151	–	–
Fw 190 A-3/U7	Leichter Höhenjäger	BMW 801 D-2	–	–	2×MG 151	–	–
Fw 190 A-4	Jagdflugzeug	BMW 801 D-2	–	2×MG 17	2×MG 151	2×MG FF	als Rüstsatz
Fw 190 A-4/R1	Leitjäger	BMW 801 D-2	–	2×MG 17	2×MG 151	–	1× ETC 501
Fw 190 A-4/R6	Pulkzerstörer	BMW 801 D-2	–	–	2×MG 151	2× W Gr. 21-Anlage	
Fw 190 A-4/U1	Jagdflugzeug/Jabo	BMW 801 C-3/D-2	–	(2×MG 17)	2×MG 151	–	1× ETC 501
Fw 190 A-4/U3	Schlachtflugzeug	BMW 801 D-2	–	(2×MG 17)	2×MG 151	(2× MG FF	als Rüstsatz)
Fw 190 A-4/U4	Gefechtsaufkl. »H«	BMW 801 D-2	–	(2×MG 17)	2×MG 151	–	–
Fw 190 A-4/U8	Jabo – Rei	BMW 801 D-2	–	–	2×MG 151	–	–
Fw 190 A-5	Jagdflugzeug	BMW 801 D-2	–	2×MG 17	2×MG 151	2× MG FF	als Rüstsatz
Fw 190 A-5/R1	Leitjäger	BMW 801 D-2	–	2×MG 17	2×MG 151	–	1× ETC 501
Fw 190 A-5/R6	Pulkzerstörer	BMW 801 D-2	–	2×MG 17	2×MG 151	2× W Gr. 21 – Anlage	

Die Fw 190 A-4/U4 flogen bei der 5. (F)/123 Fernaufklärung von Flugplätzen in Frankreich aus.

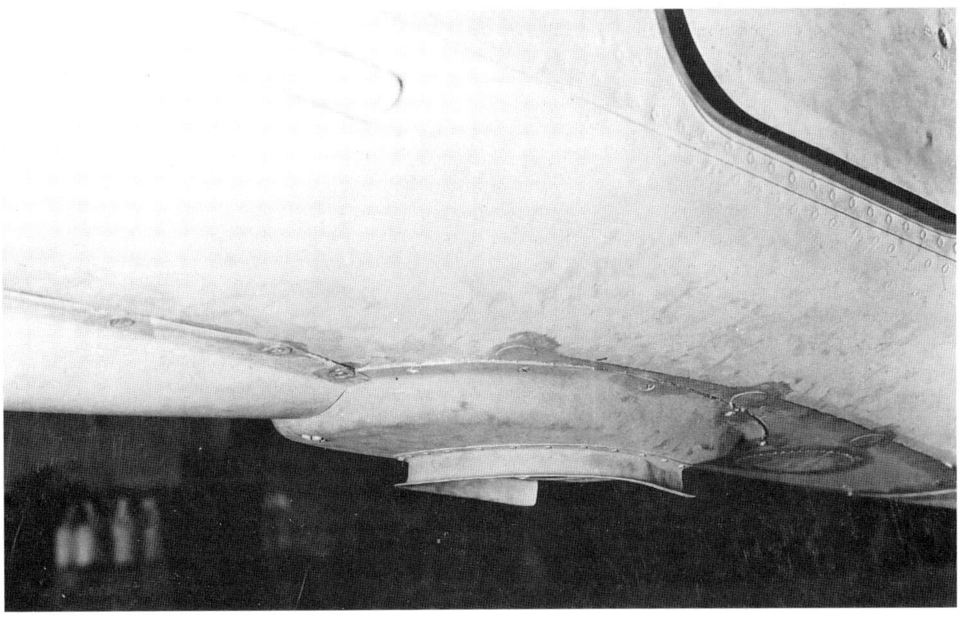

Die Schutzverkleidung für die im hinteren Rumpfteil installierte, fernbedienbare Reihenbildanlage der Fw 190 A-4/U4.

Baureihen	Verwendungs-weck	Triebwerk	Bewaffnung/Abwurfanlage				
			Motor-kanone	Rumpf-waffen	Flügel-wurzel	Flügel (außen)	ETC Sonstiges
Fw 190 A-5/U1	Jagdflugzeug	BMW 801 C-3	–	2×MG 17	2×MG 151	2× MG FF	als Rüstsatz
Fw 190 A-5/U2	Nachtjagdbomber	BMW 801 D-2	–	2×MG 17	2×MG 151	–	1× ETC 501
Fw 190 A-5/U3	Schlachtflugzeug	BMW 801 D-2	–	2×MG 17	2×MG 151	–	1× ETC 501
Fw 190 A-5/U3tp.	Schlachtflugzeug	BMW 801 D-2	–	–	2×MG 151	–	1× ETC 501
Fw 190 A-5/U4	Gefechtsaufklärer	BMW 801 D-2	–	2×MG 17	2×MG 151	–	2 Träger
Fw 190 A-5/U7	Zerstörer	BMW 801 D-2	–	2×MG 17	2×MG 151	2× MK 103	1× ETC 501
Fw 190 A-5/U8	Jagdflugzeug	BMW 801 D-2	–	–	2×MG 151	2× W Gr. 21-Anlage	
Fw 190 A-5/U8	Jabo – Rei	BMW 801 C-3	–	–	2×MG 151	–	3 Träger
Fw 190 A-5/U9	Jagdflugzeug	BMW 801 D-2	–	2×MG 17	2×MG 151	2× MK 108 od. 2×MG 151	
Fw 190 A-5/U10	Zerstörer	BMW 801 D-2	–	2×MG 131	2×MG 151	2× MG 151	(Gondel)
Fw 190 A-5/U11	Panzerjäger	BMW 801 D-2	–	2×MG 17	2×MG 151	2× MK 103	(Gondel)
Fw 190 A-5/U12	Schwerer Jäger	BMW 801 D-2	–	2×MG 17	2×MG 151	2×2 MG 151	(Gondel)
Fw 190 A-5/U12	Schlachtflugzeug	BMW 801 D-2	–	2×MG 17	2×MG 151	2×2 MG 151	(Gondel)
Fw 190 A-5/U13	Jabo – Rei	BMW 801 D-2	–	–	2×MG 151	–	3 Träger
Fw 190 A-5/U14	Torpedojäger (Jato)	BMW 801 D-2	–	–	2×MG 151	–	1× ETC 502
Fw 190 A-5/U15	Torpedojäger (Jato)	BMW 801 D-2	–	–	2×MG 151	–	1× ETC 502
Fw 190 A-5/U16	Zerstörer	BMW 801 D-2	–	2×MG 17	2×MG 151	2× MG FF	als Rüstsatz
Fw 190 A-5/U17	Schlachtflugzeug	BMW 801 D-2	–	2×MG 17	2×MG 151	2× MK 108	2× MG FF
Fw 190 A-6	Jagdflugzeug	BMW 801 D-2	–	2×MG 17	2×MG 151	2× MG 151	(od. MG FF)
Fw 190 A-6/Bo	Jagdbomber	BMW 801 D-2	–	2×MG 17	2×MG 151	2× MG 151, 1×ETC501+4×50	
Fw 190 A-6/R1	Jagdflugzeug	BMW 801 D-2	–	2×MG 17	2×MG 151	2×2 MG 151	(Gondel)
Fw 190 A-6/R2	Jagdflugzeug	BMW 801 D-2	–	2×MG 17	2×MG 151	2× MK 108	im Flügel
Fw 190 A-6/R3	Jagdflugzeug	BMW 801 D-2	–	2×MG 17	2×MG 151	2× MK 103	(Gondel)
Fw 190 A-6/R6	Pulkzerstörer	BMW 801 D-2	–	2×MG 17	2×MG 151	2× W Gr. 21-Anlage	
Fw 190 A-6/N	Nachtjäger	BMW 801 D-2	–	2×MG 17	2×MG 151	–	1× ETC 501
Fw 190 A-7	Jagdflugzeug	BMW 801 D-2	–	2×MG 131	2×MG 151	2× MG 151	1× ETC 501
Fw 190 A-7/R1	Jagdflugzeug	BMW 801 D-2	–	2×MG 131	2×MG 151	2×2 MG 151	(Gondel)
Fw 190 A-7/R2	Jagdflugzeug	BMW 801 D-2	–	2×MG 131	2×MG 151	2× MK 108	im Flügel
Fw 190 A-7/R3	Jagdflugzeug	BMW 801 D-2	–	2×MG 131	2×MG 151	2× MK 103	(Gondel)
Fw 190 A-7/R6	Pulkzerstörer	BMW 801 D-2	–	2×MG 131	2×MG 151	2× MG 151	WGr. 21
Fw 190 A-8	Jagdflugzeug	BMW 801 D-2	–	2×MG 131	2×MG 151	2× MG 151	1× ETC 501
Fw 190 A-8/R1	Jagdflugzeug	BMW 801 D-2	–	2×MG 131	2×MG 151	2×2 MG 151	(Gondel)
Fw 190 A-8/R2	Jagdflugzeug	BMW 801 D-2	–	2×MG 131	2×MG 151	2× MK 108	im Flügel
Fw 190 A-8/R3	Jagdflugzeug	BMW 801 D-2	–	2×MG 131	2×MG 151	2× MK 103	(Gondel)
Fw 190 A-8/R6	Pulkzerstörer	BMW 801 D-2	–	2×MG 131	2×MG 151	2× MG 151	WGr. 21
Fw 190 A-8/R7	Sturmflugzeug	BMW 801 D-2/TO/TS	–	2×MG 131	2×MG 151	2× MG 151	im Flügel
Fw 190 A-8/R8	Sturmflugzeug	BMW 801 D-2/TO/TS	–	– 131	2×MG 151	2× MK 108	im Flügel
Fw 190 A-8/R11	Schlechtwetterjäger	BMW 801 D-2/TU	–	2×MG 131	2×MG 151	2× MK 108	im Flügel
Fw 190 A-8/R12	Jagdflugzeug	BMW 801 D-2	–	2×MG 131	2×MG 151	2× MK 108	im Flügel
Fw 190 A-8/N	Nachtjäger	BMW 801 D-2	–	2×MG 131	2×MG 151	2× MG 151	im Flügel

Baureihen	Verwendungs-weck	Triebwerk	Bewaffnung/Abwurfanlage				
			Motor-kanone	Rumpf-waffen	Flügel-wurzel	Flügel (außen)	ETC Sonstiges
Fw 190 A-8/U1	Schulflugzeug	BMW 801 D-2	–	2×MG 131	2×MG 151	–	1× ETC 501
Fw 190 A-9	Jagdflugzeug	BMW 801 D-2/TS/TH	–	2×MG 131	2×MG 151	2× MG 151	1× ETC 501
Fw 190 A-9/R1	Jagdflugzeug	BMW 801 D-2/TS/TH	–	2×MG 131	2×MG 151	2×2 MG 151	(Gondel)
Fw 190 A-9/R2	Jagdflugzeug	BMW 801 D-2/TS/TH	–	2×MG 131	2×MG 151	2× MG 151	1× ETC 501
Fw 190 A-9/R3	Jagdflugzeug	BMW 801 D-2/TS/TH	–	2×MG 131	2×MG 151	2× MK 103 o.	2× MK 103
Fw 190 A-9/R6	Pulkzerstörer	BMW 801 D-2/TS/TH	–	2×MG 131	2×MG 151	2× MG 151	WGr. 21
Fw 190 A-9/R7	Sturmflugzeug	BMW 801 D-2/TS/TH	–	2×MG 131	2×MG 151	2× MG 151	1×ETC 501
Fw 190 A-9/R8	Sturmflugzeug	BMW 801 D-2/TS/TH	–	2×MG 131	2×MG 151	2× MK 103 o.	2× MK 103
Fw 190 A-9/R11	Schlechtwetterjäger	BMW 801 D-2/TS/TH	–	2×MG 131	2×MG 151	2× MG 151	1× ETC 501
Fw 190 A-9/R12	Jagdflugzeug	BMW 801 D-2/TS/TH	–	2×MG 131	2×MG 151	2× MK 108	in der Fläche

Der Pilot der einsitzigen Aufklärungsmaschine konnte mittels dieses Steuerungsgerätes die Bildfrequenz des Rb 12,5 im Fluge ändern.

Baureihen	Verwendungs- weck	Triebwerk	Bewaffnung/Abwurfanlage				
			Motor- kanone	Rumpf- waffen	Flügel- wurzel	Flügel (außen)	ETC Sonstiges
Fw 190 A-10	Jagdflugzeug	BMW 801 D-2/TS/TH	–	2×MG 131	2×MG 151	2× MG 151	1× ETC 501
Fw 190 B-0	Höhenjäger 1	BMW 801 + GM 1	–	2×MG 17	2×MG 151	(2× MG FF)	1× ETC501
Fw 190 B-1	Höhenjäger 1	BMW 801 + GM 1	–	2×MG 17	2×MG 151	(2× MG FF)	1× ETC 501
Fw 190 B-2	Höhenjäger 1	BMW 801 + GM 1	–	2×MG 17	2×MG 151	(2× MG FF)	1× ETC 501
Fw 190 C-0	Jagdflugzeug	DB 603 A-1	MG 151	2×MG 131	2×MG 151	–	1× ETC 501
Fw 190 C-1	Jagdflugzeug	DB 603 A-1/A-2	MG 151	2×MG 131	2×MG 151	(2× MG FF)	1× ETC 501
Fw 190 C-2	Jagdflugzeug	DB 603 A-1/A-2	MG 151	2×MG 131	2×MG 151	(2× MG FF)	1× ETC 501
Fw 190 D-1	Jagdflugzeug	Jumo 213 A-1	–	2×MG 131	2×MG 131	–	–
Fw 190 D-2	Jagdflugzeug	Jumo 213 A-1	–	2×MG 131	2×MG 131	–	–
Fw 190 D-9	Jagdflugzeug	Jumo 213 A-1/A-2	–	2×MG 131	2×MG 151	–	1× ETC 501
Fw 190 D-9/R1	Jagdflugzeug	Jumo 213 A-1	–	2×MG 131	2×MG 151	2× MG 151	1× ETC 501
Fw 190 D-9/R2	Jagdflugzeug	Jumo 213 A-1	–	2×MG 131	2×MG 151	2× MK 108	1× ETC 501
Fw 190 D-9/R5	Jagdbomber	Jumo 213 A-2+MW50	–	2×MG 131	2×MG 151	–	1×ETC501+2×71
Fw 190 D-9/R6	Pulkzerstörer	Jumo 213 A-1	–	2×MG 131	2×MG 151	2× WGr.21,	1× ETC 501
Fw 190 D-9/R11	Schlechtwetterjäger	Jumo 213 A-1	–	2×MG 131	2×MG 151	–	1× ETC 501
Fw 190 D-9/R14	Torpedoflugzeug	Jumo 213 A-1	–	2×MG 131	2×MG 151	–	1× ETC 504
Fw 190 D-9/R20	Jagdflugzeug	Jumo 213 A-2+MW50	–	2×MG 131	2×MG 151	–	1× ETC 501
Fw 190 D-10	Jagdflugzeug	Jumo 213 C-1	MK 108	2×MG 131	2×MG 151	–	1× ETC 501
Fw 190 D-11	Jagdflugzeug	Jumo 213 F/F-1	–	2×MG 131	2×MG 151	–	1× ETC 501
Fw 190 D-11/R11	Schlechtwetterjäger	Jumo 213 F/F-1	–	2×MG 131	2×MG 151	–	1× ETC 501
Fw 190 D-11/R20	Jagdflugzeug	Jumo 213 F/F-1	–	2×MG 131	2×MG 151	–	1× ETC 501
Fw 190 D-11/R21	Jagdflugzeug	Jumo 213 F/F-1	–	2×MG 131	2×MG 151	–	1× ETC 501
Fw 190 D-12	Jagdflugzeug	Jumo 213 F+HD-Anl.	MK 108	–	2×MG 151	–	1× ETC 501
Fw 190 D-12/R1	Jagdflugzeug	Jumo 213 F+HD-Anl.	–	–	2×MG 151	–	1× ETC 501
Fw 190 D-12/R5	Jagdbomber	Jumo 213 F+HD-Anl.	MK 108	–	2×MG 151	–	1× ETC 501
Fw 190 D-12/R6	Pulkzerstörer	Jumo 213 F+HD-Anl.	MK 108	–	2×MG 151	2× WGr.21,	1× ETC 501
Fw 190 D-12/R11	Schlechtwetterjäger	Jumo 213 F+HD-Anl.	MK 108	–	2×MG 151	–	1× ETC 501
Fw 190 D-12/R14	Torpedoflugzeug	Jumo 213 A-1	MK 108	–	2×MG 151	–	1× ETC 504
Fw 190 D-12/R20	Jagdflugzeug	Jumo 213 F+HD-Anl.	MK 108	–	2×MG 151	–	1× ETC 501
Fw 190 D-12/R21	Jagdflugzeug	Jumo 213 F+HD-Anl.	MK 108	–	2×MG 151	–	1× ETC 501
Fw 190 D-12/R25	Jagdflugzeug	Jumo 213 F+HD-ANl.	MK 108	–	2×MG 151	–	1× ETC 501
Fw 190 D-13	Jagdflugzeug	Jumo 213 F+HD-Anl.	MG 151	–	2×MG 151	–	1× ETC 501
Fw 190 D-13/R1	Jagdflugzeug	Jumo 213 F+HD-Anl.	MG 151	–	2×MG 151	–	1× ETC 501
Fw 190 D-13/R2	Jagdflugzeug	Jumo 213 F+HD-Anl.	MG 151	–	2×MG 151	2× MK 108	1× ETC 501
Fw 190 D-13/R5	Jagdbomber	Jumo 213 F+HD-Anl.	MG 151	–	2×MG 151	2× MK 108	1× ETC 501
Fw 190 D-13/R11	Schlechtwetterjäger	Jumo 213 F+HD-Anl.	MG 151	–	2×MG 151	–	1× ETC 501
Fw 190 D-13/R14	Torpedoflugzeug	Jumo 213 F+HD-Anl.	MG 151	–	2×MG 151	–	1× ETC 504
Fw 190 D-13/R20	Jagdflugzeug	Jumo 213 F+HD-Anl.	MG 151	–	2×MG 131	–	1× ETC 501
Fw 190 D-13/R21	Jagdflugzeug	Jumo 213 F+HD-Anl.	MG 151	–	2×MG 151	2× MG 151,	1× ETC 501
Fw 190 D-13/R25	Jagdflugzeug	Jumo 213 F+HD-Anl.	MG 151	–	2×MG 151	–	1× ETC 501
Fw 190 D-14	Jagdflugzeug	DB 603 E/LA	–	2×MG 131	2×MG 151	–	1× ETC 501

Baureihen	Verwendungs-weck	Triebwerk	Bewaffnung/Abwurfanlage				
			Motor-kanone	Rumpf-waffen	Flügel-wurzel	Flügel (außen)	ETC Sonstiges
Fw 190 D-14/R33	Jagdflugzeug	DB 603 LA	–	2×MG 131	2×MG 151	–	1× ETC 501
Fw 190 D-15	Jagdflugzeug	DB 603 E/MW 50	–	2×MG 151	2×MK 108	–	1× ETC 501
Fw 190 D-15/R11	Schlechtwetterjäger	DB 603 E/MW 50	–	2×MG 151	2×MK 108	–	1× ETC 501
Fw 190 E-1	Gefechtsaufklärer	BMW 801 D-2	–	2×MG 17	2×MG 151	–	1× ETC 501
Fw 190 F-1	Schlachtflugzeug	BMW 801 D-2	–	2×MG 17	2×MG 151	(2× MK103)	1× 501+ER4
Fw 190 F-1/U3	Schlachtflugzeug	BMW 801 D-2	–	2×MG 17	2×MG 151	–	1× 501+ER4
Fw 190 F-2	Schlachtflugzeug	BMW 801 D-2	–	2×MG 17	2×MG 151	–	1× 501+ER4
Fw 190 F-3	Schlachtflugzeug	BMW 801 D-2	–	2×MG 17	2×MG 151	–	1× 501,4×50
Fw 190 F-3/R1	Schlachtflugzeug	BMW 801 D-2	–	2×MG 17	2×MG 151	–	1× 501,4×50
Fw 190 F-3/R3	Schlachtflugzeug	BMW 801 D-2	–	2×MG 17	2×MG 151	2× MK 103 (Gond.)	ETC 501
Fw 190 F-4	Schlachtflugzeug	BMW 801 D-2	–	2×MG 17	2×MG 151	–	1× 501,4×50
Fw 190 F-4/R1	Schlachtflugzeug	BMW 801 D-2	–	2×MG 17	2×MG 151	–	1× 501,4×50
Fw 190 F-4/R3	Schlachtflugzeug	BMW 801 D-2	–	2×MG 17	2×MG 151	2× MK 103 (Gond.)	ETC 501
Fw 190 F-5	Schlachtflugzeug	BMW 801 F	–	2×MG 17	2×MG 151	–	1× 501,4×50
Fw 190 F-5/R1	Schlachtflugzeug	BMW 801 F	–	2×MG 17	2×MG 151	–	1× 501,4×50
Fw 190 F-5/R3	Schlachtflugzeug	BMW 801 F	–	2×MG 17	2×MG 151	2× MK 103 (Gond.)	ETC 501
Fw 190 F-6	Schlachtflugzeug	BMW 801 F	–	2×NG 131	2×MG 151	2× MK 103	1× ETC 501
Fw 190 F-6/R1	Schlachtflugzeug	BMW 801 F	–	2×MG 131	2×MG 151	–	1× 501,4×50
Fw 190 F-6/R3	Schlachtflugzeug	BMW 801 F	–	2×MG 131	2×MG 151	2× MK 103 (Gond.)	ETC 501
Fw 190 F-8	Schlachtflugzeug	BMW 801 D-2	–	2×MG 131	2×MG 151	–	1× 501,4×50
Fw 190 F-8/R1	Schlachtflugzeug	BMW 801 D-2	–	2×MG 131	2×MG 151	–	1× 503,4×71
Fw 190 F-8/R3	Schlachtflugzeug	BMW 801 D-2	–	2×MG 131	2×MG 151	2× MK 103 (Gond.)	ETC501
Fw 190 F-8/R13	Nachtschlächter	BMW 801 D-2	–	2×MG 131	2×MG 151	–	2× ETC 503
Fw 190 F-8/R14	Torpedojäger	BMW 801 D-2	–	2×MG 131	2×MG 151	–	1× ETC 502 LT
Fw 190 F-8/R15	BT-Trägerflugzeug	BMW 801 D-2	–	2×MG 131	2×MG 131	–	1× ETC 503 BT
Fw 190 F-8/R16	BT-Trägerflugzeug	BMW 801 D-2	–	–	2×MG 151	–	1× ETC 503 BT
Fw 190 F-8/U1	Schlachtflugzg.-Rei	BMW 801 D-2	–	(2×MG 131)	2×MG 151	–	3× ETC 503
Fw 190 F-8/U2	Schlachtflugzg./BT	BMW 801 D-2	–	(2×MG 131)	2×MG 151	–	1× 502,2×503
Fw 190 F-8/U3	BT-Trägerflugzeug	BMW 801 D-2	–	2×MG 131	2×MG 151	–	1× ETC 503
Fw 190 F-8/U4	Nachtschlächter	BMW 801 D-2	–	2×MG 131	2×MG 151	–	1× 503,4×71
Fw 190 F-8/U4	LT-Trägerflugzeug	BMW 801 D-2	–	2×MG 131	2×MG 151	–	2× ETC 503
Fw 190 F-8/U5	BT-Trägerflugzeug	BMW 801 D-2	–	2×MG 131	2×MG 151	–	1× 503,2×504
Fw 190 F-9	Schlachtflugzeug	BMW 801 F	–	2×MG 131	2×MG 151	–	1× 501,4×50
Fw 190 F-9/R1	Schlachtflugzeug	BMW 801 F	–	2×MG 131	2×MG 151	–	1× 503,4×71
Fw 190 F-9/R3	Schlachtflugzeug	BMW 801 F	–	2×MG 131	2×MG 131	2× MK 103 (Gond.)	ETC501
Fw 190 F-9/R13	Nachtschlächter	BMW 801 F	–	2×MG 131	2×MG 151	–	2× ETC 503
Fw 190 F-9/R14	Torpedojäger	BMW 801 F	–	2×MG 131	2×MG 151	–	1× ETC502 LT
Fw 190 F-10	Schlachtflugzeug	BMW 801 D-2/TS/TH	–	2×MG 131	2×MG 151	–	1× 501,4×71
Fw 190 F-15	Schlachtflugzeug	BMW 801 D-2/TS/TH	–	2×MG 131	2×MG 151	–	1× 501,4×71
Fw 190 F-16	Schlachtflugzeug	BMW 801 D-2/TS/TH	–	2×MG 131	2×MG 151	–	1× 504,4×71
Fw 190 F-16/R5	Schlachtflugzg.-Rei	BMW 801 D-2/TS/TH	–	2×MG 131	2×MG 151	–	3× ETC 503

Baureihen	Verwendungs-weck	Triebwerk	Bewaffnung/Abwurfanlage				
			Motor-kanone	Rumpf-waffen	Flügel-wurzel	Flügel (außen)	ETC Sonstiges
Fw 190 F-16/R16	Torpedojäger	BMW 801 D-2/TS/TH	–	2×MG 131	2×MG 151	–	1× ETC 502
Fw 190 F-17	Schlachtflugzeug	BMW 801 D-2/TS/TH	–	2×MG 131	2×MG 151	–	1× ETC 502
Fw 190 G-1	Jabo-Rei	BMW 801 D-2	–	–	2×MG 151	–	1× 501,2×VTr
Fw 190 G-2	Jabo-Rei	BMW 801 D-2	–	–	2×MG 151	–	1× ETC 501
Fw 190 G-2/N	Jabo-Rei (Nacht)	BMW 801 D-2	–	–	2×MG 151	–	1× ETC 501
Fw 190 G-3	Jabo-Rei	BMW 801 D-2	–	–	2×MG 151	–	1× 501,2×VTr
Fw 190 G-3/N	Jabo-Rei (Nacht)	BMW 801 D-2	–	–	2×MG 151	–	1× 501,2×VTr
Fw 190 G-3/R5	Jabo-Rei	BMW 801 D-2	–	–	2×MG 151	–	1× 501,4×71
Fw 190 G-4	Jagdbomber	BMW 801 D-2	–	–	2×MG 151	–	1× 501,4×71
Fw 190 G-5	Jagdbomber	BMW 801 F/TH	–	–	2×MG 151	–	1× 501,4×71
Fw 190 G-6	Jagdbomber	BMW 801 F/TH	–	–	2×MG 151	–	1× 501,4×71
Fw 190 G-8	Jagdbomber	BMW 801 D-2	–	–	2×MG 151	–	1×501,2×503
Fw 190 G-8/R5	Jagdbomber	BMW 801 D-2	–	–	2×MG 151	–	1× 503,2×50
Fw 190 G-10	Jagdbomber	BMW 801 D-2	–	–	2×MG 151	–	1× ETC 503
Fw 190 S-5	Schulflugzeug	BMW 801 D-2	–	2×MG 17	(2×MG 151)	–	(1× ETC 501)
Fw 190 S-8	Schulflugzeug	BMW 801 D-2	–	2×MG 131	(2×MG 151)	–	(1× ETC 501)

Baureihen und Entwicklungsdetails

Baureihen	Produktion	Bemerkungen
Fw 190 A-0	Nullserie	Jagdflugzeug mit BMW 801 C und D, teilweise mit Mustereinbau GM 1-Anlage
Fw 190 A-1	Großserie	Jagdflugzeug (und Jabo) mit BMW 801 C-1, mit FT-Anlage: FuG VIIA und FuG 25
Fw 190 A-1/U1	Umrüstung	Jagdflugzeug (und Jabo) mit BMW 801 D-1, Ausrüstung wie Fw 190 A-1
Fw 190 A-1/U2	Zmrüstung	Jagdflugzeug (und Jabo) mit BMW 801 D-2, Ausrüstung wie Fw 190 A-1
Fw 190 A-2	Großersie	Jagdflugzeug, während der Serie Umstellung auf BMW 801 D, FuG VIIa und FuG 25
Fw 190 A-2/U1	Musterbau	Schlechtwetterjäger, WerkNr. 315 (CM+CN), zusätzlich PKS und Wendehorizont
Fw 190 A-2/U3	Kleinserie	Schlachtflugzeug, später: Fw 190 A-6, FuG 16, zusätzliche Panzerung, Robot
Fw 190 A-2/U4	Kleinserie	Aufklärer, Einbau von 2 Rb 12,5/7×9, Robot-Kamera, FuG 16 Z und FuG 25
Fw 190 A-3	Großerie	Jagdflugzeug wie A-2 jedoch mit BMW 801 C/D, Ft-Anlage: FuG VIIa und FuG 25
Fw 190 A-3/U1	Musterbau	Jagdflugzeug, WerkNr. 270, Vorläufer: Fw 190 A-5/U13, vorverlegter BMW 801 C
Fw 190 A-3/U2	Musterbau	Jagdflugzeug, WerkNr. 386, Musterflugzeug mit RZ 65-Einbau, BMW 801 D
Fw 190 A-3/U3	Musterbau	Jabo, WerkNr. 511, Umbennung: Fw 190 A-6 nach Umrüstung als Jagdbomber
Fw 190 A-3/U4	Kleinserie	Aufklärer, zeitweise als Fw 190 A-7 bezeichnet, 12 Flugzeuge mit Rb-Anlage

Baureihen	Produktion	Bemerkungen
Fw 190 A-3/U7	Musterbau	Höhenjäger, WerkNrn. 528, 530 und 531, Fw 190 A-3 mit reduzierter Bewaffnung
Fw 190 A-4	Großserie	Jagdflugzeug mit BMW 801 D-2, FuG 16Z, teilweise ohne FuG 25 und Robot-Kamera
Fw 190 A-4/R1	Kleinserie	Leitjäger; Truppenumbau der A-4 mit FuG 16ZE (Y-Verfahren), Morane-Antenne
Fw 190 A-4/R6	Umrüstung	Pulkzerstörer; Kleinserie mit 2× WGr. 21-Geräte, Einsatz ab Sommer 1943
Fw 190 A-4/U1	Kleinserie	Jagdfflugzeug mit BMW 801 C-2 (später: D-2) und Landescheinwerfer
Fw 190 A-4/U3	Kleinserie	Schlachtflugzeug, Ausrüstung wie Fw 190 A-2/U3, **Umbenennung: Fw 190 F-1**
Fw 190 A-4/U4	Projekt	Aufklärer, zeitweise als **Fw 190 A-7** bezeichnet (siehe Fw 190 A-3/U4)
Fw 190 A-4/U8	Kleinserie	Jabo-Rei, (WerkNrn. 669, 670), vorl. A-5/U8, **Umbenennung: Fw 190 G-1**
Fw 190 A-5	Großserie	Jagdflugzeug mit verbessertem Kühler und Sauerstoffanlage, vorverlegter BMW 801
Fw 190 A-5/R1	Umrüstung	Leitjäger mit verstärkter Funkausrüstung, entsprechend Fw 190 A-4/R1
Fw 190 A-5/R6	Musterbau	Pulkzerstörer mit verstärkter Bewaffnung, entsprechend Fw 190 A-4/R6
Fw 190 A-5/U1	Serie	Jagdflugzeug mit unterschiedlicher Starrbewaffnung, Verwendung auch als Jabo
Fw 190 A-5/U2	Kleinserie	Nachtjabo mit Fla-V-Anlage, Blendschutz, **Umbenennung: Fw 190 G-2**
Fw 190 A-5/U3	Serie	Schlachtflugzeug mit kleiner Abwurf-Elektrik, **Umbenennung: Fw 190 F-2**
Fw 190 A-5/U3tp	Umrüstung	Schlachtflugzeug; Truppenumrüstung entsprechend der Bauausführung Fw 190 A-4/U3
Fw 190 A-5/U4	Kleinserie	Gefechtsaufklärer entsprechend A-2/U4 mit Rb bis 75/50, geplant: **Fw 190 E-1**
Fw 190 A-5/U7	Musterbau	Jagdflugzeug (RG+ZA) mit zwei zusätzlichen MK 103 im Außenflügel, sonst A-5/U1
Fw 190 A-5/U8	Musterbau	Versuchsflugzeug, WerkNr. 1200, Musterflugzeug mit BMW 801 C-3 und MW 50-Anlage
Fw 190 A-5/U8	Kleinserie	Reichweiten-Jabo mit 2 Zusatzbehältern, Mtt-ETC **Umbenennung: Fw 190 G-2**
Fw 190 A-5/U9	Musterbau	Jagdflugzeug, 2 Musterflugzeuge mit MK 108 oder MG 151/20 im Außenflügel
Fw 190 A-5/U10	Musterbau	Zerstörer, 2 Musterbauten mit MG 131 statt MG 17 als Rumpfbewaffnung, BMW 801 D
Fw 190 A-5/U11	Musterbau	Panzerjäger, 4 Musterbauten, **Umbenennung: Fw 190 F-3/R2**, dann in **Fw 190 F-3/R3**
Fw 190 A-5/U12	Musterbau	Jagdflugzeuge, je eines mit MK 103 (Gondel), Umbau aus Fw 190 A-7/R1 und A-8/R1
Fw 190 A-5/U12	Musterbau	Schlachtflugzeug, 2 Muster (A-6/R1, WNrn. 813, 814) mit 2×2 MG 151 in Gondeln
Fw 190 A-5/U13	Musterbau	Jabo-Rei (Fw 190 A-6, WNrn. 817 und 855), Produktion als **Fw 190 G-3**
Fw 190 A-5/U14	Musterbau	Torpedoflugzeuge (WNrn. 871 und 872) mit verlängertem Sporn, Leitwerksänderung
Fw 190 A-5/U15	Musterbau	Torpedoflugzeug (WNr. 1282) mit gr. Leitwerk, ETC von JFM, verbeserte A-5/U14
Fw 190 A-5/U16	Musterbau	Musterflugzeug (WNr. 1346), Verwendung unbekannt
Fw 190 A-5/U17	Kleinserie	Schlachtflugzeug, Anlauf war ab Juni 1943 als **Fw 190 F-3/R1** vorgesehen
Fw 190 A-6	Großserie	Jagdflugzeug mit BMW 801 D, verbesserter FT-Anlage (FuG 16Z, bzw. ZE, FuG 25a)
Fw 190 A-6/Bo	Umrüstung	Jagdbomber, zumeist Umrüstung aus der Fw 190 A-2/U3 und der Fw 190 A-3/U3
Fw 190 A-6/R1	Musterbau	Jagdflugzeug mit zwei zusätzlichen WB 151 unter den Außenflächen
Fw 190 A-6/R2	Musterbau	Jagdflugzeug mit zusätzlicher Gondelbewaffnung (2× MK 108 statt MG 151)
Fw 190 A-6/R3	Musterbau	Jagdflugzeug mit zusätzlicher Gondelbewaffnung (2× MK 103 statt MK 108)
Fw 190 A-6/R6	Kleinserie	Pulkzerstörer mit zwei WGr. 21-Rohren, ohne äußere MG 151 geplant ab 1943
Fw 190 A-6/N	Kleinserie	Nachtjäger entsprechend Fw 190 A-5/U2 ausgerüstet mit FuG 217 – Anlage
Fw 190 A-7	Großserie	Jagdflugzeug mit verstärkter Rumpfbewaffnung (2× MG 131), Revi 16b und E-Sporn
Fw 190 A-7/R1	Nachrüstung	Umbau der A-5/U12-Musterbauten (WNrn. 813, 814) mit 2×2 MG 151 Gondeln
Fw 190 A-7/R2	Musterbau	Musterflugzeug (WNr. 530765) für Bauzustand Fw 190 A-8/R2, Dezember 1943
Fw 190 A-7/R3	Musterbau	Musterflugzeug mit untergebauten MK 103 und FuG 16 Z(E) und FuG 25a
Fw 190 A-7/R6	Nachrüstung	Pulkzerstörer entsprechend der Fw 190 A-6/R6 mit WGr. 21-Bewaffnung
Fw 190 A-8	Großserie	Jagdflugzeug mit 2× MG 131 und 4× MG 151, FuG 16 ZY, FuG 25a und BMW 801 D
Fw 190 A-8/R1	Musterbau	Musterflugzeug mit MG 151/20-Gondelbewaffnung, sonst wie Fw 190 A-8/R1

Baureihen	Produktion	Bemerkungen
Fw 190 A-8/R2	Kleinserie	Jagdflugzeug mit 2× MK 108 als Flügelwaffen (außen), wird: **Fw 190 A-8/R12**
Fw 190 A-8/R3	Musterbau	Jagdflugzeug, 4 Muster mit MK 103 als Gondelbewaffnung, sonst Fw 190 A-8/R2
Fw 190 A-8/R6	Umrüstung	Pulkzerstörer mit 2× WGr. 21 (50% der Fw 190 A-8 – Serie) entspr. vorbereitet
Fw 190 A-8/R7	Projekt	Sturmjagdflugzeug entspr. Fw 190 A-8, Serienbau storniert wegen Fw 190 A-8/R8
Fw 190 A-8/R8	Umrüstung	Sturmjagdflugzeug mit teilgepanzerter Kabine, sonst ähnlich der Fw 190 A-9/R8
Fw 190 A-8/R11	Kleinserie	Schlechtwetterjäger mit PKS 12, FuG 125 und Notwendezeiger, sonst Fw 190 A-8
Fw 190 A-8/R12	Umrüstung	Jagdflugzeug mit Gondelbewaffnung
Fw 190 A-8/N	Kleinserie	Nachtjäger mit FuG 218-Anlage und Blenschutzleisten, 4× MG 151 und 2× MG 131
Fw 190 A-8/U1	Kleinserie	Zweisitziges Schulflugzeug mit reduzierter Waffenanlage, später: **Fw 190 S-1**
Fw 190 A-9	Serienanlauf	Jagdflugzeug (früher Fw 190 H-1), Rückenpanzerung und BMW 801 F, Ausrüstung A-8
Fw 190 A-9/R1	Musterbau	Musterflugzeug mit MG 151/20-Gondelbewaffnung, sonst wie Fw 190 A-8
Fw 190 A-9/R2	Musterbau	Jagdflugzeug mit 2× MK 108 als Flügelwaffen (außen), sonst wie Fw 190 A-8
Fw 190 A-9/R3	Musterbau	Jagdflugzeug mit 2× MK 103 als Gondelbewaffnung, sonst wie Fw 190 A-8/R2
Fw 190 A-9/R6	Umrüstung	Pulkzerstörer mit 2× WGr. 21 (50% der Fw 190 A-9für Werfergranten vorbereitet
Fw 190 A-9/R7	Projekt	Sturmjagdflugzeug entspr. Fw 190 A-8, Serienbau storniert wegen Fw 190 A-8/R8
Fw 190 A-9/R8	Umrüstung	Sturmjagdflugzeug mit teilgepanzerter Kabine, sonst ähnlich der Fw 190 A-8/R8
Fw 190 A-9/R11	Kleinserie	Schlechtwetterjäger mit PKS 12, FuG 125 und Notwendezeiger, sonst Fw 190 A-8
Fw 190 A-9/R12	Umrüstung	Jagdflugzeug mit zwei MK 108 in der äußeren Fläche, sonst wie Fw 190 F-8/R12
Fw 190 A-10	Projekt	Jagdflugzeug mit BMW 801 F, alle Waffen (außer MK 103) im Flügel vorgesehen
Fw 190 B-0	Musterbau	Höhenjäger 1 mit Druckkabine (Nullserie) mit BMW 801 D und GM 1-Anlage
Fw 190 B-1	Musterbau	Höhenjäger 1 entspr. Fw 190 B-0, Serienausführung mit FuG 16 Z und FuG 25a
Fw 190 B-2	Projekt	Normaljäger ohne Druckkabine (Zellen als Fw 190 A-5 verwendet)
Fw 190 C-0	Musterbau	Höhenjäger mit DB 603 Aa, A-1 oder S-1, 4 Starrwaffen und Motorkanone geplant
Fw 190 C-1	Projekt	Jagdflugzeug mit DB 603, dann Höhenjäger ohne Druckkabine, sonst wie Fw 190 C-0
Fw 190 C-2	Projekt	Jagdflugzeug mit DB 603, dann Höhenjäger mit Druckkabine, sonst wie Fw 190 C-1
Fw 190 D-1	Projekt	Jagdflugzeug mit Jumo 213 A und 4× MG 131 geplant, Vorläufer der Ta 152
Fw 190 D-2	Projekt	Jagdflugzeug mit Druckkabine, sonst wie Fw 190 D-1, Vorläufer der Ta 152
Fw 190 D-9	Großserie	Jagdflugzeug wie Fw 190 A-9, jedoch verlängerter Rumpf mit Jumo 213 A
Fw 190 D-9/R1	Musterbau	Jagdflugzeug wie Fw 190 D-9, jedoch mit zusätzlich 2 MG 151 in der Außenfläche
Fw 190 D-9/R2	Musterbau	Jagdflugzeug wie Fw 190 D-9, jedoch mit zusätzlich 2 MK 108 in der Außenfläche
Fw 190 D-9/R5	Musterbau	Jagdbomber mit zusätzlich 2× ETC 50 oder ETC 71 und Niederdruck MW 50 – Anlage
Fw 190 D-9/R6	Musterbau	Pulkzerstörer mit zwei WGr. 21-Abschußanlagen, sonst wie Fw 190 D-9
Fw 190 D-9/R11	Musterbau	Schlechtwetterjäger wie Fw 190 D-9 mit PKS 12, FuG 125 und Notwendezeiger
Fw 190 D-9/R14	Musterbau	Torpedoflugzeug mit Jumo 213 A-1, ETC 504für LT F5b
Fw 190 D-9/R20	Musterbau	Jagdflugzeug mit Jumo 213 A-2 und MW 50-Anlage, ETC 501für Abwurftank
Fw 190 D-10	Prototyp	Jagdflugzeug mit Jumo 213 C, Bewaffnung: 2× MG 131 und 2× MG 151
Fw 190 D-11	Musterbau	Jagdflugzeug mit Jumo 213 F oder F-1 mit MW 50-Hochdruckanlage, ohne FuG 125
Fw 190 D-11/R11	Projekt	Schlechtwetterjäger wie Fw 190 D-11, jedoch mit MW-Niederdruckanlage
Fw 190 D-11/R20	Projekt	Jagdflugzeug wie Fw 190 D-11, jedoch mit Hochdruck-MW 50-Anlage im Rumpf
Fw 190 D-11/R21	Projekt	Jagdflugzeug Fw 190 D-11, mit HD – Anlage und FuG 125, vormals: Fw 190 D-11/R11
Fw 190 D-12	Kleinserie	Jagdflugzeug mit Triebwerksanlage der Fw 190 D-11
Fw 190 D-12/R1	Musterbau	Jagdflugzeug wie Fw 190 D-1, jedoch mit MK 108 als Motorkanone
Fw 190 D-12/R5	Projekt	Jagdbomber mit 4 Kraftstoffbehältern im Flügel, MW-Behälter im Rumpf

Baureihen	Produktion	Bemerkungen
Fw 190 D-12/R11	Musterbau	Schlechtwetterjäger mit MW-Hochdruckanlage, sonst wie Fw 190 D-12/R5
Fw 190 D-12/R14	Projekt	Torpedoflugzeug wie Fw 190 D-9/R14, jedoch Motorenanlage der Fw 190 D-12
Fw 190 D-12/R20	Projekt	Jagdflugzeug, neue Bezeichnung für Fw 190 D-12 mit Hochdruck-Anlage
Fw 190 D-12/R21	Projekt	Jagdflugzeug neue Bezeichnung für D-12/R11 mit MW-Hochdruckanlage (Rumpf)
Fw 190 D-12/R25	Projekt	Jagdflugzeug wie Fw 190 D-12/R5 mit zusätzlicher Kraftstoffanlage im Rumpf
Fw 190 D-13	Kleinserie	Jagdflugzeug mit Jumo 213 F oder F-1 mit Niederdruckanlage, ohne FuG 125
Fw 190 D-13/R1	Projekt	Jagdflugzeug mit Motorkanone MK 151/20, sonst wie Fw 190 D-13 ausgerüstet
Fw 190 D-13/R2	Projekt	Jagdflugzeug mit Zusatzbewaffnung von zwei MK 108 in den äußeren Flächen
Fw 190 D-13/R5	Kleinserie	Jagdbomber mit Motorkanone und 2× MK 108 (Fläche), sonst wie Fw 190 D-12/R5
Fw 190 D-13/R6	Projekt	Pulkzerstörer mit zwei WGr. 21-Abschußgeräten, sonst wie geplante Serie
Fw 190 D-13/R11	Musterbau	Schlechtwetterjäger wie D-13, jedoch mit MW-Hochdruckanlage, sonst D-12/R11
Fw 190 D-13/R14	Projekt	Torpedoflugzeug mit Ausrüstung der Fw 190 D-12/R14, jedoch Jumo 213 F-Motor
Fw 190 D-13/R20	Projekt	Jagdflugzeug für D-13 mit Hochdruckanlage, Bewaffnung wie Fw 190 D-13, FuG 125
Fw 190 D-13/R21	Projekt	Jagdflugzeug wie Fw 190 D-13/R11, jedoch mit Hochdruckanlage, FuG 125
Fw 190 D-13/R25	Projekt	Jagdflugzeug, neue Bezeichnung für Fw 190 D-13/R5 mit Jumo 213 EB/Hochdruckanl.
Fw 190 D-14	Musterbau	Jagdflugzeug mit DB 603 E/LA und 2× MG 131 sowie 2× MG 151 (Flügelwurzel)
Fw 190 D-14/R11	Projekt	Schlechtwetterjäger mit Ausrüstung der Fw 190 D-9/R11 und Fw 190 D-12/R11
Fw 190 D-15	Musterbau	Jagdflugzeug mit DB 603 E und MW 50 und 2× MG 151 sowie 2× MK 108 statt MG 151
Fw 190 D-15/R11	Projekt	Schlechtwetterjäger mit DB 603 E und MW 50, Bewaffnung der Fw 190 D-15, PKS 12
Fw 190 E-1	Projekt	Gefechtsaufklärer, Serienflugzeuge als Fw 190 A-5/U4 geführt, BMW 801 D
Fw 190 F-1	Umbenennung	Schlachtflugzeug, früher: A-4/U3, 2. Umbenennung: **Fw 190 F-4/R1** und **F-4/U3**
Fw 190 F-1/U3	Umrüstung	Schlachtflugzeug, Umrüstflugzeuge Fw 190 A-4 auf F-1 mit Rumpf- und Flächen-ETC
Fw 190 F-2	Umbenennung	Schlachtflugzeug, früher: Fw 190 A-5/U3, Ausbau der Flügelbewaffnung außen
Fw 190 F-3	Umbenennung und Neubau	Schlachtflugzeug, früher: A-5/U17, 2. Umbenennung: **Fw 190 F-3/R1** und **F-3/R2**
Fw 190 F-3/R1	Umbau	Schlachtflugzeug mit vereinfachter Bombenaufhängung, BMW 801D, 2 Rumpfbehälter
Fw 190 F-3/R3	Projekt	Schlachtflugzeug mit Gondelbewaffnung 2× MK 103 statt Flügel-ETC, Juni 1943
Fw 190 F-4	Umbau	Schlachtflugzeug (gr. Bomben-Elektrik), vormals F-3, Umbenennung: **Fw 190 F-8**
Fw 190 F-4/R1	Umbau	Schlachtflugzeug mit vereinfachter Bombenaufhängung, analog: Fw 190 F-3/R1
Fw 190 F-4/R2	Umbau	Schlachtflugzeug mit verbesserter Bombenaufhängung, ähnl.: Fw 190 F-3/R1
Fw 190 F-4/R3	Projekt	Schlachtflugzeug mit Gondelbewaffnung 2× MK 103, sonst wie Fw 190 F-3/R2
Fw 190 F-5	Umbennung	Schlachtflugzeug (vormals: F-4), BMW 801 TS, Umbenennung in **Fw 190 F-9**
Fw 190 F-5/R1	Umbau	Schlachtflugzeug mit vereinfachter Bombenaufhängung, analog: Fw 190 F-4/R1
Fw 190 F-5/R3	Projekt	Schlachtflugzeug mit Gondelbewaffnung 2× MK 103, sonst wie Fw 190 F-3/R3
Fw 190 F-6	Projekt	Schlachtflugzeug (Rumpf: Fw 190 A-8), BMW 801 F, Umbenennung: **Fw 190 F-10**
Fw 190 F-6/R1	Projekt	Schlachtflugzeug mit vereinfachter Elektrik, BMW 801 F, sonst wie Fw 190 F-6
Fw 190 F-6/R2	Projekt	Schlachtflugzeug mit vereinfachter Elektrik und kleine Änderungen, sonst F-6/R1
Fw 190 F-6/R3	Projekt	Schlachtflugzeug mit Gondelbewaffnung 2× MK 103, sonst wie Fw 190 F-5R3
Fw 190 F-8	Großserie	Schlachtflugzeug (Rumpf: Fw 190 A-7) mit großer Abwurf-Elektrik für Einzelwurf
Fw 190 F-8/R1	Umrüstung	Schlachtflugzeug wie F-8/F-3/R1, Zusatzkraftstoff-Beh., 1 ETC 501 und 4 ETC 50
Fw 190 F-8/R3	Musterbau	Zwei Musterflugzeuge entspr. F-6/R3 mit 2× MK 103-Gondelbewaffnung
Fw 190 F-8/R13	Musterbau	Musterflugzeug für Nacht-Schlachtflugzeug mit spez. Ausrüstung, 2× 300 l Beh.
Fw 190 F-8/R14	Projekt	Torpedojäger entspr. F-8 mit dem Heck der Ta 152, Ausrüstung der F-8/R13

Baureihen	Produktion	Bemerkungen
Fw 190 F-8/R15	Projekt	BT-Träger aufbauend auf Fw 190 F-8/R13 und R16, keine Rohrwaffen geplant
Fw 190 F-8/R16	Musterbau	BT-Träger mit TSA IIa, PKS 12, ETC 503für BT 400 und ETC 504für BT 700
Fw 190 F-8/U1	Umrüstung	Schlachtflugzeug (Rei) mit 2× 300 l-Abwurftanks (ETC 503), sonst Fw 190 F-8
Fw 190 F-8/U2	Musterbau	BT-Träger mit TSA IIa, aufbauend auf Fw 190 F-8/R15 und F-8/R16, 2× 300 l. Beh.
Fw 190 F-8/U3	Kleinserie	BT-Träger, entfeinerte Fw 190 F-8/R15, zwei 300 l-Abwurfbehälter
Fw 190 F-8/U4	Projekt	BT-Träger, entfeinerte Fw 190 F-8/R13, sonst F-8/R13, Bauausführung storniert
Fw 190 F-8/U4	Projekt	Nachtschlachtflugzeug, entfeinerte Fw 190 F-8/R13, Bauausführung storniert
Fw 190 F-8/U5	Kleinserie	BT-Träger, entspr. Fw 190 F-8/R16 mit 2 Zusatzbehältern, ETC 504für BT 700
Fw 190 F-9	Großserie	Schlachtflugzeug (Rumpf: Fw 190 A-9), BMW 801 TS (TH), Ausrüstung: Fw 190 F-8
Fw 190 F-9/R1	Umrüstung	Schlachtflugzeug wie F-9, mit dem Rüstsatz der Fw 190 F-8/R1 geplant
Fw 190 F-9/R3	Projekt	Schlachtflugzeug entspr. F-6/R3 mit 2× MK 103-Gondelbewaffnung geplant
Fw 190 F-9/R13	Musterbau	Musterflugzeug für Nacht-Schlachtflugzeug mit Ausrüstung der F-8/R13 geplant
Fw 190 F-9/R14	Projekt	Torpedojäger entspr. F-8 mit dem Heck der Ta 152, Ausrüstung der F-8/R13
Fw 190 F-10	Projekt	Schlachtflugzeug (Rumpf, Waffen- und FT-Anlage: Fw 190 A-10), sonst Fw 190 F-9
Fw 190 F-15	Musterbau	Musterflugzeug (WerkNr. 584002), BMW 801 TS, aus Fw 190 A-8 und Ta 152 – Teilen
Fw 190 F-15/R1	Umbau	BT-Träger mit ETC 504 anstelle des ETC 501, verstärktes Fahrwerk, sonst F-15
Fw 190 F-16	Musterbau	Musterflugzeug (WerkNr. 930516), aufbauend auf Fw 190 F-8/F-9, TSA und FuG 15
Fw 190 F-16/R5	Projekt	Schlachtflugzeug (Rei) mit zustäzlichen Kraftstoffbehälter, sonst Fw 190 F-16
Fw 190 F-16/R16	Projekt	Torpedojäger aufbauend auf Fw 190 F-9/R14 und Fw 190 F-15, ETC 504
Fw 190 F-17	Projekt	Schlachtflugzeug mit TSA-2D – Anlage für Einsatz mit LT/BT, ETC 502, FuG 101
Fw 190 G-1	Umbenennung	Jabo-Rei, vormals: Fw 190 A-4/U8 mit BMW 801 D, Umbenennung: **Fw 190 G-4**
Fw 190 G-2	Umbenennung	Jabo-Rei, vormals: Fw 190 A-5/U8, jedoch reduzierte Starrbewaffnung (2× MG 151)
Fw 190 G-2/N	Umrüstung	Jabo-Rei (Nacht), entsprechend: Fw 190 A-5/U2, spezifische Nachtaustrüstung
Fw 190 G-3	Umbenennung	Jabo-Rei, vormals: Fw 190 A-5/U13, Fläche der Fw 190 A-6 und Fw-ETC, BMW 801D
Fw 190 G-3/N	Nachrüstung	Jabo-Rei (Nacht), Serienumbau mit Blendleisten und Zusatzausrüstung (Nacht)
Fw 190 G-3/R5	Umbau	Schlachtflugzeug, Umbau aus G-3, zusätzlich 4 ETC 50, 2 Zusatzbehälter im Rumpf
Fw 190 G-4	Umbenennung	Jabo-Rei, vormals: Fw 190 G-1, mit Kuto-Nase und FuG 16 ZY anstatt FuG 16 ZE
Fw 190 G-4/R5	Umbau	Schlachtflugzeug, Umbau aus G-1, zusätzlich 4 ETC 50, 2 Zusatzbehälter im Rumpf
Fw 190 G-5	Projekt	Jabo-Rei (vormals als Fw 190 G-4 benannt) mit BMW 801 F (TH)
Fw 190 G-6	Projekt	Jagdbomber, entspr. Fw 190 G-5, jedoch mit verbesserter Abwurfanlage und Fläche
Fw 190 G-8	Umrüstung und Neubau	Jabo-Rei, Umbau aus Fw 190 F-8/U1 und Fw 190 G-3 (Rumpf der Fw 190 A-7)
Fw 190 G-8/R5	Nachrüstung	Schlachtflugzeug, aufbauend auf Fw 190 G-3/R5, mit 1× ETC 501, 2× ETC 50
Fw 190 G-10	Projekt	Jagdbomber, Zelle der Fw 190 A-10 mit Änderungen für Fw 190 G-6 geplant
Fw 190 S-5	Umbau	Schulflugzeug, Serienumbau aus Fw 190 A-2 bis A-5 mit reduzierter Bewaffnung
Fw 190 S-8	Umbau	Schulflugzeug, Serienumbau aus Fw 190 A-8 mit reduzierter Bewaffnung

Fw 190 – Die Produktion

Baureihen-bezeichnung	Herstellung als: Serienanlauf ab:	Stück zahl:	Werksnummern:	Hersteller
Fw 190 A-0	Nullserie	58	190.0001–190.0050	Focke-Wulf
Fw 190 A-1	Serie ab Juni 1941	102	110001–110102	Focke-Wulf
Fw 190 A-2	Großserie ab August 1941	952	120201–125505	Arado, Focke-Wulf und AGO
Fw 190 A-3	Großserie ab August 1941	2166	130241–137020	Arado, Focke-Wulf, Ago und Fieseler
Fw 190 A-3a	Serie (Türkei) ab Oktober 1942	60	unbekannt	Sog. Produktion »Hamburg«
Fw 190 A-4	Großserie ab Juni 1942	920	140561–147200	Arado, Focke-Wulf, Ago, und Fieseler
Fw 190 A-5	Großserie ab November	1575 1942	150811–157375 180941–181730 410001–410275 650496–650505 680001 – unbekannt 710001–710080 840001–840205	Arado, Focke-Wulf, Ago und Fieseler
Fw 190 A-6	Großserie ab Juni 1943	>1250	470001–470800 530101–531085 550141–550925 551101–551150 650491–650505	Arado, Ago, Focke-Wulf und Fieseler
Fw 190 A-7	Großserie ab Dezember	>650 1943	340001–340350 430181–431185 642001–643730	AGO, Focke-Wulf und Fieseler
Fw 190 A-8	Großserie ab Februar	>2000 1944	170001–177020 205001 – unbekannt 280001 – unbekannt 320001 – unbekannt 350151–380410 370361–370370 380331–380410 430001 – unbekannt 583001– 588425 620001 – unbekannt 680101–690160	Ago, Arado Focke-Wulf, Mimetall, Dornier (Nord) und Fieseler

Baureihen-bezeichnung	Herstellung als: Serienanlauf ab:	Stück zahl:	Werksnummern:	Hersteller
			681101–680850 690101–690160 729141–739580 750131–750170 960201–961970	
Fw 190 A-9	Großserie ab September	>200 1944	176001–177000 202361–207800 410001 – unbekannt 490021–490040 500001 – unbekannt 560021–560030 738001 – unbekannt 750071–750140 930001 – unbekannt 960201–980590 980151–980590	Ago, Arado, Focke-Wulf, Mimetall, Dornier (Nord) Fieseler (geplant)
Fw 190 A-10	Projekt	0	Keine Bauausführung	–
Fw 190 B-0	Musterbau ab November	4 1942	0046–0049	Focke-Wulf
Fw 190 B-1	Musterbau ab Januar 1943	1	0811	Focke-Wulf
Fw 190 B-2	Projekt	0	Keine Bauausführung	Keine Vergabe erfolgt
Fw 190 C-1	Projekt	0	Keine Bauausführung	Keine Vergabe erfolgt
Fw 190 C-2	Projekt	0	Keine Bauausführung	Keine Vergabe erfolgt
Fw 190 D-1	Projekt	0	Keine Bauausführung, Entwicklung als Ta 152 fortgeführt	Keine Vergabe erfolgt
Fw 190 D-2	Projekt	0	Keine Bauausführung Entwicklung als Ta 152 fortgeführt	Keine Vergabe erfolgt
Fw 190 D-9	Großserie ab August	> 1500 1944	210001–212160 400201–401380 500401–500650 600121–601060 630001 – unbekannt	Focke-Wulf, Fieseler und Arbeitsgemeinschaft »Roland«
Fw 190 D-10	Musterbau ab 1944	1	170003 Serie ab Januar 1945 geplant	unbekannt

Baureihen- bezeichnung	Herstellung als: Serienanlauf ab:	Stück zahl:	Werksnummern:	Hersteller
Fw 190 D-11	Musterbau ab 1944	>8	170923, 170924, 170926 170939, 350156, 350157, 350158 und 732053, Serie ab Anfang 1945 geplant	Focke-Wulf
Fw 190 D-12	Musterbau ab 1944	>4	350165, 350166, 350167 730254 Serie ab März 1945 geplant	Focke-Wulf
Fw 190 D-13	Musterbau ab 1944	>5	350168 u.a. Serie ab März 1945 geplant	Focke-Wulf
Fw 190 D-14	Musterbau ab 1944	2	210040 und 210043, Serienpalnung erst ab 1945	Focke-Wulf
Fw 190 D-15	Musterbau	>1	500645 Serien-Umbau ab April 1945 bei mehreren Werken geplant	unbekannt
Fw 190 E-1	Projekt	0	Keine Bauausführung	unbekannt
Fw 190 F-1	Umbenennung ab Oktober 1942	?	ex Fw 190 A-4/U3 Umbenennung Fw 190 F-1 in Fw 190 F-4	unbekannt
Fw 190 F-2	Umbenennung ab Dezember 1942	?	ex Fw 190 A-5/U3	unbekannt
Fw 190 F-3	Umbenennung Neubau ab Juni 1943	? ?	ex Fw 190 A-5/U17, Umbenennung Fw 190 F-3 in F-3/R1 und F-3/R2 sowie : 670001–671150	Arado
Fw 190 F-4	Umbau ab Oktober 1943	? Umbau	ex Fw 190 F-3, Fw 190 F-4 in F-8	Arado
Fw 190 F-5	Umbennung ab Dezember 1943	? Umbe- nennung	ex Fw 190 F-4, Fw 190 F-5 in F-9	Arado
Fw 190 F-6	Projekt	0	Keine Bauausführung, Später als Fw 190 F-10 geplant	Nicht festgelegt
Fw 190 F-7	Kleinserie Anfang 1944	?	931001 – unbekannt	Nicht festgelegt
Fw 190 F-8	Großserie ab März 1944	?	190001–190030 421001–424000 580001–588700 593001 – unbekannt 638001–639000 918001 – unbekannt 921001 – unbekannt 930161–933840	Arado und Dornier (Nord)

Baureihen-bezeichnung	Herstellung als: Serienanlauf ab:	Stück zahl:	Werksnummern:	Hersteller
Fw 190 F-9	Großserie ab 1944	?	420101–428460 440121–440580 580001 – unbekannt 583001 – unbekannt 586001 – unbekannt 638001 – unbekannt	Arado und Dornier (Nord)
Fw 190 F-10	Projekt	0	Keine Bauausführung Arbeiten als Fw 190 F-15 fortgeführt	Nicht festgelegt
Fw 190 F-15	Musterbau ab 1944	2	584002 und 930516 Serie ab Januar 1945 geplant	Focke-Wulf
Fw 190 F-16	Musterbau ab 1944	(2)	170003 und 930516	Focke-Wulf
Fw 190 G-1	Umbenennung ab Dezember 1942	?	ex Fw 190 A-4/U8	Focke-Wulf
Fw 190 G-2	Umbenennung ab Januar 1943	?	ex Fw 190 A-5/U8	Focke-Wulf
Fw 190 G-3	Umbenennung und Neubau ab Juli 1943	?	ex Fw 190 A-5/U13 160001–160850	Focke-Wulf
Fw 190 G-4	Umbenennung ab Dezember 1943	?	ex Fw 190 G-1	Focke-Wulf
Fw 190 G-5	Projekt	0	Keine Bauausführung Serie ab April 1944 geplant	unbekannt
Fw 190 G-6	Serie ab 1944	?	160001 – unbekannt 163001 – unbekannt 166001 – unbekannt	unbekannt
Fw 190 G-8	Umrüstung und Neubau ab Anfang 1944	?	ex Fw 190 F-8/U1 und G-3 190031–191000 588001 – unbekannt	Focke-Wulf
Fw 190 G-10	Projekt	0	Keine Bauausführung Serie ab Anfang 1944 geplant	unbekannt
Fw 190 S-5	Umbau ab Dezember 1944	?	ex Fw 190 A-2 bis A-5	Nur Truppenumbau vorgesehen
Fw 190 S-8	Umbau ab Oktober 1944	?	ex Fw 190 A-8	Nur Truppenumbau vorgesehen

Fw 190 – Die Werknummern

Baureihe	Werknummern
Fw 190 A-1	110001–110102
Fw 190 A-2	120201–125505
Fw 190 A-3	130241–137020
Fw 190 A-4	140561–147200
Fw 190 A-5	150811–157375
Fw 190 A-5	180941–181730
Fw 190 A-5	410001–410275
Fw 190 A-5	650496–650505
Fw 190 A-5	680000
Fw 190 A-5	710001–710080
Fw 190 A-5	840001–840205
Fw 190 A-6	470001–470800
Fw 190 A-6	530101–531085
Fw 190 A-6	550141–550925
Fw 190 A-6	550871–550925
Fw 190 A-6	551101–551150
Fw 190 A-7	340001–340350
Fw 190 A-7	430181–431185
Fw 190 A-7	642001–643730
Fw 190 A-8	120000
Fw 190 A-8	170001–177020
Fw 190 A-8	205000
Fw 190 A-8	280000
Fw 190 A-8	320000
Fw 190 A-8	350151–350860
Fw 190 A-8	370361–370370
Fw 190 A-8	380331–380410
Fw 190 A-8	430000
Fw 190 A-8	583000–588000
Fw 190 A-8	620000
Fw 190 A-8	680101–680850
Fw 190 A-8	681351–683325
Fw 190 A-8	690101–690160
Fw 190 A-8	729141–739580
Fw 198 A-8	750131–750170
Fw 190 A-8	960201–961970
Fw 190 A-9	176000–177000
Fw 190 A-9	202361–207800
Fw 190 A-9	410000

Baureihe	Werknummern
Fw 190 A-9	490021–490040
Fw 190 A-9	500000
Fw 190 A-9	560021–560030
Fw 190 A-9	738000
Fw 190 A-9	750071–750140
Fw 190 A-9	903000
Fw 190 A-9	960000
Fw 190 A-9	980151–980590
Fw 190 D-9	210001–212160
Fw 190 D-9	217000
Fw 190 D-9	400201–401380
Fw 190 D-9	500001–500650
Fw 190 D-9	600121–601600
Fw 190 D-9	630000
Fw 190 D-13	220001
Fw 190 F-3	670001–671150
Fw 190 F-7	931000
Fw 190 F-8	190001–190030
Fw 190 F-8	421000–424000
Fw 190 F-8	580001–588700
Fw 190 F-8	593000
Fw 190 F-8	638001–639000
Fw 190 F-8	918000
Fw 190 F-8	921000
Fw 190 F-8	930161–933840
Fw 190 F-9	420101–428460
Fw 190 F-9	440125–440580
Fw 190 F-9	583000
Fw 190 F-9	586000
Fw 190 F-9	580000
Fw 190 F-9	586000
Fw 190 F-9	638000
Fw 190 G-3	160001–160850
Fw 190 G-6	160000
Fw 190 G-6	163000
Fw 190 G-6	166000
Fw 190 G-8	190031–190100
Fw 190 G-8	588000

Werknummern	Baureihe
110001–110102	Fw 190 A-1
120201–125505	Fw 190 A-2
130241–137020	Fw 190 A-3
140561–147200	Fw 190 A-4
150811–157375	Fw 190 A-5
160001–160850	Fw 190 G-3
160000	Fw 190 G-6
163000	Fw 190 G-6
166000	Fw 190 G-6
170001–177020	Fw 190 A-8
176000–177000	Fw 190 A-9
180941–181730	Fw 190 A-5
190001–190030	Fw 190 F-8
190031–190100	Fw 190 G-8
202361–207800	Fw 190 A-9
205000	Fw 190 A-8
210001–212160	Fw 190 D-9
220001	Fw 190 D-13
217000	Fw 190 D-9
280000	Fw 190 A-8
320000	Fw 190 A-8
340001–340350	Fw 190 A-7
350151–350860	Fw 190 A-8
370361–370370	Fw 190 A-8
380331–380410	Fw 190 A-8
400201–401380	Fw 190 D-9
410001–410275	Fw 190 A-5
420101–428460	Fw 190 F-9
421000–424000	Fw 190 F-8
430181–431185	Fw 190 A-7
440125–440580	Fw 190 F-9
470001–470800	Fw 190 A-6
490021–490040	Fw 190 A-9
500000	Fw 190 A-9
500001–500650	Fw 190 D-9
530101–531085	Fw 190 A-6
550141–550925	Fw 190 A-6
550871–550925	Fw 190 A-6

Werknummern	Baureihe
551101–551150	Fw 190 A-6
560021–560030	Fw 190 A-9
580001–588700	Fw 190 F-8
586000	Fw 190 F-9
580000	Fw 190 F-9
583000–588000	Fw 190 A-8
583000	Fw 190 F-9
586000	Fw 190 F-9
588000	Fw 190 G-8
593000	Fw 190 F-8
600121–601600	Fw 190 D-9
620000	Fw 190 A-8
630000	Fw 190 D-9
638001–639000	Fw 190 F-8
638000	Fw 190 F-9
640491–650505	Fw 190 A-6
642001–643730	Fw 190 A-7
650496–650505	Fw 190 A-5
670001–671150	Fw 190 F-3
680000	Fw 190 A-5
680101–680850	Fw 190 A-8
681351–683325	Fw 190 A-8
690101–690160	Fw 190 A-8
710001–710080	Fw 190 A-5
729141–739580	Fw 190 A-8
750071–750140	Fw 190 A-9
738000	Fw 190 A-9
750131–750170	Fw 198 A-8
840001–840205	Fw 190 A-5
903000	Fw 190 A-9
918000	Fw 190 F-8
921000	Fw 190 F-8
930161–933840	Fw 190 F-8
931000	Fw 190 F-7
960201–961970	Fw 190 A-8
960000	Fw 190 A-9
980151–980590	Fw 190 A-9

2. Fw 190 – Der Standardjäger im Detail

In gekürzter und übersichtlicher Form wird hier die Konstruktionsbeschreibung der Fw 190 A-1 bis A-5 wiedergegeben.

Allgemein:
Die Fw 190 A ist ein einsitziges Jagdflugzeug in Tiefdeckerbauweise mit trapezförmigen, außen gerundeten Tragflächen; nach innen einziehbarem Einbeinfahrwerk und BMW-801-Doppelsternmotor.

Rumpf:
Der Ganzmetall-Dural-Schalenrumpf mit Dural-Beplankung und Versenknietung besteht aus zwei Teilen, dem Rumpf-Hauptteil sowie dem Rumpfheck. Das Rumpfhauptteil trägt vorne das Triebwerksgerüst, in der Mitte den Führersitz, darunter zwei geschützte Kraftstoffbehälter. Hinter dem Führersitz befindet sich der Gepäckraum sowie anschließend Befestigungen für die Sauerstoff-Flaschen, Sammler-Batterie, Funkanlage und den Patin-Mutterkompass. Das Rumpfheck trägt das Leitwerk und ist mit dem Rumpfhauptteil durch 48 Schrauben verflanscht. Die Verschraubung wird im Rumpf vorgenommen, wofür ein Einstieg durch die Geräteraumklappe (links) möglich ist. Desweiteren erlauben kleine Klappen und Handlöcher mit Junkers-Verschlußdeckeln den Zugang.

Der General der Jagdflieger (GdJ) Adolf Galland trifft am 11.10.1943 in Fels am Wagram mit einer Fw 190 A-6 ein.

Führerraum-Verglasung:
Die Cockpitverglasung besteht aus Windschutzscheibe und Schiebehaube. Der Windschutz ist vor dem Führersitz fest montiert und hat Panzerglas-Sichtscheiben. Die Schiebehaube mit Plexiglasscheiben und Duralrahmen bietet eine gute Sicht nach hinten. Mittels einer Kurbel mit Lochscheibe an der rechten Bordseite – welche auf eine Zahnstange wirkt – kann die Schiebehaube geschoben werden. Die Feststellung erfolgt durch einen Stift in der Lochscheibe. In der Haube wird die Antenne in Rollen geführt. Der Haubennotabwurf wird durch einen rot gekennzeichneten Hebel neben der Lochscheibe ausgelöst. Bei Betätigung wird die Zahnstange gehoben, dabei ein Schlagbolzen ausgelöst, welcher die Druckpatrone zum Haubenabschuß zur Entladung bringt.

Der Einstieg erfolgt von links über eine Leiter, welche vom Wart anschließend in den Rumpf eingeschoben wird und einrastet. Zum Ausstieg betätigt der Pilot einen roten Knopf an der linken Bordwand über der Leiter bis diese herausfällt und anschlägt.

Tragwerk:
Die zweiholmigen Trapezflügel mit 6° V-Stellung und abgerundeten Flügelenden sind aus Dural in einem durchgehenden Stück in Schalenbauweise (Ober- und Unterschale) hergestellt und an vier Punkten mit dem Rumpf verbunden. Die Querruder sind aus Dural-Profilen gefertigt und mit Stoff bespannt. Sie haben einen Gewichtsausgleich, Bügelkante und sind dreifach gelagert. Die Spreizklappen erstrecken sich beiderseitig des Rumpfes über 60% der Spannweite; sind rechts und links austauschbar und dreimal durch Bolzenverbindungen befestigt.

Leitwerk:
Die Seitenflosse in rippenloser Schalenbauweise ist mit dem Rumpfheck in einem Stück verbunden. Da ein Ausbau nicht möglich ist, muß bei einer Beschädigung das ganze Rumpfheck ausgewechselt werden.

Das stoffbespannte Seitenruder besteht aus einem Dural-Rahmen, welcher aus zwei Schalen hergestellt ist; hat einen aerodynamischen Außenausgleich, Gewichtsausgleich, Bügelkante und ist in drei Punkten durch »Türangelhaken« in Kugellagern an der Seitenflosse gelagert.

Die Höhenflosse ist ein freitragendes, symmetrisches Ganzmetall-Dural-Profil mit einem als verdrehungssteife Torsionsröhre ausgebildeten Holm und in einem Stück aus Ober- und Unterschale gefertigt.

An drei Punkten erfolgt die Verbindung mit dem Rumpfheck, wobei die vordere Lagerung durch einen Elektromotor verstellbar und daher die hinteren Lagerungen beiderseits am Seitenflossenholm drehbar sind. Ein Lenker am vorderen Lager nimmt die seitlichen Kräfte auf. Die Höhenflossenstellung kann durch einer auf der linken Rumpfseitenwand aufgemalten Grad-Einteilung (Verstellbereich +4° bis –5°) abgelesen werden. Die Anschlußpunkte der Flosse werden durch Bleche über den beiden Rumpfseitenwänden verdeckt und sind nach dem Abschrauben der Bleche zugänglich. Das Verstellgetriebe ist durch die Höhenflossennase erreichbar. Das stoffbespannte Höhenruder mit Außenausgleich und Bügelkante ist zweiteilig. Beide Teile sind untereinander austauschbar und durch einen Kupplungsbeschlag miteinander verbunden. Jede Ruderhälfte besteht aus zwei Rudernasen, Randbogen und Abschlußprofil umfassenden Schalen und ist gewichtlich vollkommen ausgeglichen. Die Befestigung in den Kugellagern der Höhenflosse erfolgt an drei Punkten mit »Türangelhaken«.

Steuerung:
Die Höhen- und Querruderansteuerung erfolgt durch Knüppelbetätigung, das Seitenruder wird über die Fußpedale gesteuert. Im Flügel sowie im Bereich von Führer- und Behälterraum sind Stoßstangen, im Rumpf Drahtzüge sowie im Rumpfheck Stoßstagen eingebaut.

Zur Erhöhung der Sicherheit gegen Beschuß sind die Höhensteuer-Drahtzüge im Rumpf zweifach verlegt. Seiten- und Höhenruder haben je ein »Differential« – ein Hebeluntersetzungsgetriebe -, welches die Aufgabe hat, die Wege der Steuerungsausschläge für den Piloten durch Untersetzung zu

Der GdJ beim Besuch der I./KG 51, welche mit »Dödel« zum Einsatz gegen viermotorige Bomber vorgesehen war.

verringern. Zwei in den Tragflächen montierte Elektromotoren mit Zwischengetriebe betätigen über Hebel die Spreizklappen.

Fahrwerk:
Die beiden Einbein-Fahrgestelle werden nach innen quer zur Flugrichtung in Aussparungen im Flügel und Rumpf durch einen 500W-Elektromotor mit »Cyclo-Getriebe« eingezogen. Der Sporneinzug erfolgt nach hinten bis zur Radachse mechanisch über einen Seilzug vom rechten Fahrgestell aus. In dieser Lage diente er auch als Notsporn.

Bei den Baureihen A-0 und A-1 wird hierbei vom Laufrad die innere Abdeckklappe unter dem Rumpf hochgedrückt und in der Endstellung festgehalten. Bei der A-2 bis A-5 ist die innere Abdeckklappe durch Seilzüge mit dem Fahrwerk verbunden, hierdurch wird sie nach dem Ausfahren nach oben geklappt und während des Fahrvorgangs selbst durch Federn offen gehalten.

Das Fahrwerk verriegelt nur in seiner oberen Endlage mechanisch. Im ausgefahrenen Zustand ist das Fahrwerk nicht mechnisch verriegelt, sondern es wird nur durch den Kraftspeicher gehalten. Im Notfall kann die Fahrgestellverriegelung durch Seilzug vom Piloten gelöst werden. Das Fahrwerk fällt dann durch sein Gewicht und dem Druck des Kraftspeichers nach unten. Die Fahrwerksanzeige erfolgt mechanisch über dem Flügel durch einen Stift mit zwei roten und zwei weißen Marken sowie elektrisch durch Anzeige im »Zwölf-Lampen-Gerät«.

Die Fahrgestelle sind am Flügel-Hauptholm gelagert und umfassen folgende Teile: knieförmiges La-

Eine Fw 190 A-4 der Schnellkampf-Ergänzungsgruppe. Die Maschine wurde von Oberfeldwebel Helmut Wenk geflogen. Cognac, 1943.

Leutnant Graziadei errang bei der 5. (Sturmstaffel)/ JG 300 acht Luftsiege. Die Staffel war zeitweise in Löbnitz stationiert.

Bei der Jagdfliegerschule in Altenburg wurden einige Fw 190 A zu Übungszwecken in doppelsitzige Schulmaschinen der Baureihe S-5 umgerüstet.

Bei der Ausbildung künftiger Schlachtflieger ging diese Fw 190 S-1 im Juni 1944 zu Bruch.

gerstück, EC-Luft-Öl-Federbein mit Knickstrebe, Achsflansch mit Scherengelenk, VDM-Laufrad (700 x 175 mm) mit Duo-Servo-Bremse.

Der Sporn ist im Rumpfheck gelagert, am Kopf in einer Raste der Gleitschiene gehalten, unten durch einen Lenker gegen den Seitenflossenholm abgestützt. Das Reifenmaß des »Kronprinz-Spornrades« beträgt 300 x 135 mm.

Kraftstoffanlage:
Die Kraftstoffanlage umfaßt einen vorderen Rumpftank mit 240 l und einen hinteren Rumpftank mit 300 l Inhalt. Beide Behälter bestehen aus »Kotonit« und sind beschußsicher. Außerdem ist ein abwerfbarer Zusatztankbehälter (300 l) aus Metall in Stromlinienform am Bombenträger in der Mitte unter dem Rumpf aufgehängt. Eine Maihak-Pumpe entnimmt den Kraftstoff mit je einer Saugleitung über eine FBH-Armatur aus dem vorderen und über eine FB-Armatur aus dem hinteren Tank. Der Zusatztank steht über eine Umpumpleitung mit dem hinteren Tank in Verbindung. Mit einer elektrischen Tankpumpe (früher mit Ladedruck) wird der Kraftstoff aus dem Zusatztank zum hinteren Tank gedrückt und die angesaugte Kraftstoffmenge dieses Tanks sofort ergänzt. Hierdurch wird über den hinteren Tank zuerst der Zusatztank leer geflogen, dann der hintere Tank selbst. Die Maihak-Pumpe fördert dabei wesentlich mehr Kraftstoff als der Motor verbraucht. Der übrige Kraftstoff fließt über den Zentrifugal- und Bosch-Pendelentlüfter zur Ansaugkammer der Förderpumpe für den vorderen Tank zurück und schließt hierbei das Rückschlagventil in der Saugleitung dieses Behälters. Infolgedessen wird aus dem vorderen Tank erst Kraftstoff entnommen, sobald der hintere Tank leer ist.

Triebwerk:
14-Zylinder-Doppelsternmotor mit Druckluftkühlung und Einhebelbedienung über Kommandogerät für Ladedruck, Kraftstoff, Zündung, Lader-Umschaltung, Luftschraubenverstellung, Arm-/Reich-Schaltung, Anlaßhilfe. Der vordere Stern hat gerade, der hintere Stern ungerade Zylindernummern. Die Zündfolge ist 1-10-5-14-9-4-13-8-3-12-7-2-11-6. (Hauptpleuel: Zylinder 8 und 9). Die Verdichtung beträgt beim BMW 801 C-Motor 6,5; bei der D-Baureihe 7,2.

	C-Motor (in ca. 5000 m)	**D-Motor (in ca. 6000 m)**
Startleistung (3 min.)	1023 kW (1390 PS)	1053 kW (1430 PS)
Steigleistung (30 min.)	964 kW (1310 PS)	968 kW (1320 PS)
Höchst-Dauerleistung	869 kW (1180 PS)	869 kW (1180 PS)
Sparleistung	736 kW (1000 PS)	729 kW (990 PS)

Kommt zum Einbau bei der:
Fw 190 A-1: BMW 801 C-1
Fw 190 A-2: BMW 801 C-1 und D-2 (mit direkten Fahrwerkantrieb)
Fw 190 A-3: BMW 801 C-2 und D-2
Fw 190 A-4: BMW 801 D-2 (als Tropenmaschine geplant), FuG 16Z
Fw 190 A-5: BMW 801 D-2 (Motor um 135 mm zur Schwerpunktverlagerung vorgesetzt, Einbau eines neuen Bildgerätes)

Für den Vortrieb sorgt eine selbsttätig drehzahlregelnde, druckölbetätigte VDM-Verstelluftschraube. Zur Korrektur ist eine elektrische Handverstellung mit Gashebelbedienung eingebaut.

Fw 190 – Die Bewaffnungen

Baureihenbezeichnung	**Starrbewaffnung (seriennmäßiger Einbau)**		**FT – Anlage**
Fw 190 A-1	Rumpfbewaffnung	2 MG 17	FuG VIIa
	Flügelwurzel	2 MG 17	FuG 25
	Außenflügel	2 MG FF M	
Fw 190 A-2	Rumpfbewaffnung	2 MG 17	FuG VIIa
	Flügelwurzel	2 MG 151	FuG 25
	Außenflügel	2 MG FF M (R-Satz)	
Fw 190 A-3	Rumpfbewaffnung	2 MG 17	FuG VIIa
	Flügelwurzel	2 MG 151	FuG 25
	Außenflügel	2 MG FF M (R-Satz)	
Fw 190 A-4	Rumpfbewaffnung	2 MG 17	FuG 16Z
	Flügelwurzel	2 MG 151	FuG 25a
	Außenflügel	2 MG FF M (R-Satz)	
Fw 190 A-5	Rumpfbewaffnung	2 MG 17	FuG 16Z
	Flügelwurzel	2 MG 151	FuG 25a
	Außenflügel	2 MG FF M (R-Satz)	
Fw 190 A-6	Rumpfbewaffnung	2 MG 17	FuG 16Z/ZE
	Flügelwurzel	2 MG 151	FuG 25a
	Außenflügel	2 MG 151	

Vornehmlich der Waffenerprobung diente das Musterflugzeug Fw 190 A-2 (oder A-3) mit der WerkNr. 301 (CF+OZ), das aus Arado-Produktion stammte.

Fw 190 A-7	Rumpfbewaffnung	2 MG 131	FuG 16Z
	Flügelwurzel	2 MG 151/20 E	FuG 25a
	Außenflügel	2 MG 151/20 E	
Fw 190 A-7/R1	Außenflügel	4 MG 151/20 E sonst A-7	
Fw 190 A-7/R2	Außenflügel 2 MK 108		
Fw 190 A-7/R3	Außenflügel 2 MK 103		
Fw 190 A-8	Rumpfbewaffnung	2 MG 131	FuG 16ZY
	Flügelwurzel	2 MG 151/20 E	FuG 25a
	Außenflügel	2 MG 151/20 E	
Fw 190 A-8/R1	Außenflügel	4 MG 151/20 E sonst A-8	
Fw 190 A-8/R2	Außenflügel 2 MK 108		
Fw 190 A-8/R3	Außenflügel 2 MK 103		
Fw 190 A-9	Rumpfbewaffnung	2 MG 131	FuG 16ZY
	Flügelwurzel	2 MG 151/20 E	FuG 25a
	Außenflügel	2 MG 151/20 E	
Fw 190 A-9/R1	Außenflügel	4 MG 151/20 E sonst A-9	
Fw 190 A-9/R2	Außenflügel 2 MK 108		
Fw 190 A-9/R3	Außenflügel 2 MK 103		

Anmerkung: R-Satz steht für Rüstsatz

Quellen : Flugzeughandbuch Fw 190 A-1 bis A-4, Teil O, Okt. 1943
Flugzeughandbuch Fw 190 A-5 und A-6, Teil O, Dez. 1943
Flugzeughandbuch Fw 190 A-7 bis A-9, Teil O, Juni 1944

Die Rumpfbewaffnung der serienmäßigen Fw 190 A-1 bestand aus zwei MG 17, Kaliber 7,92 mm × 57.

Waffeneinbau eines MG 131 (Kaliber 13 mm × 64) in der Flügelwurzel.

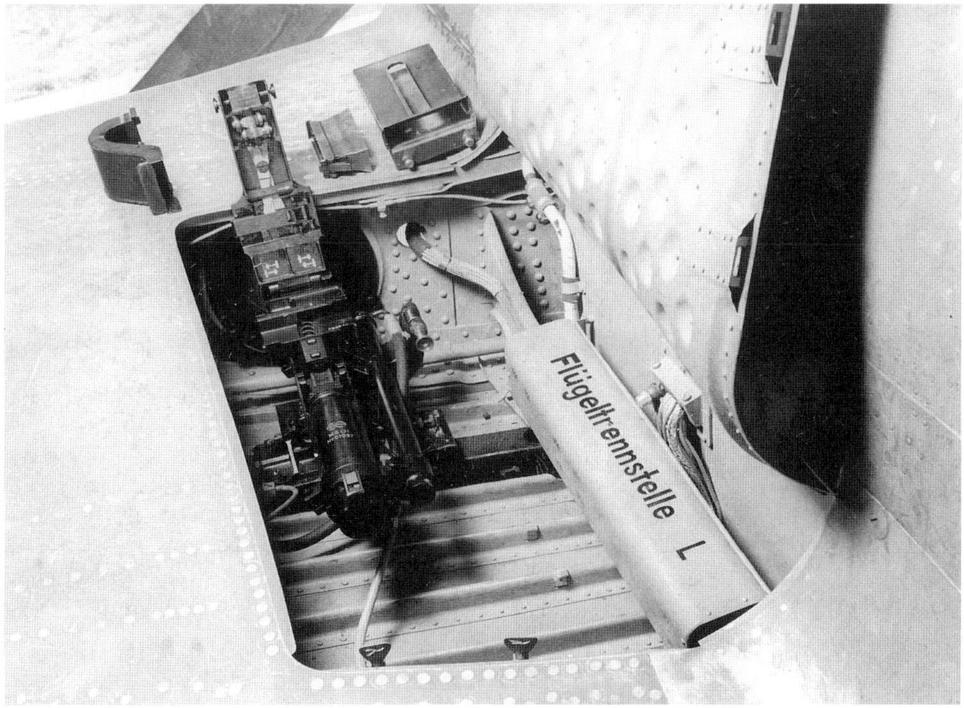

Der als Rüstsatz vorgesehene Einbau von zwei MG FF im Mittelflügel der Fw 190 A.

Besonders bei der Fw 190 A-2 und A-3 kamen zwei MG FF in den mittleren Flügeln zum Einbau. Die Waffen hatten eine Vo von etwa 585 m/s.

Einbau der Waffenanlage bei der Fw 190 A-1.

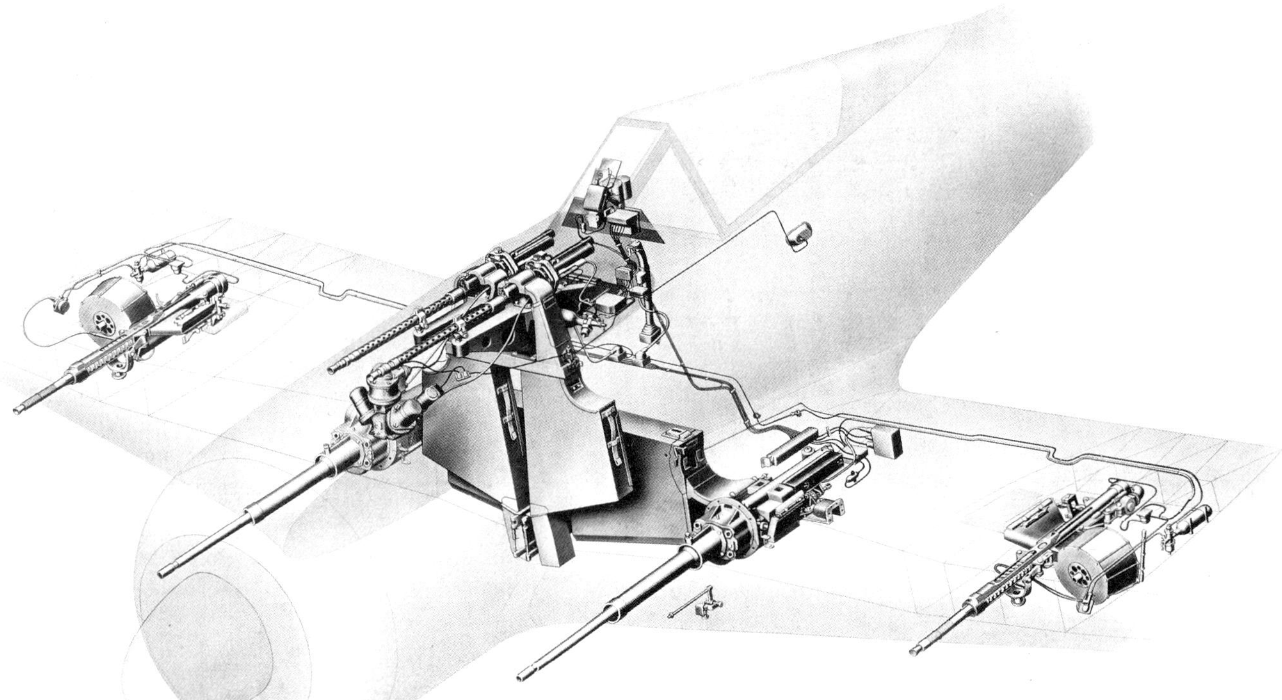

Die Waffenanlage der Fw 190 A-2. Die Bestückung mit zwei MG FF (Kaliber 20 mm × 80) konnte rüstsatzmäßig vorgenommen werden.

3. Fw 190 – Startvorbereitungen

Das hier im Wortlaut wiedergegebene Dokument war für das technische Personal bestimmt und gibt die Kurzanweisung zum Starten der Fw 190 A wieder:

12 Punkte Fw 190

1. Kraftstoff C3 (100 Oktan) getrennt in vorderen Behältern (mindestens 232 l) und hinteren Behälter (mindestens 292 l) auffüllen. Zusatzbehälter 300 l (Rüstsatz).

2. Schmierstoff Intava Rotring 220 (ca. 50 l) entweder links seitlich bis zum Überlauf einfüllen oder unter Druck über Anschluß I (untere Klappen der Triebwerksverkleidung öffnen) auffüllen. Restölmenge von ca. 25 l nicht unterschreiten. Warmöl für Behälter und Kühler über Anschluß I (Preßdruck nicht über 2,9 bar), Warmöl für Motor über Anschluß II zugeben.

3. Öl für Kommandogerät in Motortragring links einfüllen. Ölmenge 5,6 l, bestehend aus Rotring 220 und Shell AB 11 (Spindelöl grün) im Verhältnis 1:1 gemischt.

4. Bremsflüssigkeit (M-Öl) prüfen.

5. Der Federbeindruck muß unbelastet am Fahrgestell 24,5 bar und am Spron 30,4 bar betragen.

6. Kraftspeicherdruck (93,0 bar) täglich prüfen.

7. Der Reifendruck muß an den Laufrädern und am Spornrad 4,0 bar betragen.

8. Druckluft- und Sauerstoffflaschen: 147,0 bar.

9. Luftschraubenverstellgerät bei Teilüberholung reinigen.

10. Generatorspannung: ca. 27 Volt, Sammlerspannung: 24 Volt. Bei minimal 20 Volt muß der Sammler ausgewechselt werden.

11. Kontrolle sämtlicher Verschlüsse für Hauben und Klappen.

12A. Anlassen: Kalten Motor bei ausgeschalteter Zündung und Gashebel in Leerlaufstellung ein- bis zweimal durchdrehen. Drehen am Lüfterrad verboten.

Mit Außenbordstromquelle:

a) Selbstschalter auf »Außenbordanschluß« stellen. Sämtliche Selbstschalter für Triebwerk eindrücken.
b) Luftschraubenverstellung elektrisch auf 12 Uhr-Stellung bringen. Kippschalter in linker Gerätebank auf Handbetrieb. Daumenschalter am Gashebel drücken.
c) Brandhahn öffnen.
d) Kraftstoffleitung mittels Pumpen auffüllen, bis Kraftstoffdruck angezeigt wird.
e) Bei Außentemperaturen unter +10° C: Anlassen nur mit warmen Öl oder mit Kaltstart (Kaltstart-Vorschriften beachten).
f) Anlasser aufziehen, Einspritzkraftstoff einspritzen - Zündung ein – Anlasser einkuppeln.
g) Zug für Anlaßhilfe ziehen, bis Motor läuft.

Mit Bordbatterie Anlassen nur in Notfällen Selbstschalter »Sammler« und »Außenbord«. Sonst wie vorher.
Beim Handanlassen Selbstschalter: »Sammler« und sämtliche Selbstschalter für Triebwerk einschalten. Andrehkurbel links einstecken (Aufbewahrungsort im FT-Raum). Bürstenabdeckung im Führerraum links ziehen, nach dem Anspringen wieder eindrücken. Sonst wie vorher.

12 B. Warmlaufen

1. Ohne Kaltstart
a) Nach dem Anspringen bis zum Ansprechen der Öldruckanzeige Drehzahl 500 bis 600 U/min.

b) Warmlaufen bei 1100 bis 1200 U/min bis die Öltemperatur 30° C beträgt. (Luftschraubenstellung auf 12 Uhr).
c) Kraftstoffpumpenprüfung durch Umschalten des Brandhandhebels. Durckanzeige bei 1400 bis 1500 U/min beachten. Öleintrittstemperatur 50° C.
2. Mit Kaltsstart: Anlassen wie unter 12A

Bremsen: Anschließend mit Luftschraubenstellung 12 Uhr elektrisch Drehzahl zügig steigern, jedoch nicht zu schnell, so daß Öldruck von 14 bis 15 bar nicht überschritten wird, bis Vollgasdrehzahl und Startladedruck erreicht sind.

Achtung: Nicht warmlaufen lassen. Längeren Leerlauf und längeres Rollen vermeiden, damit Öleintrittstemperatur beim Start 40° C (im Sommer 60° C) nicht überschritten wird.

2 C. Bremslauf

1. Bremslauf bei Luftschraubenstellung 12 Uhr, elektrisch eingestellt.
2. Kerzenprüfung bei 2400 U/min durch Umschalten von M1 auf M2, dabei Drehzahlabfall höchstens 50 U/min.
3. Vollgas-Standlauf höchstens 10 Sekunden lang bremsen.
4. Gashebel etwas zurücknehmen und Luftschraubenautomatik einschalten. Kurze Überprüfung der Startdrehzahlen und dazugehörigen Ladedrücke.

Achtung: Alle Drehzahlen über 1400 U/min im Stand nur kurzzeitig fahren, da Motor sonst zu heiß wird.

12 D. Abstellen

1. Motor etwa 2 Minuten mit 1100 bis 1200 U/min laufen lassen. Dann durch zurücknehmen des Gashebels auf Schnellschlußstellung abstellen und Zündung ausschalten.
2. Nach Stillstand des Motors Gashebel auf Leerlauf bringen und Brandhahn schließen.

Eine Fw 190 F-2, die im Juli 1943 in Sizilien eingesetzt wurde. (Bundesarchiv)

Fw 190 A – Technische Daten

Baureihe Verwendung		A-5 Jagdflugzeug	A-6 Jabo	A-8 Jabo
Motorenmuster		BMW 801 D	BMW 801 D	BMW 801 D
Startleistung	(kW)	1470	1470	1470
Kampfleistung	(kW)	1270	1270	1270
Kraftstoffart		C 3	C 3	C 3
Spannweite	(m)	10,51	10,51	10,51
Länge	(m)	9,00	9,00	8,95
Höhe[3]	(m)	3,95	3,95	3,95
Flügelfläche	(m^2)	18,30	18,30	18,30
Tankinhalt MW 50	(l)	–	–	–
Tankinhalt GM 1	(l)	–	115	115
Hauptbehälter	(l)	525	525	525
Zusatzbehälter im Rumpf und Flügel	(l)	–	–	115
Leermasse	(kg)	2690	2830	2830
Abflugmasse (ohne Außenlasten)	(kg)	3900	4100	4360
Geschwindigkeit bei:[4]				
Kampfleistung in Bodenhöhe	(km/h)	542	535	530
Notleistung (5 min.) in Bodenhöhe	(km/h)	568	560	556
Kampfleistung in ... km Höhe	(km/h)	638 (5,8)	625 (6,4)	610 (6,0)
Notleistung (5 min.) in ... km Höhe	(km/h)	670 (6,3)	655 (6,9)	640 (6,0)
Steig- und Kampfleistung mit GM 1	(km/h)	–	–	–
Steigzeit auf 9,5 km mit Sondernotleistung	(min)	19,0	20,1	20,5
Dienstgipfelhöhe bei Steigen mit 0,5 m/s	(m)	10550	10500	9950
Größte Flugstrecke mit ... km/h in 0 m	(km)	o.A.	470 (495)	615 (515)
Größte Flugdauer mit ... km/h in 0 m	(h)	o.A.	1,67	1,20
Größte Flugstrecke mit ... km/h in 5 km	(km)	o.A.	740 (494)	985 (510)
Größte Flugdauer mit ... km/h in 5 km	(h)	o.A.	1,59	2,02
Rollstrecke bis Abheben	(m)	360	400	460
Startstrecke bis zum Erreichen von 20 m Höhe	(m)	570	610	650

Baureihe **Verwendung**		**A-5** **Jagdflugzeug**	**A-6** **Jabo**	**A-8** **Jabo**
Funkausrüstung (FT-Geräte)		FuG 16 Z FuG 25	FuG 16 Z/ZE FuG 25 a	FuG 16 ZY FuG 25 a
Waffeneinbau Rumpf		2 MG 17	2 MG 17	2 MG 131
Schußzahl		2 × 900	2 × 900	2 × 475
Waffeneinbau Flügel außen		(2 MG FF)	2 × MG 151	2 × MG 151
Schußzahl		2 × 90	2 × 140	2 × 140
Waffeneinbau Flügelwurzel		2 × MG 151	2 × MG 151	2 × MG 151
Schußzahl		2 × 250	2 × 250	2 × 250
Abwurfwaffenzuladung	(kg)	o.A.	250	o.A.

1) mit MW 50-Einspritzung
2) mit GM-1-Einspritzung
3) Gesamthöhe: Rollstellung mit freilaufender Luftschraube
4) ohne Abwurfwaffen, mit ETC
5) abwerfbare Zusatzbehälter
o.A. = ohne Angaben

4. Die Fw 190 im Einsatz

Bereits während des Bürgerkrieges in Spanien (1936 bis 1939) begannen die Flieger der Legion Condor mit der systematischen Auswertung von Filmaufnahmen ihrer Jagdeinsätze, aber auch der geflogenen Bombenangriffe. Hierdurch gelang es nicht nur, die am besten geeignete Angriffstaktik für die eigenen Kräfte zu ermitteln, es konnte auf diese Weise auch die optimale Defensivbewaffnung der Kampfflugzeuge und nicht zuletzt die starre Bordbewaffnung der eingesetzten Jagdmaschinen wesentlich verbessert werden.

Gleich nach dem Beginn des Zweiten Weltkrieges wurden unter Leitung von Dr. Theodor W. Schmidt alle mit der Schießkamera aufgenommenen Gefechtsaufnahmen durchgesehen und penibel ausgewertet. Zusammen mit den zu Papier gebrachten Berichten der eingesetzten Flugzeugführern gelang es im Bereich der einmotorigen Jagdflugzeuge – besonders bei den frühen Messerschmitt Bf-109-Ausführungen, aber auch bei der in Entwicklung befindlichen Fw 190 A-0 und A-1 – eine wesentlich kampfstärkere Bewaffnung zu installieren.

Wenn es auch gelang, die anfangs vom Gegner eingesetzten mittelschweren Bomber mit dem zusammengefaßten Feuer der MG-17-Waffen und den 20-mm-MG-FF-Kanonen wirksam zu bekämpfen, bei den folgenden Angriffen gegen stärker armierte Bomber sollte man schnell an die Grenzen der eigenen Waffenwirkung stoßen.

Die ersten Einflüge von viermotorigen B-17F-

Die Fw 190 A-6/R2 (hier die WerkNr. 530766) wurde mit zwei MK 108 (Kaliber 30 mm × 91) in den Flächen erprobt. Darunter der Befestigungshaken für ein Werfergranaten-21-Abschußrohr (WGr.21).

Kampfflugzeugen der 8. USAAF über Nordfrankreich ab November 1942 zeigten, daß der Luftkrieg an der Schwelle einer neuen Epoche stand. Am 27.01.1943 griffen amerikanische B-17 die deutschen Kriegshäfen in Emden und Wilhelmshaven an. Es folgten Einsätze gegen Ziele in Brest, Rouen, Amiens und anderen französischen Städten. Bis zum Sommer 1943 trafen die Angriffe der 8. USAAF zudem Ziele in der Küstenregion zwischen Wilhelmshafen und Emden sowie in Bremen.

Am 14.07.1943 griffen die Alliierten das mit der Fw 190 ausgerüstete JG 26 auf dem Flugplatz Le Bourget an.

Zahlenmäßig stärkere Missionen folgten im Juli 1943 gegen Hamburg, Kiel, Hannover und Kassel. Ab dieser Zeit nahmen die Einsätze viermotoriger Bomber beträchtlich zu. Ihr Auftreten in gestaffelten Angriffsformationen und ihre gewaltige defensive Feuerkraft bedingten immer wieder die Anpassung der Fw-190-Jagdmaschinen auf neue Standards und die Steigerung der Leistungsfähigkeit ihrer Triebwerksanlagen. Im Bereich der Starrbewaffnung wurde der Entwicklung mit dem Einbau immer stärkerer Bewaffnungen Rechnung getragen:

Baumuster-bezeichnung	Motor-Kanone	Rumpfbe-waffnung	Flügel-wurzel	Außen-flügel
Fw 190 A-0	–	MG 17	MG 17	(MG FF)
Fw 190 A-1	–	MG 17	MG 17	(MG FF)
Fw 190 A-2	–	MG 17	MG 151	(MG FF)
Fw 190 A-3	–	MG 17	MG 151	(MG 151/MG FF)
Fw 190 A-5	–	MG 17	MG 151	(MG 151/MK 108)
Fw 190 A-6	–	MG 17	MG 151	(MG 151/ MK 108)
Fw 190 A-7	–	MG 131	MG 151	MG 151/(MK 108)
Fw 190 A-8	–	MG 131	MG 151	MG 151/(MK 108)
Fw 190 A-9	–	MG 131	MG 151	MG 151
Fw 190 D-9	–	MG 131	MG 151	–
Fw 190 D-12	MK 108	–	MG 151	–
Fw 190 D-13	MK 151	–	MG 151	(MG 151/MK 108)

(Die in Klammern gesetzten Bewaffnungen im Bereich der Außenflügel wurden als Rüstsätze angeboten, aber nur in wenige Maschinen eingebaut).

Bis zur Fw 190 A-9 wurde die Bewaffnung serienmäßig auf vier 20-mm-Waffen erhöht. Insbesondere durch die Kalibererhöhung und die damit verbundene höhere Zielwirkung beim MG 151/20 (sowie

Die Anbringung von 2-cm- und 3-cm-Waffen unter den Flächen der Fw 190 erforderte massive Beschläge.

Pro Rohr führte die Fw 190 A-5/R1 jeweils 150 Schuß mit.

Aus der Fw 190 A-5/U12 wurde die A-6/R1, ein »schwerer Jäger«, entwickelt. Sein Einsatz erfolge allerings nur in geringen Stückzahlen bei der 3./JG 11.

später bei der Maschinenkanone MK 108) standen Maschinenwaffen zur Verfügung, die bei mehreren gut liegender Treffer den Absturz, zumindest aber erhebliche Schäden an der Flugzeugzelle eines »Viermotorigen« hervorrufen konnten.

Die Luftwaffen-Führung setzte anfangs besonders auf eine größtmögliche Steigerung der Waffenwirkung im Ziel. Die Erhöhung der Waffenreichweite sowie eine Verminderung der Streuung standen an zweiter Stelle.

Hätte man schon früher auf größere Reichweiten gesetzt, hätten die eingesetzten Piloten schon aus größerer Entfernung (als bisher üblich) ihre Ziele bekämpfen können. Und die Gefährdung der Flugzeugführer hätte sich dadurch erheblich verringert.

Bei der Verwendung des MG FF sowie des MG 151/20 lag die Wahrscheinlichkeit eines Treffers, der die Zerstörung eines gegnerischen Flugzeugs bewirken konnte, bei etwa 6 %. Dieser Wert stieg nach der Einführung der Maschinenkanonen MK 101 und MK 103 auf durchschnittlich 25 %. Bei der später eingeführten Maschinenkanone MK 108 lag der Wert infolge der zumeist gemischt gegurteten Munition und deren gesteigerten zerstörerischen Wirkung schon bei etwa 40%. Die MK-101-Kanone war zum damaligen Zeitpunkt bereits veraltet und wies eine relativ geringe Mündungsgeschwindigkeit (Vo) auf. Die Verwendung der weitreichenden MK-103-Waffen wäre – bis zur geplanten Auslieferung der Fw 190 A-9 mit einem massiverem Tragwerk – ohne größeren Umbauaufwand nur in Gondeln unter den Tragflächen möglich gewesen. Auch war die Vo der MK 103 niedriger als die des MG 151/20. Ferner zeigten Versuche mit zwei MG 151/20 bestückten Gondeln (Fw 190 A-5/U2, A-6/R1 und A-8/R1), daß die Waffenanordnung einen zu hohen Widerstand bewirkte und damit die Fluggeschwindigkeit zu sehr beeinträchtigte. Die Maschinenkanone MK 108 wurde ebenfalls nur in relativ wenigen Fw-190-Jagdflugzeugen, ab der Baureihe A-5, installiert. Die Waffe war einfach »zu langsam«, um beim Einsatz mit kolbengetriebenen Jägern optimal eingesetzt werden zu können.

Erst mit dem Einbau in die Me 262 A-1a wurde die MK 108 zur gefürchteten »Jagdwaffe«. Dazu trug auch eine verbesserte, aus Minengranaten bestehende Munitionsausstattung bei. LtCol. Chinn äußerte sich nach dem Krieg über die Maschinen mit MK 108 etwa sinngemäß:

»... glücklicherweise begannen Produktion und Einbau in den Strahljäger zu spät; es fielen ihr ohnehin genug B-17 Bomber zum Opfer!«

Da die MK 101, MK 103 und MK 108 praktisch als Flächenbewaffnung ausschieden, blieb nur die Verwendung als »Zentralbewaffnung«; der direkt durch die Luftschraubenwelle schießenden 20-mm- oder 30-mm-Maschinenkanone (die der General der Jagdflieger seit 1942 forderte). Diese

Die Fw 190 A-7/R6 gehörte zu den wenigen Fw 190, die mit zwei WGr.-21-Rohren ausgerüstet waren. Die Mehrzahl der ersten 70 Maschinen besaßen den Rüstsatz R2 (2x MK 108).

Die Befestigung der WGr.-21-Rohre erfolgte an einer mittleren Einhängerkralle. Die Verschußrohre waren seitlich mit vier Streben abgestützt. (Bundesarchiv)

Infolge der geringen Fluggeschwindigkeit der Werfergranaten waren die Erfolgsaussichten für einen Abschuß nicht besonders hoch.

Eine Fw 190 A-3 des JG 26 während der Justierung der Starrbewaffnung auf einem Schießstand in Frankreich. (Bundesarchiv)

Form der Starrbewaffnung war bei allen Baureihen der Fw 190, die mit einem Doppelsternmotor ausgerüstet waren, bautechnisch nicht zu bewältigen. Erst bei der Fw 190 C-0, die jedoch nicht in Serie produziert werden sollte, und dann ab der Fw 190 D-9, konnte dieser Waffeneinbau verwirklicht werden. Die Kriegslage verhinderte den Anlauf der mit einer Motorkanone bewaffneten Baureihen, jedenfalls in den für die Truppe erforderlichen Stückzahlen.

Damit die überragende Genauigkeit der Waffe auch die entsprechenden Abschußerfolge erbrachte, mußte eine geeignete Taktik erarbeitet werden. Diese hatte sich im Grunde seit der Verwendung des Jagdflugzeugs (als freitragender Tiefdecker) nicht wesentlich geändert.

Am vorteilhaftesten erschien es vielen Jägerpiloten, ihre Angriffsposition so zu wählen, daß beim Schießanflug hohe Beschleunigungswerte tunlichst vermieden wurden und – zweitens – die Geschwindigkeitsdifferenz zum gegnerischen Flugzeug gering war. Dann ließ sich mit wenigen gut sitzenden Feuerstößen eine überdurchschnittliche Waffenwirkung erzielen. Hierzu bot sich der Anflug von hinten an. Bei den ab 1942 eingesetzten viermotorigen Großbombern der Westalliierten flogen die deutschen Jäger – bei dieser Taktik – dann aber auch in das Abwehrfeuer der bemannten Zwillings- und Vierlingstürme.

Der Angriff konnte freilich auch direkt von vorn, auf den Bug des Gegners zielend, durchgeführt werden. Die hohen Annährungsgeschwindigkeiten (zwischen eigener und feindlicher Maschine) grenzten die Zeit für die Schußabgabe jedoch stark ein. Um das gegnerische Flugzeug nicht zu rammen, mußte der Jägerpilot rechtzeitig ausweichen.

Gesetzt den Fall, die Geschwindigkeit der aufeinander zufliegenden Maschinen betrug etwa 300 m/s und der Jägerpilot eröffnete aus 1000 m Entfernung das Feuer, so blieben ihm nur knapp drei Sekunden, ehe er etwa 200 m vor dem Ziel hochzog oder wegdrehte. Da bei dieser Angriffsart bei weitem nicht so günstige Trefferaussichten wie beim Angriff von hinten vorhanden waren, sollte der

Diese Fw 190 A-5 namens »Jutta« gehörte zum Stab des JG 26 und wurde vom Kommodore Josef »Pips« Priller geflogen. Am 6.06.1944 gelang es Priller und seinem Rottenflieger Feldwebel Wordaczyk als einzigen Flugzeugführern des JG 26, unmittelbar an der normannischen Küste einen Einsatz gegen die alliierten Invasionstruppen zu fliegen. (Bundesarchiv)

Nachteil durch die Verwendung der großkalibrigen MK 103 sowie der MK 108 wettgemacht werden. Da immer mehr Piloten die viermotorigen Bomber von vorn angriffen, wurde die Bewaffnung der B-17E/F durch seitliche Waffenstände im Bugbereich und schließlich bei der B-17G durch einen mit zwei großkalbrigen Maschinengewehren bestückten Drehturm unter dem Rumpfbug verstärkt.

Außer mit den den relativ gradlinigen Angriffstaktiken von vorn oder von hinten griffen die deutschen Jäger vielfach aus einer gestreckten, auf den Gegner gerichteten Kurve an. Bei dieser Angriffsart, die sich von der sogenannten »Hundekurve« nur dadurch unterschied, daß mit dem notwendigen Vorhalt geschossen werden mußte, sollte der Gegner möglichst lange im Visierbereich gehalten werden, um eine optimale Wirkung der zusammen ausgelösten Bordwaffen zu erzielen.

Der Nachteil dieser Vorgehensweise waren die beim Kurvenflug auftretenden Querbeschleunigungen. Darüberhinaus konnte der Fw-190-Pilot den Gegner natürlich auch aus jedem anderen Winkel im geraden Steig- oder Bahnneigungsflug angreifen und ihn unter der Berücksichtigung des nötigen Vorhalts »durch die Feuergarbe laufen lassen.« Diese Angriffsvariante zeichnete sich durch das Fehlen der störenden Querbeschleunigungen, die beim Kurven entstanden, aus. Die Dauer des Waffeneinsatzes hing hierbei, wie bei allen anderen Angriffstaktiken, vom mitgeführten Munitionsvorrat sowie dem Schnittpunkt ab, an dem sich die Geschoßgarben der am Boden einjustierten Starrwaffen kreuzten.

Bei all diesen Angriffsverfahren mußte sich der Pilot noch relativ nahe an das Feindflugzeug heranwagen. Die Entfernung zum Gegner sowie letztlich die Dauer des Verweilens im Bereich der gegnerischen Waffenwirkung war die entscheidende Überlebensfrage.

Der Frage nach den taktischen Vorteilen einer großkalibrigen Bordwaffe von 30 mm ging im Sommer 1943 die Erprobungsstelle der Luftwaffe in Tar-

Eine Maschine des JG 2 »Richthofen« mit abgenommenen Flächen und BMW 801 in der Werft der dritten Gruppe. (Bundesarchiv)

Die »Weiße 4« der II./JG 54, eine Fw 190 A-5, während der Überprüfung der aus zwei MG 17 bestehenden Rumpfbewaffnung.

Bei der 8./JG 2 wird diese Fw 190 A-5 für das bevorstehende Einschießen der Starrbewaffnung vorbereitet. (Bundesarchiv)

In Frankreich entstand diese Aufnahme einer Einsatzmaschine der II. Gruppe des JG 26, deren Waffenanlage gewartet wird.

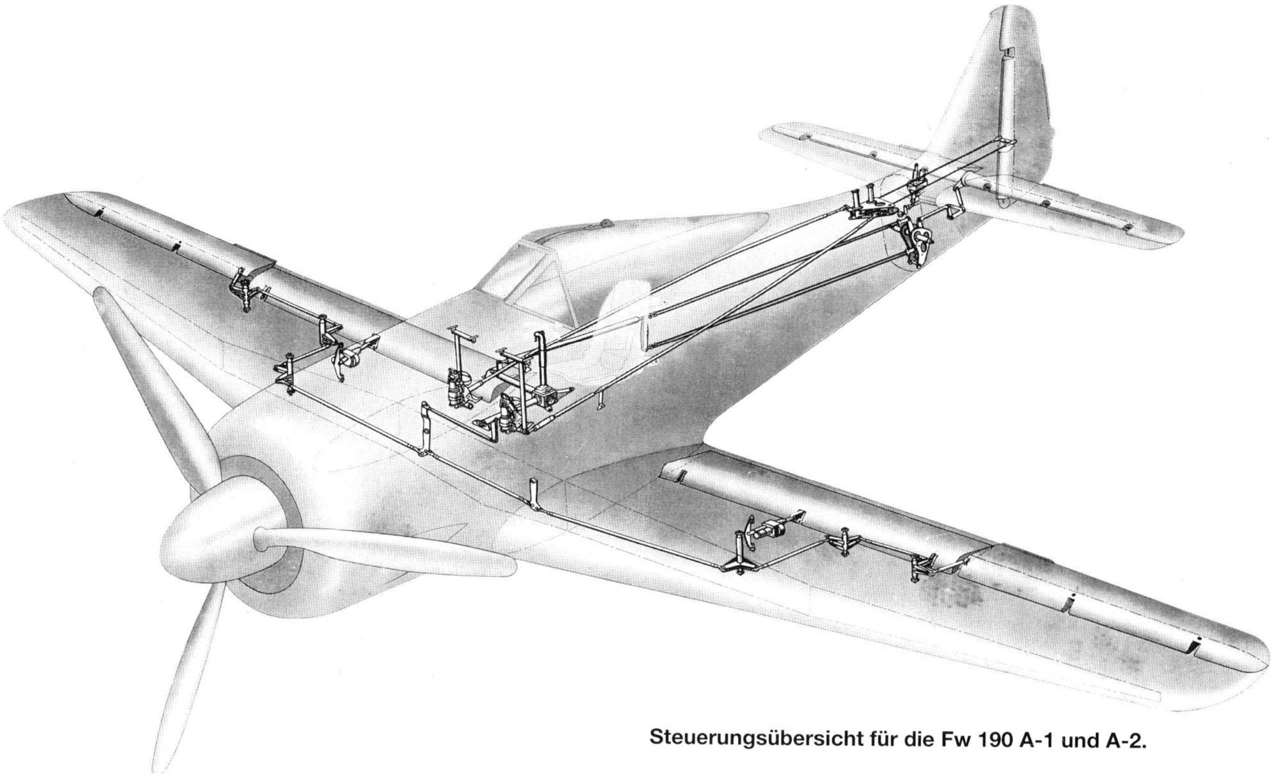

Steuerungsübersicht für die Fw 190 A-1 und A-2.

Eine Fw 190 A-4 einer unbekannten Schulstaffel in Frankreich, 1944.

Diese Fw 190 A-4 gehörte zur 10. Staffel des JG 1. (Bundesarchiv)

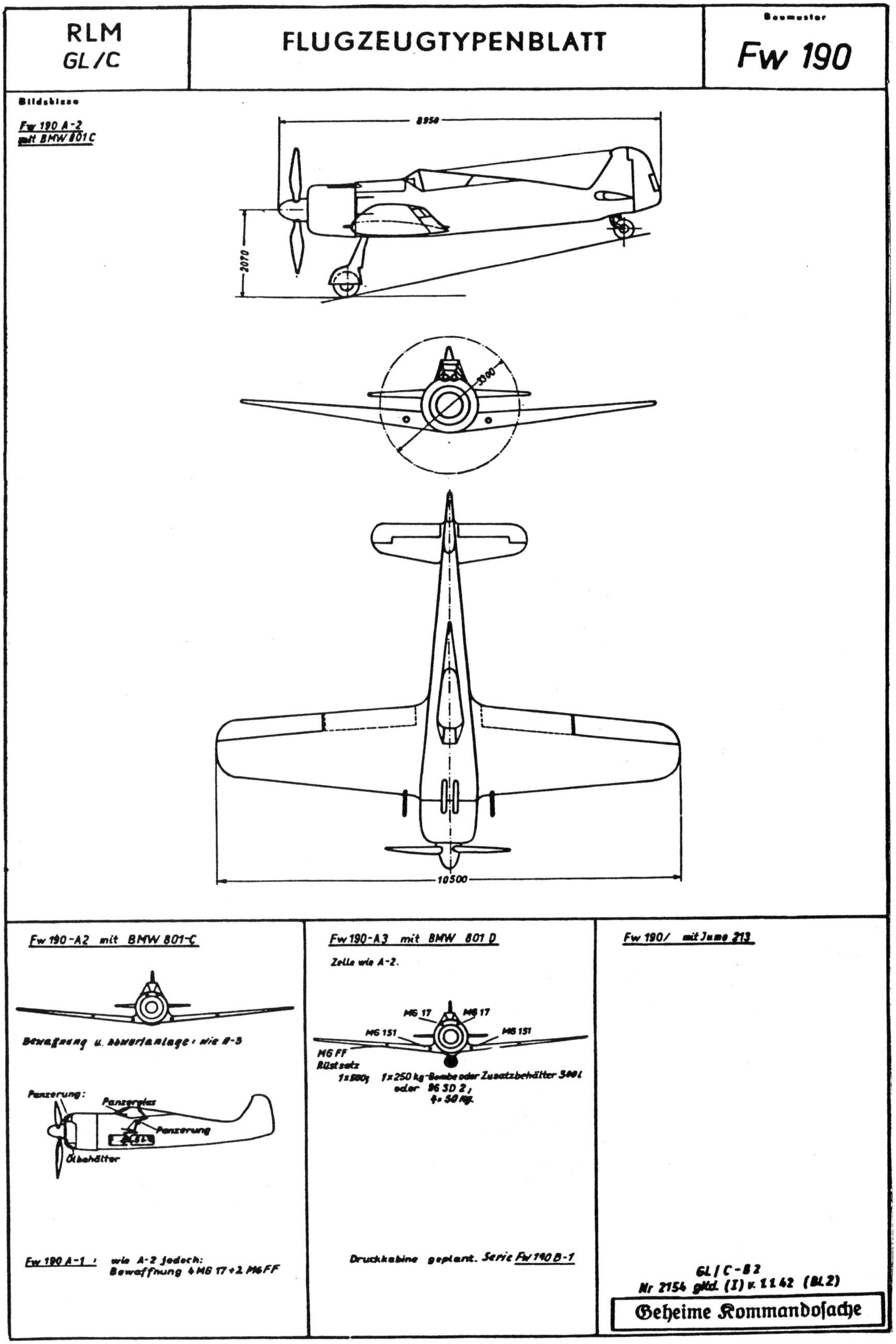

Das RLM-Typenblatt von 1942 zeigt sowohl die Fw 190 A-2 als auch die Ausführung A-3. Es erwähnt auch die geplante Ausführung mit Jumo 213.

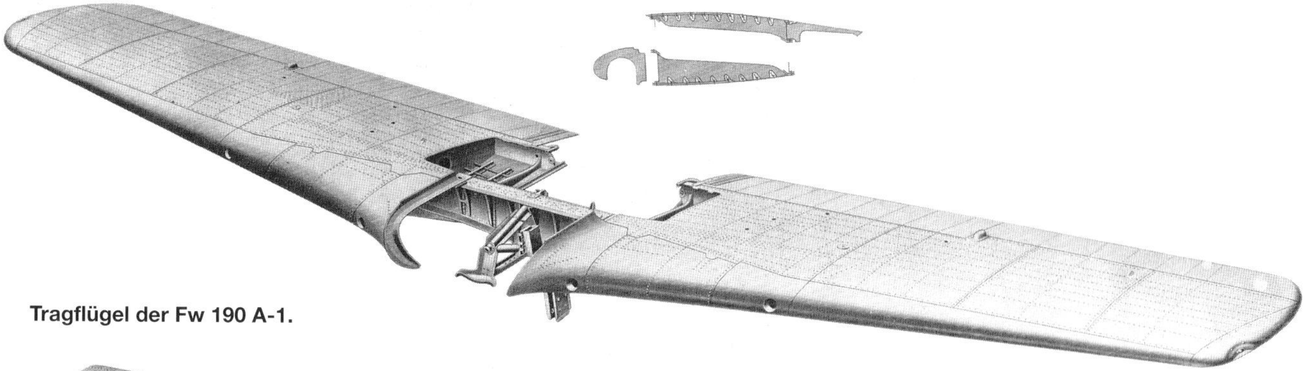

Tragflügel der Fw 190 A-1.

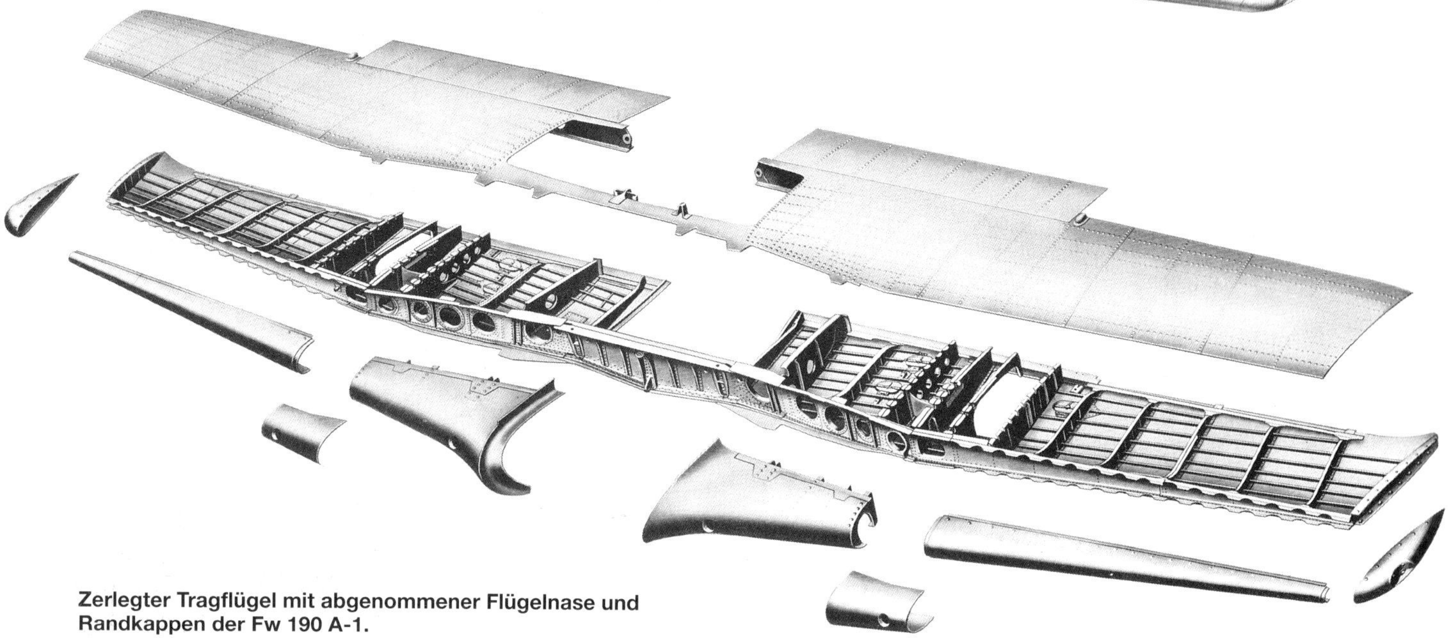

Zerlegter Tragflügel mit abgenommener Flügelnase und Randkappen der Fw 190 A-1.

Nahaufnahme der MK 108, deren 30-mm-Geschosse selbst alliierte B-17 oder B-24 schon mit zwei oder drei Treffern zum Absturz bringen konnten.

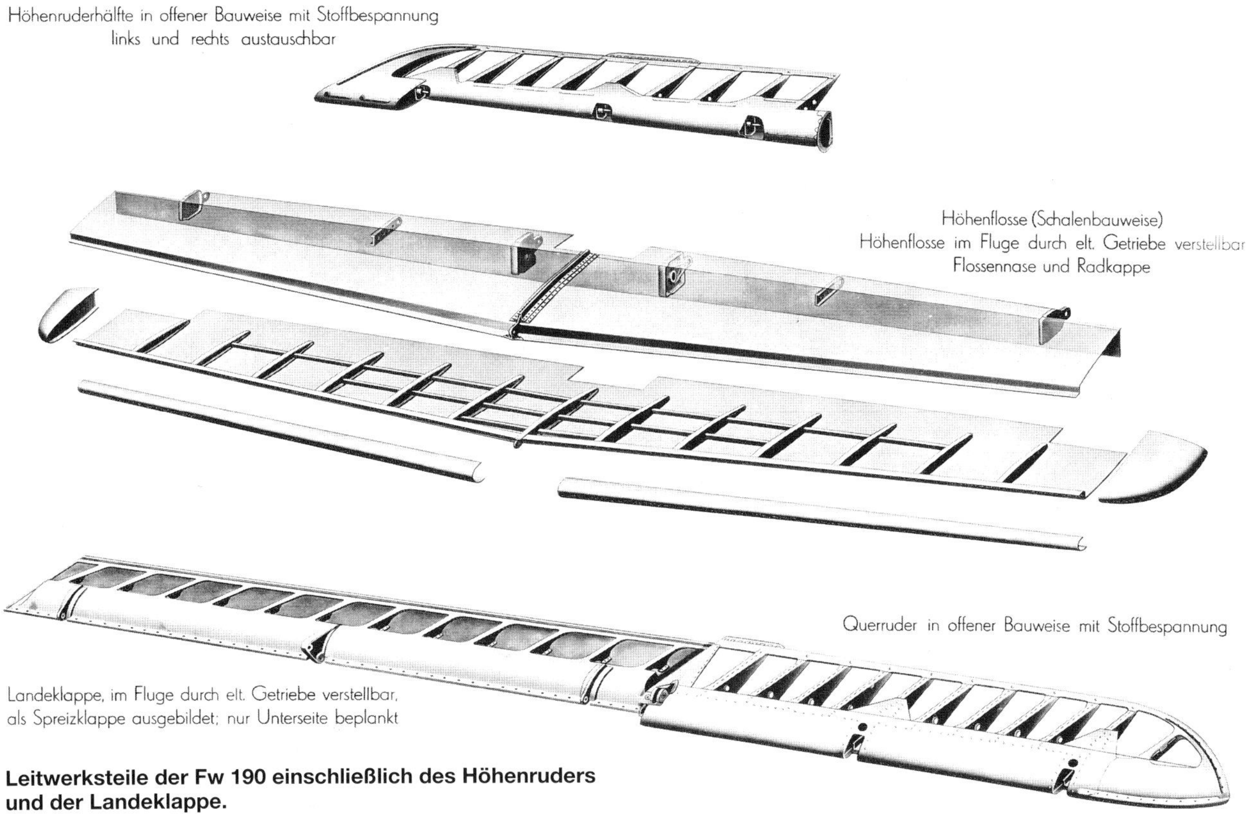

Leitwerksteile der Fw 190 einschließlich des Höhenruders und der Landeklappe.

Attrappenmäßiger Einbau einer fernbedienten Robot-Kamera.

Eine Fw 190 A-5 des JG 54 im harten Winter 1942/43. (Bundesarchiv)

Wartung der Rohrbewaffnung einer Fw 190 A-5.

Zum Gruppenstab der I./JG 51 gehörten diese bei Welikije-Luki eingesetzten Fw 190 A-5. (Bundesarchiv)

Provisorischer Karren zur leichteren Anbringung des 300-l-Abwurftanks bei der Fw 190 A-6.

Aufmunitionierung einer Fw 190 A-4 mit ausgebauter Flächenbewaffnung beim Jagdgeschwader 2, Frühjahr 1943. (Bundesarchiv)

newitz nach. Waffentechniker verglichen die MK 103 (Gewicht: 250 kg, Kaliber 3 cm, Kadenz 420 S/min) mit der MK 108 (214 kg, Kaliber 3 cm, Kadenz 500 bis 600 S/min). Als MK-103-Versuchsflugzeug diente die Fw 190 V68 (WerkNr. 170003). Sie entsprach der Bauausführung F-16 und entstand durch den Umbau der Fw 190 V53. Der am 7.09.1943 vorgelegte Bericht ergab:

Bei einer Munitionsausstattung für 20 Sekunden Dauerfeuer wurden bei Kampfentfernungen zwischen 1000 und 400 m beim Angriff mit der MK 108 (von hinten) mehr, bei einem Angriffswinkel von 15° mit beiden Waffen gleich viele und bei einem Angriffswinkel von 60° mit der MK 108 weniger Treffer erzielt als mit der MK 103.

Bei Angriffswinkeln bis zu 15° war die MK 108 aufgrund der höheren Schußfolge und der damit verbundenen kürzeren Schußdauer der MK 103 also eindeutig überlegen.

Der Vergleich zweier MK 108 mit einer MK 103 ergab außerdem, daß bei einer Kampfentfernung von 1000 m und einem Angriffswinkel von 60° die beiden MK 108 mehr Treffer erzielten als die MK 103. Die notwendige Feuerdauer war zudem um etwa 70% geringer.

Leutnant Lindemann von der IV./JG 1 flog die »Weiße 11« mit der »schwarzen Katze«; eine Fw 190 A-4.

Hauptmann Walter Nowotny (später Major), Gruppenkommandeur der I./JG 54, erzielte 258 Luftsiege; hier die von ihm geflogene Fw 190 A-6. (Bundesarchiv)

Die gestaffelten Pulks der B-17-Bomber der 8. USAAF waren für die Kolbenjäger der Luftwaffe eine harte Nuß.

Seitenansicht der Fw 190 A-6 mit der WerkNr. 530827 (Ago-Produktion). Die Rumpfbewaffnung trug den modernen gegnerischen Maschinen Rechnung und bestand nun aus zwei 13-mm-MG 131.

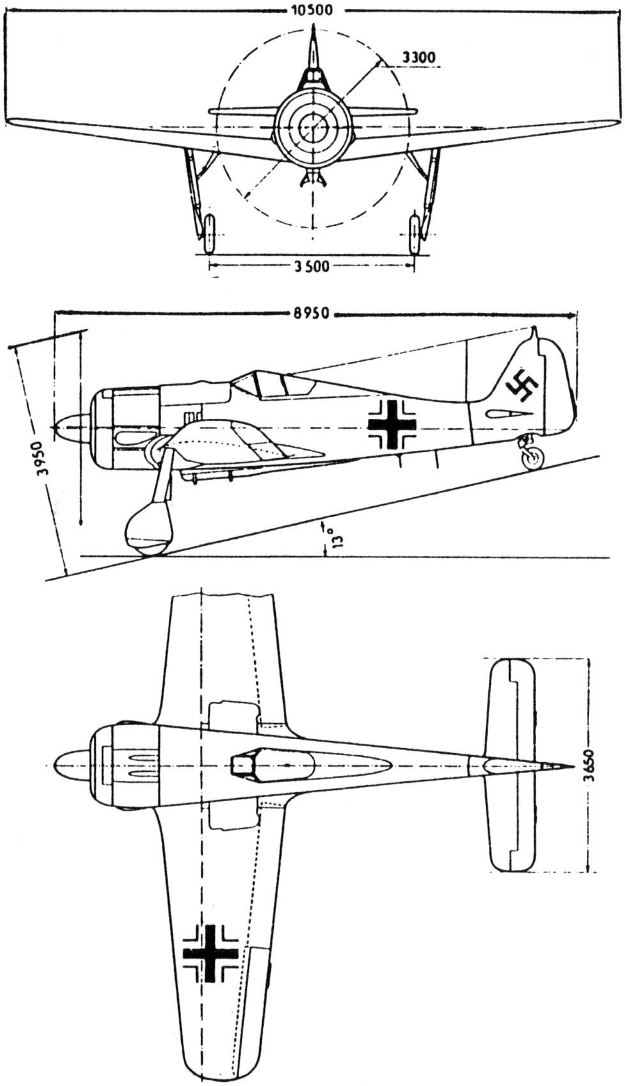

Flugzeugübersicht der Fw 190 A-7 bis A-9 gemäß den allgemeinen Angaben im Flugzeughandbuch (Ausgabe Juni 1944).

Da die Produktion der MK 108 infolge der Blechprägetechnik wesentlich einfacher und zeitsparender ausfiel, ließ sich in Sachen Rohrbewaffnung absehen, daß es vorläufig beim MG 151/20 und der MK-108-Kurzrohrkanone bleiben würde.

Bereits damals zeichnete sich der Einbau einer weit effektiveren Rohrbewaffnung ab. Im Sommer 1942 hatte die Firma Mauser unter Federführung von Dipl.-Ing. Lindner mit der Konzeption der wohl

Die X-4-Versuchsanlagen wurden versuchsweise bei der Fw 190 F-9 getestet, deren Umbau in Gütersloh erfolgte.

fortschrittlichsten Bordkanonen des Zweiten Weltkrieges begonnen, der MG 213 C (2 cm) und der MK 213 (3 cm), deren theoretische Schußfolge bei 1500 beziehungsweise 1700 Schuß/min lagen. Es handelte sich um moderne Revolverkanonen mit fünfschüssiger Zuführungstrommel. Die Einbauunterlagen für diese Waffen wurden dem nach Bad Eilsen ausgelagerten Konstruktionsbüro der Focke-Wulf Werke am 24.06.1944 übergeben. Bis Kriegsende wurden von diesen Waffen lediglich sieben Musterstücke hergestellt, von denen nur eine in Tarnewitz in eine Bf 110 eingebaut und auch im Fluge erprobt wurde. Infolge der Schußleistungen hätten aus 250 bis 500 m Entfernung verschossene Granaten mit 95%iger Sicherheit zum Abschuß eines viermotorigen Bombers führen müssen. Diese Waffenwirkung lag somit bereits nahe an den auch für die Fw 190 geplanten nachsteuerbaren Luft-Luft-Raketen, beispielsweise der Kramer X-4, dem Gerät 8-344.

Bis Mitte August 1944 waren zumindest zwei Fw 190 F-9 mit zwei ETC 71 für die Mitführung von zwei einzelnen X-4 ausgerüstet worden. Die Maschinen stellten einen Umbau der Baureihe Fw 190 A-8 dar. Der erste Erprobungsträger war am 11.08.1944 in Gütersloh flugklar geworden und besaß eine Lenkeinrichtung, die aus dem FuG 520 bestand. Eine weitere Mustermaschine ging bereits am 25.08.1944 während der Erprobung zu Bruch. Bis Januar 1945 wurden außer der Fw 190 V69 und V70, vermutlich noch drei Maschinen (WerkNrn. 583431, 583438 und 584221) mit einer X-4-Abschußanlage fertiggestellt.

Bei der X-4 handelte es sich um eine moderne Luft-Luft-Rakete. Für die geplante Serienfertigung war an das akustische Zielsuchgerät »Dogge« gedacht, welches auf fremde Motorengeräusche reagierte und in etwa 7 m vor dem Ziel die im Bug untergebrachte 20-kg-Explosivladung zündete. Dies genügte, um einen viermotorigen Bomber zum sofortigen Absturz zu bringen. Die praktische Erprobung erfolgte in Karlshagen bei Peenemünde ab dem 12.08.1944. Nach Abwürfen von triebwerkslosen X-4 im September 1944 von einer Fw 190, wurden weitere Projektile von einer Ju 88 S-1 (VL+KY) sowie einer Ju 88 G-1 (GF+KC) abgeworfen oder verschossen. Bis zum 26.12.1944 kam es zu insgesamt 90 Tests.

Die Kramer X-4 gehörte schließlich zu den Flugzeugbewaffnungen, deren Entwicklung Anfang 1945 fast vollständig beendet war, deren Serienfertigung aber infolge ihrer Aufwendigkeit nicht mehr wie geplant anlaufen konnte. Da die verbliebenen Kapazitäten recht begrenzt waren, wurde noch die Verwendung von vier X-4 unter den Flächen der Me 262 A-1a vom Chef TLR befürwortet. Für die Ausrüstung auch der Fw 190 schien die zu erwartende Ausbringung bereits zu gering.

Die Versuchsmuster Fw 190 V78 bis V80 waren im Oktober und November 1944 mit Abschußvorrichtungen für die damals als fortschrittlich angesehenen Raketen R 50 BS und R 100 BS (und MS) ausgerüstet worden. Die damit ausgerüsteten Fw 190 sollten über das moderne kreiselstabilisierte Visier EZ 42 und die sogenannte »Oberon-Anlage« (anstatt der Lenkgeräte »Faun« und »Elfe“) verfügen. Dieses System hätte die automatische Schußauslösung der Projektile ermöglicht, sobald das anvisierte Ziel auf Schußentfernung heran war. Ähnliche Versuche wurden auch mit der Me 262 A-1a durchgeführt. Ziel war es in beiden Fällen, aus

Steuerung für die beiden unter den Flächen mitzuführenden X-4 Luft-Luft-Raketen im Cockpit des ersten Musterflugzeugs, der Fw 190 V69 (GO+KJ).

Sturmjäger der IV.(Sturm)/ JG 3. Der Flugzeugführer ist Fahnenjunker Willi Unger, dessen A-8 mit einem nach hinten gerichteten Werferrohr ausgerüstet war. Der später zum Leutnant beförderte Unger schoß 19 viermotorige Bomber ab.

Im August 1944 wurden die Werferrohre bei der IV. Sturmgruppe wieder demontiert.

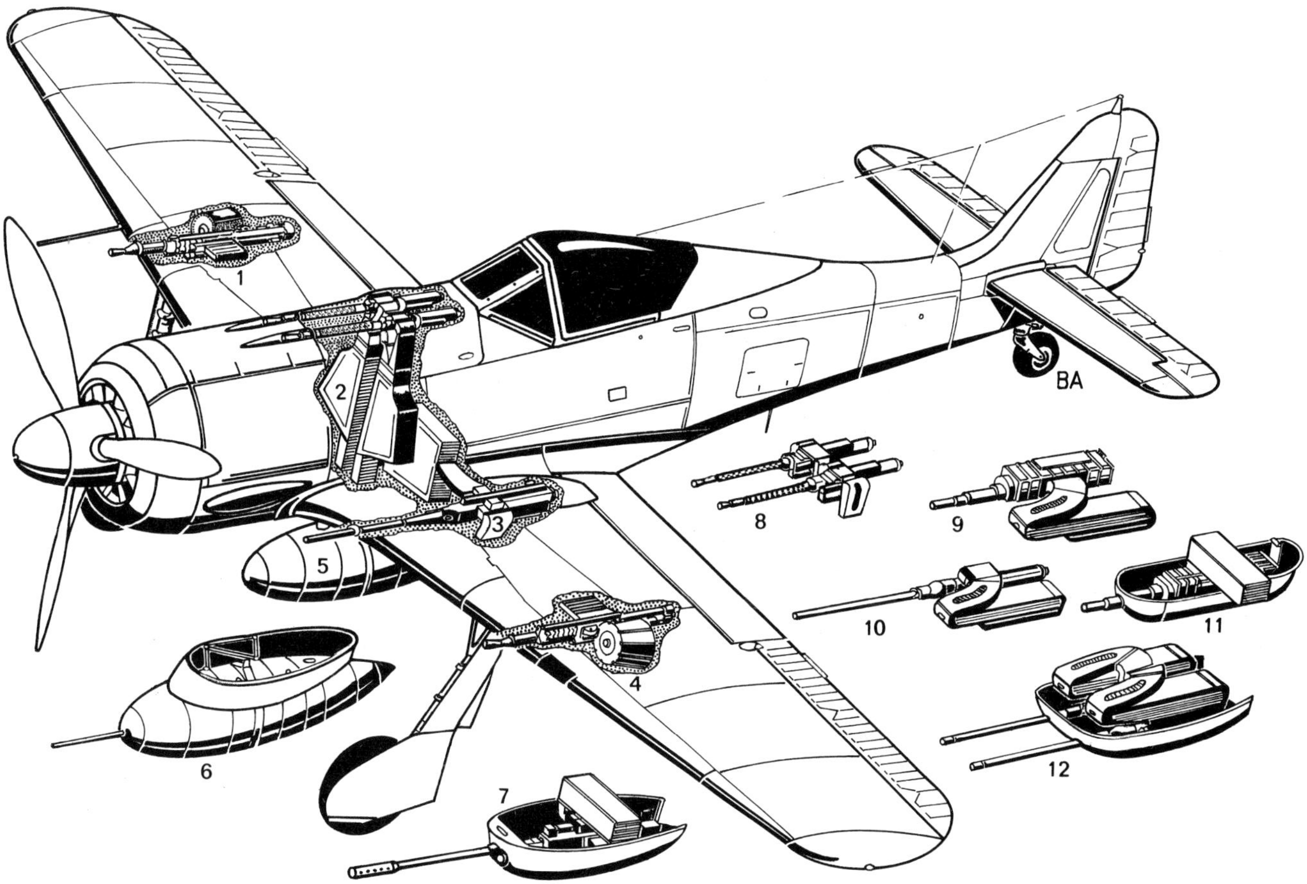

Die Rohrbewaffnung der Fw 190 A, C, F und G:

1,4 2-cm-MG FF (Fw 190 bis Ausführung A-5)
2 7,92-mm-MG 17 (Fw 190 bis Ausführung A-6, bis F-5 und S-5)
3 2-cm-MG 151/20 (Fw 190, nahezu alle Ausführungen)
5 300-l-Abwurfbehälter am ETC 501
6 300-l-Abwurfbehälter mit JFM-Verkleidung
7 3-cm-MK 103 (Fw 190 A-5 bis A-9/R3, ab F-4/R3)
8 13-mm-MG 131 (Fw 190, ab A-7 und ab F-6)
9 3-cm-MK 108 (Fw 190 A-6 bis A-9/R2, R8, R11 und R12)
10 2-cm-MG 151/20 (Fw 190, ab A-5/R11 div. Varianten)
11 3-cm-MK 108 (Fw 190, nur Versuchsbauten erstellt)
12 2 × MG 151 (Kaliber 15 mm; Fw 190 ab A-6/R1, nur Musterbauten)

etwa 1000 m Kampfentfernung eine Waffe zum Einsatz zu bringen, welche eine ausreichend große Splitterwirkung/Gasschlag entfaltet hätte, um auch ein schweres Kampfflugzeug außer Gefecht zu setzen. Außer Musterstücken der R 100 wurde ein Auftrag über 500 R-100-BS-Serienmuster erteilt, von denen bis zur Einstellung der Produktion jedoch nur etwa 25 fertiggestellt werden konnten.

Die Erprobung der ebenfalls in der Planung befindlichen R 50 BS wurde zunächst zurückgestellt, da die Waffenwirkung nicht ausreichend erschien und dann am 6.02.1945 auf Befehl von SS-Gruppenführer Dr. Kammler ganz eingestellt.

Nachdem weder die Revolverkanone noch die Luft-Luft-Raketen bis Anfang 1945 – aus welchen Gründen auch immer – für die Fw 190 A und D sowie die diversen Baureihen der Ta 152 zur Verfügung standen, blieb es bis zur völligen Aufgabe der Produktion beim Einbau der lange erprobten MG 151, MK 103 sowie der neu hinzugekommenen MK 108.

5. Die Fw 190 in England

Der britische Geheimdienst wollte sich im Juli 1942 eines der brandneuen Fw-190-Jagdflugzeuge beschaffen. Für ein derartiges Entführungsvorhaben boten sich die Flugplätze an der Kanal- bzw. Atlantikküste geradezu an (besonders das Gebiet um Cherbourg). Der Plan war eigentlich ganz simpel: ein Testpilot der Supermarine-Flugzeugwerke namens Jeffrey Quill sollte nach Nordfrankreich eingeschleust werden, sich einer Fw 190 bemächtigen und damit in britische Gefilde entschwinden.

Das brauchte er nicht: Eine Fw 190 A-3 (WerkNr. 130313) mit BMW 801 D-1 landete am 23.06.1942 unerwartet in England. Die Maschine gehörte zur 7. Staffel des Jagdgeschwaders 2 »Richthofen«, die auf dem Flugplatz Morlaix stationiert war. Sie trug die taktische Kennung eines Gruppen-Adjutanten der III./JG 2, wurde von Oberleutnant Armin Faber geflogen und unbeschädigt im »perfiden Albion« aufgesetzt.

Freilich nicht aus Liebe zu Churchill: Am Abend jenes 23. Juni hatte sich Faber an einem heftigen Luftkampf mit »Spitfires« einer polnischen Jagdeinheit über Südengland beteiligt. Ein Flugzeugführer der dritten Gruppe hatte dabei einen gegnerischen Piloten abgeschossen. Ob aus Freude über diesen Erfolg oder noch verwirrt von den hektischen Kurvereien mit den Polen – der deutsche Oberleutnant verlor ganz und gar die Orientierung, verwechselte den Bristol Channel mit dem Ärmelkanal, glaubte sich über dem heimischen Morlaix und rollte schließlich auf dem Flugplatz Pembry in Süd-Wales aus. Ehe Faber seinen Irrtum bemerkte und rückgängig machen konnte, hatten ihn die Briten am Wickel (kein Einzelfall: Die höflichen Engländer revanchierten sich bei Gelegenheit mit Gegengeschenken ihrer Flugzeuge).

Die deutsche Maschine wurde vom Royal Aircraft Establishment (RAE) gleich mit den üblichen englischen Tarnfarben angepinselt. Auf die Flächenun-

Diese Spitfire (T9+FK) kam beim »Circus Rosarius« als Anschauungsobjekt zum Einsatz.

Kurz nach Beginn der Invasion: die P 51 D-5 NA »Fool's Paradise IV« auf einem Flugfeld in Frankreich.

terseiten kam der Kreis mit dem gelben »P« (für »prototype«, Versuchsmuster). Dermaßen geschminkt wurde das Erzeugnis »Made in Germany« als MP 499 eingehend untersucht, ehe Wing Commander (Oberstleutnant) H. J. Wilson am 3.07.1942 einen ersten Flug wagte.

Nach rund neun Flugstunden konnte er die Maschine am 13.07.1942 in Duxford den Vertretern des Air Ministry (Luftfahrtministerium) im Stand sowie im Flug vorführen. Wenige Tage später, am 22.06.1942, fand eine längere Luftkampfübung mit einer »Spitfire« Mk. IX statt, dann dienten eine neue »Spitfire« mit Griffon-Triebwerk und eine »Typhoon« als Sparringspartner. Es schlossen sich Vergleiche an, bei denen die Fw 190 gegen die amerikanischen P-51A »Mustang« und P-38 »Lightning« antrat. Die Vergleichsflüge mit den angloamerikanischen Konkurrenten ergaben folgendes Bild:

Fw 190 A-3 gegen Supermarine »Spitfire« Mk. VB

Die Fw 190 A-3 hängte die Spitfire Mk VB in fast allen Höhen mit mindestens 30 km/h Geschwindigkeitsvorsprung ab. Im einzelnen: Die Geschwindigkeitsdifferenz in Bodennähe betrug in 300 m bis zu 48 km/h und in 900 m bis zu 56 km/h. Zwischen 1500 m und 6500 m Flughöhe wurde ein Geschwindigkeitsüberschuß zwischen 32 und 48 km/h gemessen. Je nach Flugmasse variierte die höhere Geschwindigkeit des Focke-Wulf-Jägers in 7750 m zwischen 30 und 60 km/h.

Bei der Messung der Steiggeschwindigkeit

Diese Fw 190 G wurde mit einer 500 kg Abwurflast für den Einsatz über dem Invasionsraum bestückt. (Bundesarchiv)

schnitt die Fw 190 A-3 in der Regel um 2,5 m/s besser als die »Spitfire« Mk. VB ab. Auch beim Bahnneigungs- und Sturzflug ging die deutsche Maschine als Sieger hervor. Die Fw 190 konnte sich mit einer gewissen Leichtigkeit dem Luftkampf mit den »Spitfires« entziehen. Auch im übrigen Flugverhalten überzeugte die Fw 190. Lediglich beim Fliegen relativ enger Kurven hatte die »Spitfire« die Nase vorn. Dagegen fielen die Beschleunigungswerte der Focke-Wulf eindeutig besser aus.

Fw 190 A-3 gegen North-American P-51 A

Auch gegen die P-51 A »Mustang IA«, welche die RAF als sogenannten »Gewaltaufklärer« einsetzte, flog die Beutemaschine. In Höhen bis etwa 3000 m und über 5000 m zeigte sich die Focke-Wulf als leicht überlegen. In mittleren Höhen zwischen 3000 und 5000 m war die P-51 A dagegen um 20 bis 25 km/h schneller. Der Vergleich der Steigflugeigenschaften fiel zugunsten der Fw 190 A-3 aus. Auch in Sachen Manövrierfähigkeit konnte sich der deutsche Jäger durchsetzen. Im Kurvenkampf hing er der »Mustang« dagegen deutlich hinterher.

Fw 190 A-3 gegen Lockheed P-38 F

Gegen die als Fernaufklärer eingesetzte »Lightning« zeigte sich die Fw 190 A-3 erst in Höhen ab 7000 m überlegen; dann aber sowohl in der Horizontal- als auch in der Steig- und Sturzgeschwindigkeit. Außerdem beschleunigte sie besser.

Fw 190 gegen Supermarine »Spitfire« Mk IX

Die mit einem Merlin Mk-61-Reihenmotor mit zweistufigem Lader ausgerüstete »Spitfire« Mk IX war im Sommer 1942 gerade erst bei den britischen Einsatzverbänden eingetroffen. Um so interessanter fiel für die englischen Spezialisten daher der Vergleich mit der Fw 190 aus. Überraschenderweise unterschieden sich beide Maschinen in den Steig- und Horizontalgeschwindigkeiten bis auf eine Höhe von etwa 6700 m kaum. In größeren Höhen wurde – infolge des zusätzlichen Laders –

die Überlegenheit der »Spitfire« sichtbar. Dagegen konnte sich die Focke-Wulf im Sturzflug dem Luftkampf mit der »Spitfire« Mk IX leicht entziehen, zumal sie im Kurvenkampf etwas unterlegen war.

Fw 190 A-3 gegen Hawker »Typhoon«

Dieser Flugvergleich brachte keine verläßlichen Erkenntnisse mehr: Der BMW-801-Motor durfte nach all den vorhergegangenen Schikanen nicht mehr zu hoch beansprucht werden. Außerdem bestanden auch bei der »Typhoon« zu jener Zeit noch Bedenken hinsichtlich der strukturellen Belastbarkeit. Trotz allem ließen die bislang gewonnenen Daten einige Schlüsse zu. So rechnete man in England mit einer leichten Überlegenheit der Hawker »Typhoon«, insbesondere bei der erreichbaren Horizontalgeschwindigkeit und im Sturzflug. Die Fw 190 schien dagegen weiterhin im Steigflug zu dominieren. Das allgemeine Flugverhalten wäre, so die englischen Ingenieure, wohl gleich ausgefallen.

Ein britischer Wing Commander beurteilte die Beutemaschine am 9.08.1942 mit den Worten:

Ein britischer Wing Commander beurteilte die Beutemaschine am 9.08.1942 mit den Worten: *»Die Flugeigenschaften sind außergewöhnlich gut, und ein Pilot, der das Flugzeug kennt, fühlt sich in der Luft in wenigen Minuten mit der Maschine vertraut.«* Als einzige erfolgversprechende Taktik gegen Fw 190-Verbände konnte er nur den schnell durchgeführten, überraschenden Angriff nennen, da die Fw-190-Piloten den Luftkampf jederzeit abbrechen konnten, da sie im Sturzflug schneller als ihre Gegner waren. Der letzte bekannte Flug der Fw 190 A-3 fand am 29.01.1943 statt. Hinter dem Steuerknüppel saß Flight Lieutenant (Hauptmann) Robertson. Ab dem 18.09.1943 wurde die Maschine endgültig stillgelegt und für Detailuntersuchungen verwandt.

Noch drei weitere Fw 190 (sie gehörten alle zur Baureihe A-4/U8) landeten 1943 in England. Am 16.04.1943 sollte Feldwebel Otto Bechtold von der II. Gruppe des Schnellkampfgeschwaders 10 mit einer 250 kg schweren Abwurflast nächtens ein Ziel im Londoner East End angreifen. Nachdem er sich der beiden Abwurfbehälter vor der Küste Kents entledigt hatte, muß er wohl die Orientierung verloren haben, da er etwa 40 Minuten lang in nördlicher Richtung weiterflog. Nachdem die Fw 190 von Scheinwerfern erfaßt worden war, löste Bechtold auch seine Bombe aus und drehte ab. Nachdem der Flakbeschuß aufgehört hatte und er mehrere Scheinwerfer entdeckt hatte, glaubte er wieder in Frankreich zu sein: Gegen 01.00 Uhr landete er auf dem RAF-Flugplatz West Malling. Nach zahlreichen Erprobungsflügen stürzte die mit der Serialnummer PE 882 versehene Maschine am 13.10.1944 bei Stamford ab.

Die zweite der in England erprobten A-4/U8 (WerkNr. 7155) landete am 20.05.1943 und gehörte zur I./SKG 10. Der Pilot des »Jabo-Rei/N«, Unteroffizier Heinz Ehrhardt, hatte nach einem Angriff auf London ebenfalls die Orientierung verloren und verwechselte die Küste von Kent mit der französischen Seite des Kanals. Statt auf dem Rollfeld von St. Omer setzte er seine Maschine (WerkNr. 5843) in Manston auf. Die Focke-Wulf wurde wieder bei der RAE erprobt und absolvierte schließlich am 31.01.1945 einen letzten Flug bei der Enemy Aircraft Wing. Am 1.11.1945 wurde das Flugzeug eingemottet.

Die dritte und letzte unbeschädigt in England gelandete Fw 190 A-4/U8 traf am 20.06.1943 ein. Die »Weiße 6« der I./SKG 10 trug die WerkNr. 2596 und wurde von Unteroffizier Werner Ohne gesteuert. Infolge einer defekten Funkanlage fand sich der Flugzeugführer bei der RAF in Manston wieder. Die A-4/U8 wurde bei der RAE ab dem 2.07.1943 getestet und im Sommer 1944 als Ersatzteillieferant für die übrigen erbeuteten Fw 190 genutzt.

6. Fw 190 – Der Nachtjäger

Spätestens mit dem schweren Luftangriff auf Hamburg in der Nacht zum 25.07.1943 sank die Hoffnung der deutschen Luftwaffenführung, eine Wende im Luftkrieg über Deutschland herbeizuführen. Die nächtlichen Einflüge der Royal Air Force hatten an Zahl und Umfang stetig zugenommen, verbesserte viermotorige Nachtbomber und schnelle Pfadfinderflugzeuge mit Navigationsradar H2S operierten am nächtlichen Himmel. Gleichzeitig war es dem Gegner gelungen, die deutschen Funkmeßgeräte zu stören, die »Himmelbett-Führung« war ebenso vereitelt geworden wie das mittels Radar gelenkte Abwehrfeuer der Flak. Darüberhinaus konnten auch die Nachtjäger-Besatzungen den Gegner nicht fassen, da ihre Suchgeräte ebenso gestört wurd. Hinter den vom Himmel regnenden Stanniolstreifen (»Düppel«) konnten die englischen Bomberverbände für einige Zeit nahezu unangetastet operieren.

Für schnelle Abhilfe sollte die ungeführte einsitzige Nachtjagd sorgen. Gerade vor und über dem angegriffenen Zielraum waren die englischen »Lancaster« und »Halifax« relativ wehrlos, da der Zielanflug präzise sein mußte. Falls nun die Wolkendecke durch Flakscheinwerfer angeleuchtet war, zeichneten sich die Silhouetten der Bomber ab, so daß auch Tagjäger zum Schuß kommen konnten. Um die einsitzigen Jagdflugzeuge zum Einsatzraum zu leiten, wurde laufend der Standort sowie der augenblickliche Kurs des Gegners vom Lagezentrum übertragen. Gleichzeitig sollte ein optisches Führungssystem (Scheinwerfer, Leuchtsignale etc.) aufgebaut werden, um den Jägern nach dem Einsatz wieder den Weg zu den Landeplätzen zu weisen.

Die Organisation und Einsatzplanung der hellen Nachtjagd wurde am 26.09.1943 im Reichsjägerhof in Grundzügen entwickelt. Oberstleutnant Hajo Herrmann trug dem Oberbefehlshaber der Luftwaffe seine Gedanken über den Einsatz der einsitzigen

Eine Fw 190 A-8 der II.(Sturm)/JG 300 im Oktober 1944.

Die Fw 190 A-7 von Unteroffizier Oskar Bösch im Frühjahr 1944.

Nachtjäger vor. Die wesentlichsten Ausführungen und Forderungen von Hajo Herrmann sollen hier im Wortlaut wiedergegeben werden:

1. *Es soll die Aufstellung der Jagdgeschwader 300, 301 und 302 erfolgen. In jedem der Geschwader sollte möglichst innerhalb von zwei Monaten eine Stammgruppe, die mit eigenen Flugzeugen ausgerüstet sein wird, zur Verfügung stehen.*
   Im weiteren Verlauf sollten auch die übrigen Gruppen der drei Geschwader eine eigene Flugzeugausrüstung erhalten, so daß die Organisation der einmotorigen Objekt-Nachtjagd von der Tagjagd flugzeugmäßig unabhängig werden würde. Nach der Aufstellungsphase könnten diese Maschinen auch bei Großeinflügen bei Tage zum Einsatz gelangen.

2. *Die von Oberstlt. Herrmann geführten Verbände sollten dem Luftwaffenbefehlshaber Mitte unmit-*

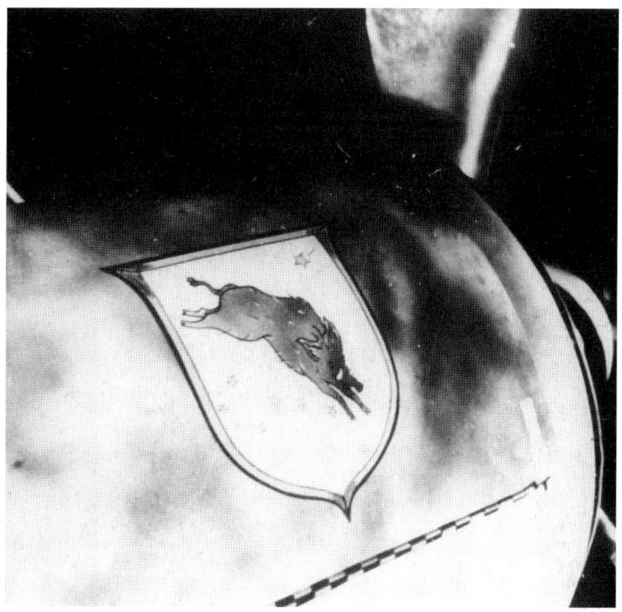

Das Emblem der »Wilden Sau« stand für die einmotorige Nacht- und Schlechtwetterjagd.

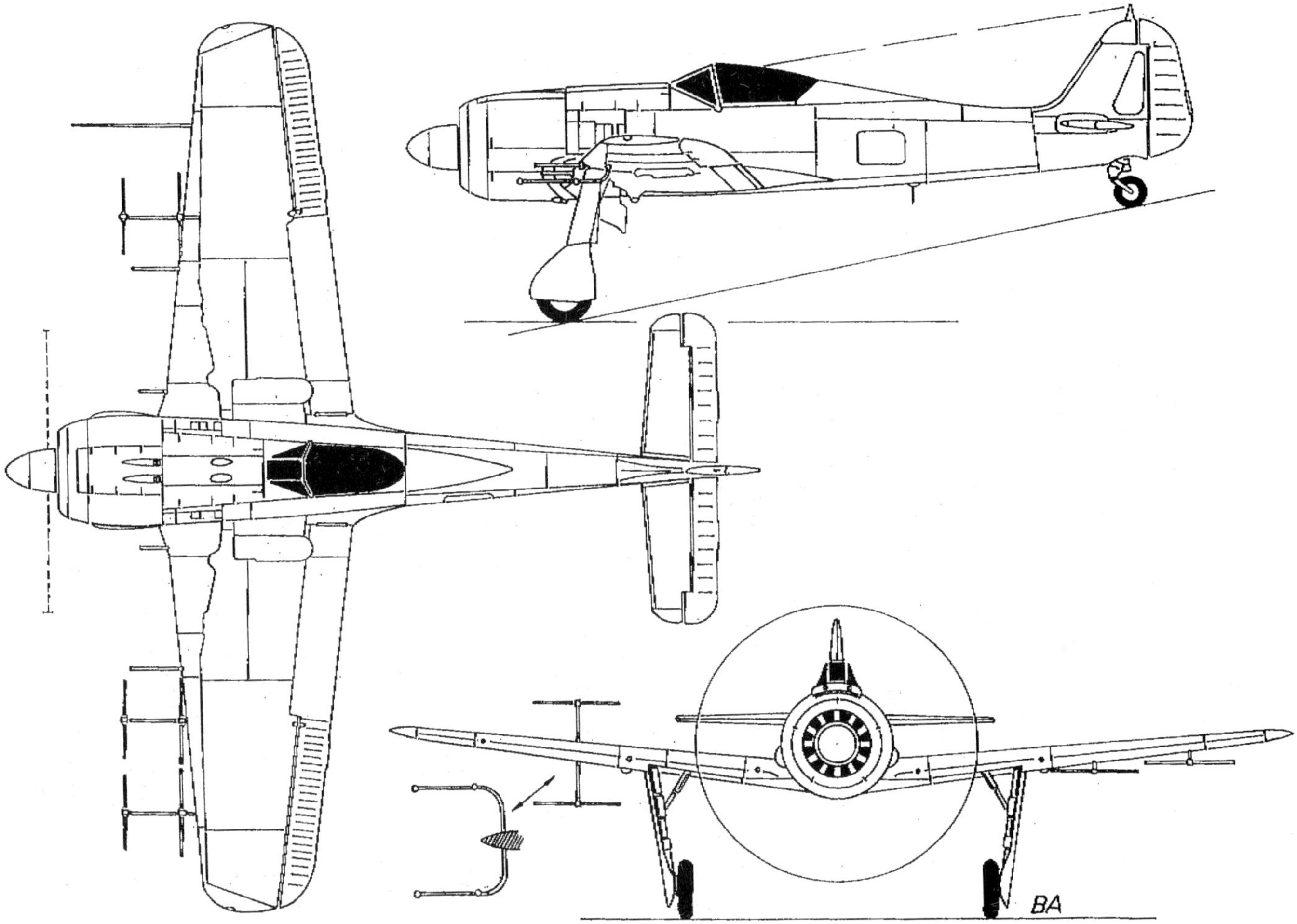

Dreiseitenansicht der Fw 190 A-6/R11, ein einmotoriger Nachtjäger mit FuG 217 »Neptun«-Suchgerät. Maschinen dieses Typs kamen versuchsweise bei der 1. Staffel der Nachtjagdgruppe 10 zu Einsatz.

telbar unterstellt und eine entsprechende Jagddivision aufgebaut werden. Die Jagdgeschwader 300 bis 302 sowie die ferner notwendigen Beleuchtergruppen sind zweckmäßiger Weise direkt von Hajo Herrmann zu führen.

3. Als Einsatzräume sind vorzusehen: Ein Geschwader mit der Stammgruppe im Raum Berlin-Leipzig-Magdeburg und die beiden übrigen Gruppen nördlich und nordwestlich dieses Raumes. Das zweite Geschwader mit seiner Stammgruppe in Bonn-Hangelar und die weiteren Gruppen nördlich und südlich. Das dritte Geschwader mit der Stammgruppe sowie eine zusätzliche Gruppe im Raum München-Augsburg-Nürnberg und die dritte Gruppe im Großraum Wien.

4. Als Ausbildungsstätte soll die Jagdfliegerschule in Altenburg schnellstmöglich mit der Ausbildung des Besatzungsnachwuchses für die einmotorige Nachtjagd beginnen.

5. Die drei Geschwader sollten inspektions- und waffenmäßig vom General der Jagdflieger betreut werden.

Der mit »Neptun III J« ausgerüstete allwettertaugliche Jäger von Oberfeldwebel Migge.

Hiernach ließ Göring einen entsprechenden Befehl von General Kammhuber entwerfen, der die endgültige Organisation, die Führung des Einsatzes und die Unterstellung der »hellen Objektschutzjagd«, eben der »Wilden Sau«, bis in alle Einzelheiten festlegte. Er befahl unter anderem, die Verfahren »Zahme Sau« und »Wilde Sau« zu einer Einheit zu verschmelzen. Auch in den Bereichen, in denen keine Einflüge englischer Nachtbomber gemeldet waren, sollten alle verfügbaren Kräfte zusammen mit den einmotorigen Nahnachtjägern an den Bomberstrom herangeführt werden und, solange es die Treibstoffvorräte zuließen, angreifen. Das Idealziel war die Verfolgung bis zum Kanal.

Die Aufstellung des ersten Verbandes erfolgte bereits im September 1943. Die I. und III. Gruppe des JG 300 erhielten die Bf 109, während die II./JG 300 mit der Fw 190 A ausgerüstet wurde. Ab 1944 erfolgte eine Änderung bei der Gliederung der Gruppen; von nun an sollte jede Gruppe aus vier Einsatzstaffeln bestehen. Außerdem kam es zur Aufstellung der IV./JG 300 mit der 13. bis 16. Staffel. Das Geschwader wurde zu jener Zeit von der neu gebildeten 30. Jagddivision geführt. Ab Februar 1945 wurde der Geschwaderverband im Rahmen einer Umgruppierung der Reichsluftverteidigung (RLV) der 1. Jagddivision einsatzmäßig unterstellt.

Der zweite »Wilde-Sau«-Verband, das JG 301, unterstand anfangs gleichfalls der 30. Jagddivision, wurde dann aber im Bereich der Luftflotte Reich eingesetzt. Ab Juni 1944 wurde die I. Gruppe der 4. Jagddivision unterstellt. Gleichzeitig wurde die II./JG 301 auf den Balkan verlegt. Im Februar 1945 befanden sich der Stab mitsamt der II. Gruppe in Welzow, die I. Gruppe in Finsterwalde, die III. Gruppe in Alteno sowie die IV./JG 301 in Wittstock. Die Pläne, das JG 301 vollständig auf die Fw 190 D-9 und Ta 152 H-1 umzurüsten, schlugen wegen der ungünstigen Kriegslage fehl.

Das letzte der insgesamt drei »Wilde-Sau«-Geschwader, das JG 302, wurde erst im November 1943 aufgestellt. Die I./JG 302 wurde aus der I./JG 301 gebildet, die II. Gruppe war früher die II./JG 301 und aus der III./JG 300 entstand die III./JG 302. Nachdem im Januar 1944 die I./JG 302 in der III./JG 301 aufgegangen war und man die II. und III. Gruppe im Mai 1944 aufgelöst hatte, stand das Geschwader nicht mehr zur Verfügung.

Da nur ein Teil der Gruppen eigene Einsatzmaschinen hatte und sich ansonsten die Flugzeuge (ohne entsprechende Zusatzausrüstung für den Nachteinsatz) mit den Tagjägern auch noch teilen mußte, blieb ein überragender Einsatzerfolg aus.

Außer bei den »Wilde-Sau«-Gruppen fanden sich Fw 190 A-5, A-6 und A-8-Jagdflugzeuge bei mehreren Nachtjagdverbänden und -einheiten. Außer einigen Fw 190 beim Stab der I./NJG 11 und der IV./NJG 3 verfügte die Luftwaffe nur über wenige dieser Ausführungen. Die meisten gehörten zum Bestand der NJGr. 10, die am 1.01.1944 aufgestellt worden war. Die 1./NJGr. 10 konnte auf mehrere mit FuG 217 und 218 ausgerüstete Fw-190-Nachtjäger zurückgreifen. Zu der Staffel gehörte ein Teil des gut geschulten, mit der einmotorigen Nachtjagd vertrauten Personals der I./JG 300. Am 27.04.1944 wurde aus der Staffel die 3./NJG 11 gebildet. Ferner war das Nachtjagdkommando Fw 190, die frühere 10./NJG 11, mit wenigen einsitzigen Nahnachtjägern ausgerüstet.

Gegen die Verwendung der Fw 190 in diesem Einsatzbereich sprachen vor allem die zu geringe Reichweite und die überaus hohen Anforderungen, welche an den Piloten eines einsitzigen Nachtjagdflugzeugs gestellt wurden. In der Regel war die Nachtjagd eine Einsatzform, bei der zumeist drei Besatzungsmitglieder an einer mehrsitzigen Maschine lange geschult werden mußten, um den Anforderungen des überaus anstrengenden Einsatzes gerecht zu werden. Im Falle der einmotorig betriebenen Nachtjagd sollten diese Aufgaben von einem Mann allein gelöst werden, was nur den wenigsten Flugzeugführern mit Erfolg gelang. Die Zahl der von den Focke-Wulf-Nahnachtjägern geflogenen Einsätze war daher im Vergleich mit den Verbänden, die üblicherweise mit der Bf 110 oder Ju 88 operierten, gering.

Fw 190 – Die Jagdverbände

Verbandsbezeichnung	Baumuster	Bestand Gesamt:	Klar:	Unklar:
Stab Jagdgeschwader 1 »Oesau«	Fw 190 A	2	--	2
II./JG 1	Fw 190 A	38	29	9
III./JG 1	Fw 190 A	40	33	7
IV./JG 1	Fw 190 A	39	28	11
Gesamt:		119	90	29
Stab Jagdgeschwader 2 »Richthofen«	Fw 190 A	2	2	—
I./JG 2	Fw 190 A	36	29	7
II./JG 2	Fw 190 A	37	34	3
III./JG 2	Fw 190 A	39	31	8
10. (Jabo)/JG 2	Fw 190 A	11	7	4
Gesamt:		125	103	22
Jagdgeschwader 5 »Eismeer«				
I./JG 5	Fw 190	38	33	5
Stab Jagdgeschwader 26 »Schlageter«	Fw 190 A	4	4	—
I./JG 26	Fw 190 A	38	28	10
II./JG 26	Fw 190 A	40	35	5
III./JG 26	Fw 190 A	36	33	3
10./JG 26	Fw 190 A	15	12	3
Gesamt:		133	112	21
Insgesamt:		415	338	77

Klarstand: 81 %

IV. Jagdbomber und Panzerjäger

1. Fw 190 – Der schnelle Jagdbomber

Nach den Abwurfversuchen mit der Fw 190 A-0/U4 (WerkNr. 0022) und der A-1 (WerkNr. 098) wurden zwei Jagdbomber mit vergrößerter Reichweite, die WerkNrn. 699 und 670, hergestellt. Für den Nachteinsatz folgte eine weitere Maschine, die Werknr. 1449. Die Festlegung des Rüstzustandes dieser Jagdbomber wurde am 12.11.1942 in Bremen festgelegt. Anläßlich einer Konferenz, an der außer Oberst Galland (GdJ), Oberstleutnant Petersen (KdE), Major Diesing (TO beim Reichsmarschall), Prof. Tank (Focke-Wulf) und die Fliegerstabsing. Böttcher und Beauvais teilnahmen, wurde entschieden:

1) Der Jaborei wird ausgerüstet mit 3 × ETC 501 zur Ermöglichung der wahlweisen Mitnahme von Behältern oder Bomben.
2) Die beiden MG 17 beim Jabo-Rei kommen in Fortfall, es verbleiben lediglich die beiden MG 151.
3) Focke-Wulf verstärkt die Anschlüsse des ETC 501 unter dem Rumpf so, daß die Mitnahme einer 1000-kg-Bombe möglich ist. (Am 12.11.1942 wurde in Anwesenheit von Oberst Galland ein Start mit einer SD 1000 vorgeführt!).
4) Oberst Galland fordert die Möglichkeit der wahlweisen Mitnahme auch von SD 50 und SD 70 anstelle der größeren Bomben. Der KdE schlägt hierfür die Entwicklung eines Abwurfbehälters für SD 50 und SD 70 vor, wobei die SD 50 bzw. SD 70 mit einem mechanischen Zünder ausgerüstet werden müßten.
5) Die zusätzliche Ausrüstung des Jabo-Rei mit:
   a) Variometer
   b) Wendehorizont
   c) FuG 16Z
   d) Kuto-Nase
   e) Kurssteuerung
   müssen beschleunigt in die Serie eingeschleust werden.
6) Oberst Galland fordert die Verringerung des Panzergewichtes des Fw 190-Schlachtflugzeuges. Gewicht der derzeitigen Panzerung 480 kg. Es muß entschieden werden, daß die Seitenpanzerung in Fortfall kommen kann. Der Motor- und Rumpfpanzer bleibt. Die Rüstsätze und Bewaffnung des Schlachtflugzeuges werden ebenfalls besprochen.

Bereits ab September 1942 waren mit der Fw 190 A-4/U3 die ersten, wenn auch nur provisorischen Schlachtflugzeuge, in verhältnismäßig geringer Zahl, zum Einsatz gekommen. Es sollte noch fast ein Jahr vergehen, ehe die Fw 190 in den Ausführungen F und G als leistungsfähiges Luftnahunterstützungsflugzeug zum Zuge kommen konnte.

Der im November 1942 konzipierte »Jabo-Rei« (oder »Jaborei«), also der Jagdbomber für den Langstreckeneinsatz (mit zwei Zusatzbehältern unter den Flächen), folgte als Mustermaschine noch vor Ende 1942. Die Jagdbomber und Schlachtflugzeuge der Ausführungen F und G kamen, nachdem die Mustererprobung erfolgt war, erst im Sommer 1943 in nennenswerten Stückzahlen heraus.

Die von Anfang an stark eingeschränkten Möglichkeiten wurden in den zumeist unter Vorsitz von

Die Fw 190 V9 war wie die V8 (WerkNr. 0021, SB+IA) ausgerüstet, erhielt aber als verbesserte Funkanlage ein FuG VIa .

Als Abwurfanlage wurde bei der Fw 190 V9 auch diese Vierer -Anordnung für die Mitführung von SC 50 erprobt.

Erprobung der Fw 190 V9 mit acht SC 50 unter Flächen und Rumpf.

Das Musterflugzeug der Fw 190 A-4/U3 mit untergehängtem Einhängerost (ER) 4, an dem vier SC 50 mitgeführt werden konnten.

Generalfeldmarschall Milch tagenden Entwicklungsbesprechungen deutlich. Auf einer dieser Tagungen, es war am 21.08.1942, hatte man eingehend über die Verwendung einmotoriger Jagdbomber diskutiert. Nach dem Vortrag von Oberstleutnant von Loßberg wurde vom Generalluftzeugmeister festgelegt:

I. Der Schwerpunkt der Jagdbomber-Entwicklung ist auf die Fw 190 zu legen. Nur als Übergangslösung soll, solange bei der Fw 190 die Reichweite nicht gesteigert werden kann, für Einzelfälle und Sonderaufgaben auf die Bf 109 mit Zusatzbehältern und Lastsporn zurückgegriffen werden.

II. Für kleine Reichweiten (bis 550 km) ist die Fw 190 besonders geeignet. Allerdings ist die normale Bombenlast auf 250 kg zu beschränken; 500 kg sind in besonders günstigen Fällen mit Startbahn zugelassen.

III. Für große Reichweite ist die Bf 109 günstiger, sobald die Fahrwerksverstärkung (ab Oktober 1942) erfolgt ist. Die Unterbringung zusätzlichen Kraftstoffes in der Fw 190 ist zu untersuchen.

IV. Die Verwendung von GM 1 ist für alle Jabos vorzubereiten (Einbausätze).

V. Zur Erleichterung des Starts ist das Wasser-Alkohol-Einspritzverfahren zu versuchen. Die Verwendung von Katapulten scheidet aus Termingründen aus.

Nachdem die offensiven Möglichkeiten inzwischen getestet waren, wurden am 18.04.1943, anläßlich einer Amtschefbesprechung, alle Möglichkeiten durchgesprochen, den Luftkrieg gegen England wieder – in stärkerem Maße – aufleben zu lassen. Außer dem Einsatz der Ju 88, Ju 188 und der Me 410, sollte die Fw 190 einen nicht unerheblichen Anteil an den geplanten England-Angriffen haben. Die nachfolgende Zusammenfassung wird ebenfalls im Original-Wortlaut wiedergegeben:

1a) Forderung
Unterbringung von zustätzlichem Kraftstoff (möglichst 200 l) in Rumpf oder Fläche, gegebenenfalls ungeschützte Ausblasung der Tanks durch Kohlensäure.

b) Stellungnahme: Fliegerstabsing. Friebel:
Aus Raum- und Schwerpunktgründen ist es nur möglich, 70 l unmittelbar hinter dem Flugzeugführer unterzubringen. Rest des Kraftstoffes muß in den Flügeln untergebracht werden und zwar 42 l je Seite in der Flügeldecke. Dabei tritt keine Leistungsverminderung ein. Für die Tanks sind keine großen Arbeiten erforderlich. Termin ist von Focke-Wulf noch nicht gemeldet worden.

2a) Forderung:
Unterbringung einer SC 1000 mit verkürztem Leitwerk oder Madelung-Bremsschirm.

b) Stellungnahme: Generaling. Marquardt:
Versuch in Rechlin kann in drei Wochen stattfinden.

3) Forderung und Stellungnahme:
Es sind mit der Trialen-Mischung gefüllt beschafft worden:
3000 Stück SC 250
10800 Stück SC 500
1370 Stück SC 1000
Es werden weiterhin monatlich mit Trialen gefüllt:
1000 Stück SC 250
2000 Stück SC 500
200 Stück SC 1000
soweit sich aus Materialgründen SC 1000 überhaupt heranholen läßt.

Musterflugzeug für die Ausführung Fw 190 A-3/U3, aus dem die Baureihe A-6 entstand, mit geändertem ER 4 und ohne 2-cm-MG 151/20 in den Flächenwurzeln.

Eine Fw 190 im Winter 1944/45 mit vier AB 71 unter einem modifizierten Einhängerost für vier Abwurflasten AB 71 mit Splitterbomben-Füllung.

Der Generalfeldmarschall fordert, bei Verwendung des von Generaling. Marquardt erwähnten besseren Sprengstoffes Sonderfüllung 106/109 zunächst der SC 500 den Vorrang zu lassen; erst in zweiter Linie kommt die SC 1000 und SC 250 in Frage. Da dieser Sprengstoff nicht schocksicher ist, dürfen die Bomben nicht im Tiefflug geworden werden; können also nur bei Nachtangriffen Verwendung finden. Generaling. Marquardt macht darauf aufmerksam, daß auch Trialen-Bomben für den Tiefangriff nicht geeignet sind. Es muß mindestens in einer Höhe von 500 m geflogen werden.

4a) Forderung:
Termin für verbesserte Aufhängung der Kraftstoffbehälter bzw. Außenbomben für Jabo-Rei und Nachrüstung der ausgelieferten Flugzeuge.

b) Stellungnahme: Obersting. Alpers:
Termine von Focke-Wulf liegen vor und werden bekanntgegeben.

5a) Forderung:
Ausrüstung der Fw 190 für Nachteinsatz.

b) Stellungnahme: Oberstleutnant Petersen
Es genügt ein Scheinwerfer in der linken Fläche. 50 Satz Scheinwerfer liegen bereit, die überflogen werden können. Die noch bestehenden Schwierigkeiten bezüglich der Beschaffung der Stecker und Selbstschalter zum Ein- und Ausbau werden behoben.
Einbau der Kurssteuerung. Oberstleutnant Petersen meldet, daß Focke-Wulf drei Monate in Verzug ist. Die erste Mustermaschine kommt in der laufenden Woche nach Rechlin.
Wendehorizont und Variometer stehen nach Meldung von Generaling. Hertel zur Verfügung (40 Stück); außerdem 40 Stauschirmvariometer. Der Vorschlag, dieses Gerät sofort in der Fabrik im Serienbau durchzuführen (d.h. einzubauen, d. Verf.), wird nach Ansicht von General Kleinrath deswegen gewisse Schwierigkeiten bereiten, weil sich der Führer die Verteilung der Flugzeuge für den Einsatz selbst vorbehalten hat.
Termine für die Lieferung können erst in den nächsten Tagen angegeben werden. Für eine bevorzugte Durchführung der Ausrüstung ist in Zusammenarbeit von GL/C-B und Genst. 6. Abt. Sorge zu tragen.
Leichter Blendschutz kann bei der Truppe nachgeholt werden.
Einbau FuG 101. Obersting. Alpers macht darauf aufmerksam, daß das FuG 101 als nicht vordringlich bezeichnet worden war. Es sollen zehn Geräte kommen. Auf Vorschlag von Oberstleutnant Peltz werden fünf FuG 101 sowie Monteure zur Verlegung der Dipole zugeteilt.
Oberstleutnant Petersen macht darauf aufmerksam, daß das Flugzeug hinsichtlich der Reifen und des

Die Fw 190 A-6/Bo ähnelte stark der Fw 190 A-2/U3 und A-3/U3 und konnte eine SC 500 oder einen AB 500-1 mitführen. (Bundesarchiv)

Als Versuchsmuster für die Fw 190 F-3/R1 trop. diente die KO+ND.

Diese mit einer SC 500 ausgerüstete Fw 190 F-2 gehörte 1944 zum Bestand des Schlachtgeschwaders 4.

Fahrgestells für eine Belastung von 3.900 kg ausgelastet gewesen sei; heute fliegt es mit 4.900 kg. Eine weitere Steigerung des Gewichtes würde auf Kosten der Bomben gehen. Die Reifen haben zur Zeit 70 % Buna und halten den Start nicht mehr aus. Desgleichen bereitet die Landung wegen der Bremswärme Schwierigkeiten. Im Mai/Juni erfolgt die Umstellung auf 95 % Buna. Es sei daher mit jedem zusätzlichen Einbau Vorsicht geboten.

Nach Ansicht des Herrn Generalfeldmarschalls ist grundsätzlich zu verlangen, daß eine weitere Umstellung auf Buna für den Jabo nicht erfolgt, sondern daß vielmehr der Prozentsatz auf 50 % Buna zurückgesetzt wird. Die für den Jabo-Einsatz zu fertigenden Reifen sind besonders kenntlich zu machen. Die Räder sollen die Größe behalten, lediglich die Qualität der Reifen soll einzig für den Jabo-Einsatz verbessert werden.

ZVG (Zielflugvorsatz, d. Verf.) für FuG 16Z kann nach Meldung von Generaling. Hertel zur Verfügung gestellt werden.

Einbauuntersuchungen starrer Rückwärtsbewaffnung mit Rückblickperiskop.

Einbau MG 131 ist aus räumlichen Gründen nicht möglich. Die Firma schlägt vor, zwei MG 131 unter die Tragflächen – nach rückwärts – einzubauen. Es ist dann möglich, etwa 150 Schuß mitzunehmen. Da sich ein Geschwindigkeitsverlust von 15 km/h ergibt, wird auf eine starre Rückwärtsbewaffnung verzichtet.

Soweit die in Berlin geführte Besprechung vom April 1943. Es fehlte an allen Ecken und Enden an hochwertigem Material. Sei es bei den Reifen, seien es die geringen Stückzahlen lieferbarer Ausrüstungsgegenstände. Daher darf es nicht verwundern, daß es bei der einzigen Gruppe des Schnellkampfgeschwaders (SKG) 10, welche von Nordfrankreich aus zum Einsatz kommen sollte, am 25.12.1943 nur 22 der Langstrecken-Jagdbomber (»Jabo-Rei«) gab, von denen 16 gegen Ziele in Südengland hätten eingesetzt werden können. Im

Eine Fw 190 F-8 mit AB 250, der auch 17 SD 4 HL faßte und schwerpunkthaft zur Bekämpfung durchgebrochener Panzerverbände benutzt wurde. (Bundesarchiv)

Im Abwurfbehälter AB 250 fanden 224 SD-1-Schüttbomben Platz.

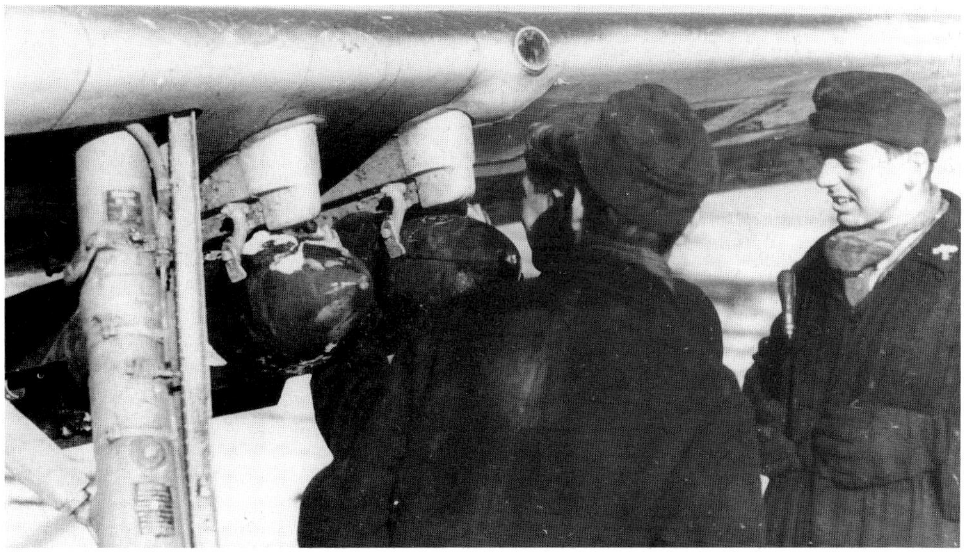

Nahaufnahme der Flügel-ETC 71 einer Fw 190 F-8, Ostfront im Winter 1944/45.

Im Winter 1944/45 wurden die Maschinen des SG 2 zur Unterstützung der im Osten zurückweichenden deutschen Truppen eingesetzt.

Eine Fw 190 F-3 der 4./SG 2 im Winter 1943. (Bundesarchiv)

Winter 1944/45 wurde aus der selbständig operierenden Gruppe die Nachtschlachtgruppe 10.

Anfang 1944 fehlte es bereits an Schmiedeteilen und Stahlblechen, an wichtiger Ausrüstung und an BMW-Motoren; alliierte Luftangriffe hatten zudem die Produktionsstätten der Fw 190 zum Ziel gehabt. Am 15.02.1944 mußte ein Rückstand von 754 Flugzeugen verzeichnet werden. Da die Masse der fertiggestellten Fw 190 in die Verbände der Reichsverteidigung gingen, verblieben für die Schlachtgeschwader sowie das Schnellkampfgeschwader 10 nur ein geringer Teil.

Die I. Gruppe des Verbands verfügte am 31.05.1944 über 33 Maschinen. Zusammen mit dem Fw 190 der III./SG 4, welche ebenfalls in Frankreich eingesetzt war, kam man somit auf 67 Jagdbomber, von denen allerdings nur 48 einsatzklar waren. Bei der Abwehr der Invasion am 6.06.1944 operierte die III./SG 4 von Clastres bei St.Quentin und von zwei Flugplätzen in Südfrankreich aus. Es folgte daher eine hastige Verlegung nach Norden, wobei vier Piloten im Luftkampf fielen. Am Morgen des 7. Juni griffen 24 Fw 190 F die alliierten Landungstruppen an. Infolge der überaus harten Kämpfe und der haushohen zahlenmäßigen Überlegenheit des Gegners waren bis zum 12.06.1944 fast alle Maschinen ausgefallen.

Es folgte der schrittweise Rückzug in Richtung der deutschen Grenze, mit hohen Verlusten an fliegendem Personal. Auch bei der Operation »Bodenplatte« im Januar 1945 wurden sowohl die NSGr. 20 als auch das SG 4 mit seinen Fw 190 F-8 von Köln-Wahn aus, zusammen mit dem JG 2, eingesetzt.

Am 10.01.1945 konnte das SG 4 mehr als 110 Fw 190 aufbieten, weitere 28 waren bei der NSGr. 20 vorhanden. Bei den Kämpfen über dem Westen Deutschlands kam es erneut zu zahlreichen Verlusten.

Wunder in der Luftnahunterstützung der eigenen Truppe waren angesichts der geringen Zahl an Fw-190-Jagdbomber ohnehin nicht zu erwarten. Eine wirksame Entlastung der zurückweichenden Divisionen waren trotz allen persönlichen Einsatzes keinesfalls zu vollbringen, eher blieben die dem Gegner zugefügten Verluste Nadelstichen vergleichbar.

Fw 190 F und G – Technische Daten

Baureihe Verwendung		F-8 Schlachtflugzeug	G-3 Jabo-Rei	G-8 Jabo-Rei
Motorenmuster		BMW 801 D	BMW 801 D	BMW 801 D
Startleistung	(kW)	1470	1470	1470
Kampfleistung	(kW)	1270	1270	1270
Kraftstoffart		C 3	C 3	C 3
Spannweite	(m)	10,50	10,51	10,50
Länge	(m)	8,95	9,00	8,95
Höhe[3]	(m)	3,95	3,95	3,95
Flügelfläche	(m^2)	18,30	18,30	18,30
Tankinhalt MW 50	(l)	–	–	–
Tankinhalt GM 1	(l)	–	–	115
Hauptbehälter	(l)	640	825	640
Zusatzbehälter im Rumpf und Flügel	(l)	115	300[5]	300[5]
Leermasse	(kg)	2890	2720	2720
Abflugmasse (ohne Außenlasten)	(kg)	4790	4100	4000
Geschwindigkeit bei:[4]				
Kampfleistung in Bodenhöhe	(km/h)	o.A.	508	525
Notleistung (5 min.) in Bodenhöhe	(km/h)	o.A.	538	550
Kampfleistung in ... km Volldruckhöhe	(km/h)	o.A.	645 (5,8)	585 (5,3)
Notleistung (5 min.) in ... km Volldruckhöhe	(km/h)	o.A.	620 (6,0)	655 (6,3)
Steig- und Kampfleistung mit GM 1	(km/h)	–	–	o.A.
Steigzeit auf 10 km mit Sondernotleistung	(min)	o.A.	o.A.	20,5
Dienstgipfelhöhe bei Steigen mit 0,5 m/s	(m)	o.A.	o.A.	10750
Größte Flugstrecke mit ... km/h in 0 m	(km)	550 (465)	755 (465)	o.A.
Größte Flugdauer mit ... km/h in 0 m	(h)	1,19	1,60	o.A.
Größte Flugstrecke mit ... km/h in 5 km	(km)	840 (445)	1190 (460)	o.A.
Größte Flugdauer mit ... km/h in 5 km	(h)	1,94	2,64	o.A.
Rollstrecke bis Abheben	(m)	620	400	370
Startstrecke bis zum Erreichen von 20 m Höhe	(m)	860	610	580
Funkausrüstung (FT-Geräte)		FuG 16 Z/ZE FuG 25 a	FuG 16 Z/ZE FuG 25 a	FuG 16 Z/ZE FuG 25 a
Waffeneinbau Rumpf		2 x MG 131	–	–
Schußzahl		2 x 475	–	–

Baureihe Verwendung		F-8 Schlachtflugzeug	G-3 Jabo-Rei	G-8 Jabo-Rei
Waffeneinbau Flügel außen		–	–	–
Schußzahl		–	–	–
Waffeneinbau Flügelwurzel		2 × MG 151	2 × MG 151	2 × MG 151
Schußzahl		2 × 250	2 × 250	2 × 250
Abwurfwaffenzuladung	(kg)	450	500	1000

1) mit MW 50-Einspritzung
2) mit GM-1-Einspritzung
3) Gesamthöhe: Rollstellung mit freilaufender Luftschraube
4) ohne Abwurfwaffen, mit ETC
5) abwerfbare Zusatzbehälter
o.A. = ohne Angaben

3. Fw 190 Jabo-Rei – Rechnerische Flugstrecken bei 300 m Flughöhe

Flugzeug-muster	Abwurflasten Rumpf	Abwurflasten Flügelaußen	Kraft-stoff B (l)	Dreh-zahl n (U/min.)	Lade-druck P_1 (bar)	Geschwin-digkeit V_{mittel} (km/h)	Flug-dauer T (h)	Flug-strecke R (km)
Fw 190 G-1	SC 500	2 x 300 l Z.-B.	1125	2300	1,18	465	2,25	1040
				2100	1,08	415	3,60	1500
				2000	1,03	395	3,95	1565
Fw 190 G-2	SC 500	2 x 300 l Z.-B.	1125	2300	1,18	480	2,25	1075
				2100	1,08	430	3,60	1545
				2000	1,03	410	3,95	1615
Fw 190 G-3	SC 500	2 x 300 l Z.-B.	1125	2300	1,18	465	2,25	1040
				2100	1,08	415	3,60	1500
				2000	1,03	395	3,95	1565
	SC 250	2 x SC 250	525	2300	1,18	470	0,95	445
				2100	1,08	420	1,52	635
				2000	1,03	400	1,67	665
FW 190 G-8	SC 500	2 x 300 l Z.-B.	1240	2300	1,18	475	2,49	1180
				2100	1,08	425	3,99	1695
				2000	1,03	405	4,38	1770
	SC 250	2 x SC 250	640	2300	1,18	480	1,20	570
				2100	1,08	430	1,91	820
				2000	1,03	410	2,10	850

z. B.: abwerfbarer Zusatzbehälter

Zusammenstellung Kraftstoffverbrauch für BMW 801 D

Flughöhe (m)	Drehzahl n_k (U/min)	Ladedruck p_1 (bar)	Verbrauch nach BMW Blatt 9-801.5072 (kg/h)	Verbrauch nach Flugstreckentafel der E-Stelle Rechlin (kg/h)
	2300	1,18	320	374
300	2100	1,08	200	226
	2000	1,03	183	203
	2300	1,18	328	398
2000	2100	1,08	213	238
	2000	1,03	191	215
	2300	1,18	311	378
3000	2100	1,08	213	o.A.
	2000	1,03	191	211
	2300	1,18	320	386
5000	2100	1,08	213	238
	2000	1,03	191	218
	2300	1,18	188	359
7000	2100	1,08	195	o.A.
	2000	1,03	173	195

Die Nachtschlachtgruppe 20 wurde im Sommer 1944 von Major Dahlmann geführt. Zur Flammendämpfung erhielt die Mehrzahl der Maschinen sogenannte »Sterndüsen«.

Zwei Fw 190 G-3 der Nachtschlachtgruppe 20 auf einem nordfranzösischen Feldflugplatz. (Bundesarchiv)

Die Leistungen der Fw 190 G-3 sanken mit zwei 300-l Abwurfbehältern und einer 500-kg-Bombe – je nach verwendeten ETC – um etwa 80 km/h ab.

Fw 190 Jabo-Rei-Leistungsverluste durch Abwurflasten

Je nach Ausrüstungsstand und Abwurfbewaffnung kam es bei den Jagdbombern zu erheblichen Leistungsverlusten im Vergleich zum Jagdflugzeug. In diesem Dokument sind die Geschwindigkeitsdifferenzen bei Steig- und Kampfleistung (nk = 2400 U/min.) für die Fw 190 G-3 mit verschiedenen Abwurflasten berechnet.
Die angegebenen Leistungsdifferenzen sind auf folgenden Zustand bezogen Zustand:

	Rumpf	Flügelinnen	Flügelaußen
Anbauten:	ETC 501	–	2 x V Fw Trg.
Bewaffnung:	–	2 x MG 151	–

Abwurflasten am		Verlust am				
ETC 501 (Rumpf)	V Fw-Träger (Flügel (außen)	Horizontalgeschwindigkeit am Boden dv (km/h)	Horizontalgeschwindigkeit in Volldruckhöhe dv (km/h)	Steiggeschwindigkeit am Boden d W_{st} (m/s)	Steiggeschwindigkeit in Volldruckhöhe d W_{st} (m/s)	Dienstgipfelhöhe bei Wst = 0,5 m/s dH (m)
–	2× 300 l Z.-B.	30	35	1.0	0,95	450
SC 250	2× 300 l Z.-B.	50	62	4,4	4,00	1750
300 l Z.-B.	2× SC 250	52	64	4,4	4,00	1750
SC 250	2 × SC 250	54	66	4,4	4,10	1800
SC 500	2 × 300 l Z.-B.	61	77	5,4	5,00	2250
SC 500	2 × SC 250	66	82	5,5	5,10	2300
BT 400	2 × BT 200	25	32	4,0	3,50	1550
300 l Z.-B.	2 × BT 400	38	50	4,9	4,40	2000
BT 400	2 × 300 l Z.-B.	43	56	4,6	4,10	1850
ER4	–	7	9	0,7	0,60	250
ER4+4xSC50	2 × 300 l Z.-B.	57	71	4,7	4,40	1950
ER4+4xSC50	2 × SC 250	61	74	4,6	4,10	1850

Als Mustermaschinen mit den JFM-ETC dienten die beiden Fw 190 A-4 (WerkNrn. 669 und 670).

Solche Flammen waren bei Nachteinsätzen zu beobachten und bewirkten ein schnelles Auffassen der Maschinen durch die gegnerische Abwehr.

Die Fw 190 V42 (WerkNr. 1083) w[illegible] [illegible]t einem [illegible] [illegible] st[illegible]

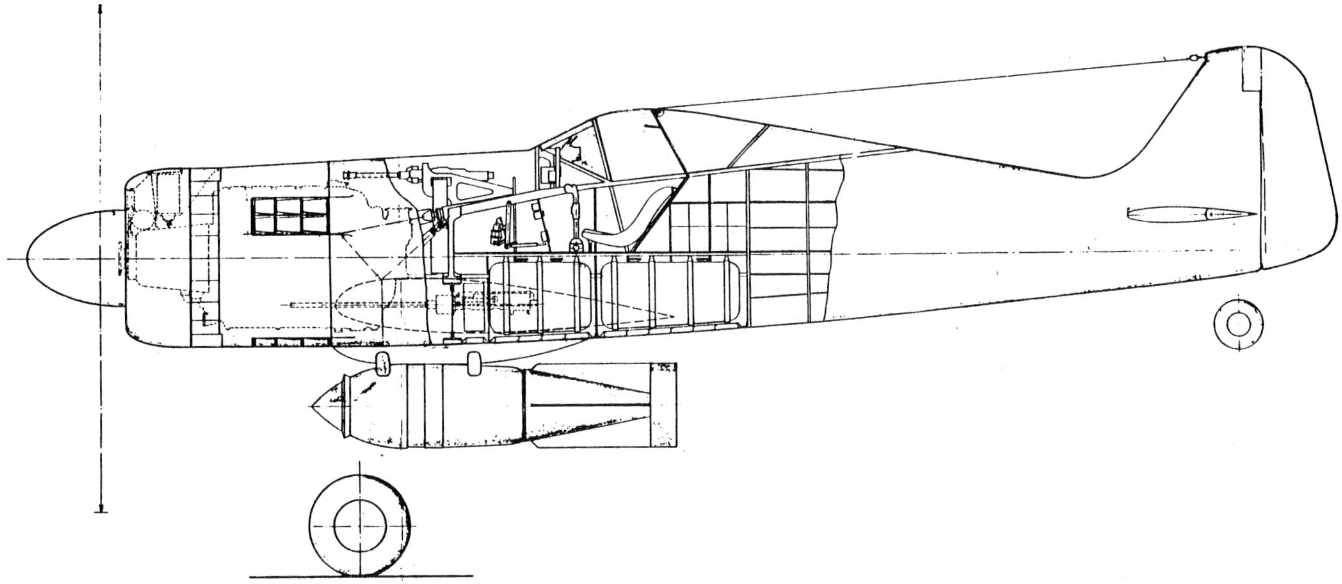

Werkszeichnung eines Fw-190-Jagdbombers mit Jumo-222-Doppelsternmotor und SC 1000 unter dem Rumpf-ETC.

Die Abgas-Entwicklung ...chts gut ... tbar.
... r

2. Fw 190 mit Sonderabwurfbewaffnung

Besonders im Einsatz an der Ostfront kam die Fw 190 häufig als Jagdbomber zum Zuge. Unter ihrem Rumpf-ETC wurden in der Regel Abwurflasten von 250 oder 500 kg mitgeführt. Größere Bomben oder Bombenschüttbehälter waren anfangs die Ausnahme. Die normale Reichweite (ohne Verwendung zweier abwerfbarer Zusatztanks) lag nach Angaben von bei den Schlachtgeschwadern eingesetzten Piloten bei etwa 650 bis 750 km. Zunächst konnten die Abwurflasten nur gemeinsam, nach dem Einbau einer verbesserten Abwurfelektrik, auch einzeln ausgelöst werden, was in jedem Fall von Vorteil war. Die Streuung war – abhängig von der Flughöhe über dem Zielraum – teilweise beträchtlich. Da aber auch Abwurfwaffen nicht in unbegrenztem Maße zur Verfügung standen, mußten Wege gefunden werden, die einmotorigen Jagdbomber der Luftwaffe so zu verbessern, daß die zu erwartende Trefferlage günstiger als bisher ausfiel. Der Einbau eines Lotfe-Visiers erschien nicht durchführbar und der eines Bombenzielgerätes (BZA) nicht für einmotorige Maschinen geeignet. Dagegen bot sich die »Tief- und Sturzflug-Anlage« (TSA) an, welche von Dr. Kortum (Zeiss) entwickelt worden war und doppelt so schnell wie das BZA zu produzieren war.

Der Einsatz mit dem TSA-Gerät funktionierte wie folgt: Der Pilot flog in einer vorab (oder im Flug) eingestellten Höhe und richtete seine Maschine entweder im Bahnneigungs- oder leichten Sturzflug mittels des Revi 16 auf das anvisierte Ziel. Er fing die Maschine dann innerhalb eines vom Gerät angezeigten Bereichs ab und löste in diesem Moment gleichzeitig seine Abwurflasten aus. Mittels der Anlage konnte die Schleuderbahn der Bombe unter Einbeziehung der Abdrift errechnet werden, so daß der Pilot nur noch zum richtigen Zeitpunkt den Abwurf auslösen mußte.

Vom schnellen »LT-Jäger« wurden nur wenige Musterbauten hergestellt. Hier die TD+SI (WerkNr. 871) in Gotenhafen-Hexengrund, die der Ausführung Fw 190 A-5/U15 entsprach.

Für die Verwendung als Torpedobomber erhielten die Mustermaschinen den verbesserten ETC 502.

Die verbesserte Ausführung des TSA-1A, das TSA-2A, wurde ab Sommer 1944 bei mehreren Flugzeugen in Rechlin und Cazaux bei der für Zielgeräte zuständigen Abteilung E-7 d1 praktisch erprobt.

Der von der E-Stelle Rechlin am 11.07.1944 fertiggestellte Erprobungsbericht (Nr.7444/44 gKdos) listete eine Vielzahl von Mängeln auf, welche der TSA-2A-Anlage noch anhafteten. Zunächst mußte die Lagerung der Geräte so verbessert werden, daß sie erschütterungssicher zu befestigen waren. Auch bei der Übertragung der gemessenen Daten sowie der Höhenmessung selbst hatte es Fehler gegeben, die den späteren Betrieb behindert hätten. Das elektrische System wurde daher gründlich untersucht und verbessert. Daneben erschien es den Technikern ratsam, das Staurohr an das Ende der Tragfläche zu versetzen und um 7° nach unten geneigt einzurichten.

Keine Abhilfe konnte bei Fehlern, die durch Windeinflüsse oder Mißweisungen des Kreisel herrührten, gefunden werden: im Sommer 1944 gab es einfach keine genaueren Meßmethoden, um die genaue Windgeschwindigkeit beim Bahnneigungsflug exakt festzustellen. Die verbliebenen Rechenfehler, die der Anlage zuzuschreiben waren, stellten sich aber als recht gering heraus. Die letztliche Abweichung beim Zielpunkt lag bei etwa 10 m, sofern die übrigen eingegebenen Werte (Windgeschwindigkeit, Bahnneigung, Eigengeschwindigkeit und Flughöhe) einigermaßen korrekt bestimmt waren.

Bei einer Neigung der Anflugbahn um weniger als 20° wirkte sich der zuvorgenannte Kreiselfehler jedoch besonders stark aus. Bei einem Bahnneigungsflug von etwa 25°, einer Abwurfhöhe von durchschnittlich 500 m und einer Entfernung zum Zielpunkt von 1600 m wurde jeweils eine 50%ige Tiefenstreuung (etwa 35 m), eine Seitenstreuung von 20 m und ein Trefferradius von 50 m ermittelt. Falls es gelang, die durch den Windeinfluß resultierenden Fehler zu korrigieren, lag die 50%ige Tiefenstreuung bei lediglich 30 m. Falls auch die Kreiselfehler ausgeglichen würden, konnte mit einer Tiefenstreuung von 20 m gerechnet werden. Die gemessenen Werte müssen allerdings unter der Einschränkung betrachtet werden, daß die Testwürfe quasi »unter Laborbedingungen« erfolgten. So wurde die Temperatur und die Windgeschwindigkeit vor jeder Testphase von der Besatzung einer He 72 gemessen. Die Windrichtung wurde von der örtlichen Wetterwarte mitgeteilt und die Höhe mittels Funkmeßgerät präzise vor der Waffenauslösung ermittelt.

Das Verfahren setzte jedoch voraus, daß der

Nahaufnahme des ETC der TD+SI mit seitlichen Abstützungen für den mitzuführenden LT.

Nahaufnahme einer Fw 190 A-5/U14 (WerkNr. 872) mit LT unter dem Rumpf.

Flugzeugführer über genügend Routine im Bombenwurf verfügte und an der TSA-Anlage ausreichend geschult war. Als spätere Einsatzmuster mit TSA-Anlage der Ausführung 2D sollten die Baureihen Fw 190 F-16 und F-17 hergestellt werden. Die Baubeschreibung für die F-17 wurde erst am 10.01.1945 fertiggestellt.

Infolge von Lieferschwierigkeiten – eine ähnliche Situation ergab sich später bei den »Blitzbombern« des Typs Me 262 A-1a/Bo und Me 262 A-2a – blieb es bei der Mustererprobung und einigen Versuchsmustern, die später in der Mehrzahl zur Erprobung der Fw 190 F mit untergehängten Bombentorpedos genutzt wurden.

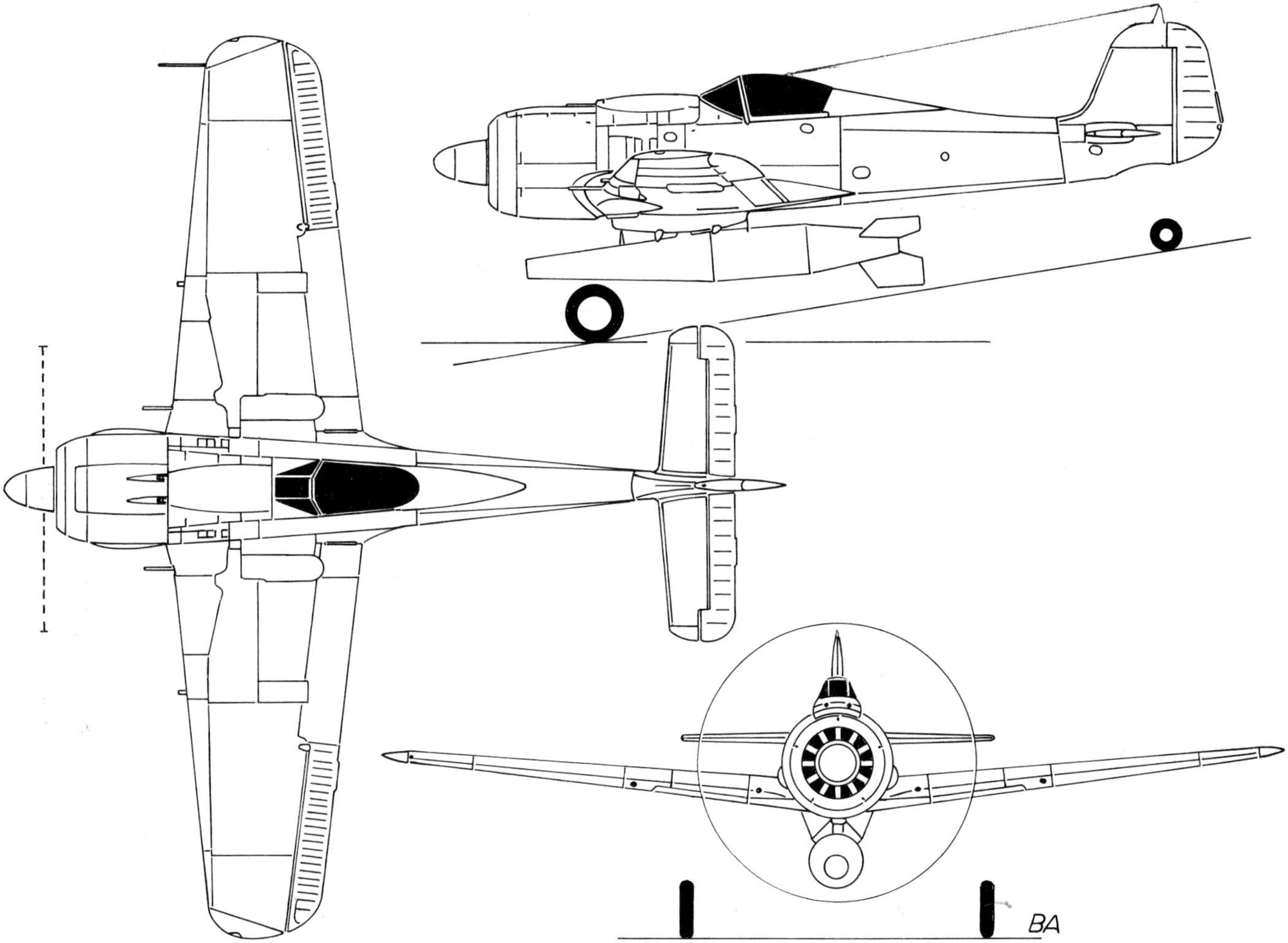

Dreiseitenansicht einer Fw 190 F-8/U3 mit BT 1400, wie sie Oberleutnant Heuer im Spätsommer 1944 in Gotenhafen-Hexengrund erprobte. Die Maschine wurde am 17.10.1944 nördlich von Rahnel beschädigt

Die Mehrzahl der bis zum Kriegsende zur Luftnahunterstützung eingesetzten Piloten der Schlachtgeschwader waren mit ihren Fw 190 F-8, soweit man diese nicht inzwischen mit »Panzerblitz-« oder »Panzerschreck«-Projektilen« ausgerüstet hatte, auf ihre Einsatzerfahrung angewiesen, um die ab Ende 1944 hauptsächlich verwendeten Abwurflasten (SC 250, AB 250-1 oder AB 250-2 und die AB 71) ins Ziel zu bringen.

Die Verwendung der Bombentorpedos zur Bekämpfung von Schiffszielen unterblieb. Die Torpedos BT 200, 400, 700 und 1400 waren in Gotenhafen erprobt worden. Der Sprengstoffanteil lag zwischen 105 kg beim BT 200 und 1000 kg beim BT 400. Diese Art der Bewaffnung war von Dr. Theodor Benecke (GL/C LT) im Frühjahr 1943 vorgeschlagen worden. Ihre Besonderheit lag darin, daß ein Luft-Wasser-Torpedo ohne Eigenantrieb (und daher leicht zu produzieren) infolge seiner hohen Eintrittsgeschwindigkeit ins Wasser eine nahezu gradlinie Bahn erreicht hätte. Nach zahlreichen Versuchen am Niedersonthofener See bei Kempten wurden verschieden große und unterschiedlich schwere Bombentorpedos (BT 200 bis BT 1850) praktisch erprobt. Die Probleme mit der Festlegung der endgültigen Form und eines geeigneten Unterwasserzünders sorgten 1944 für erhebliche Verzögerungen. Für die Flugversuche wurde

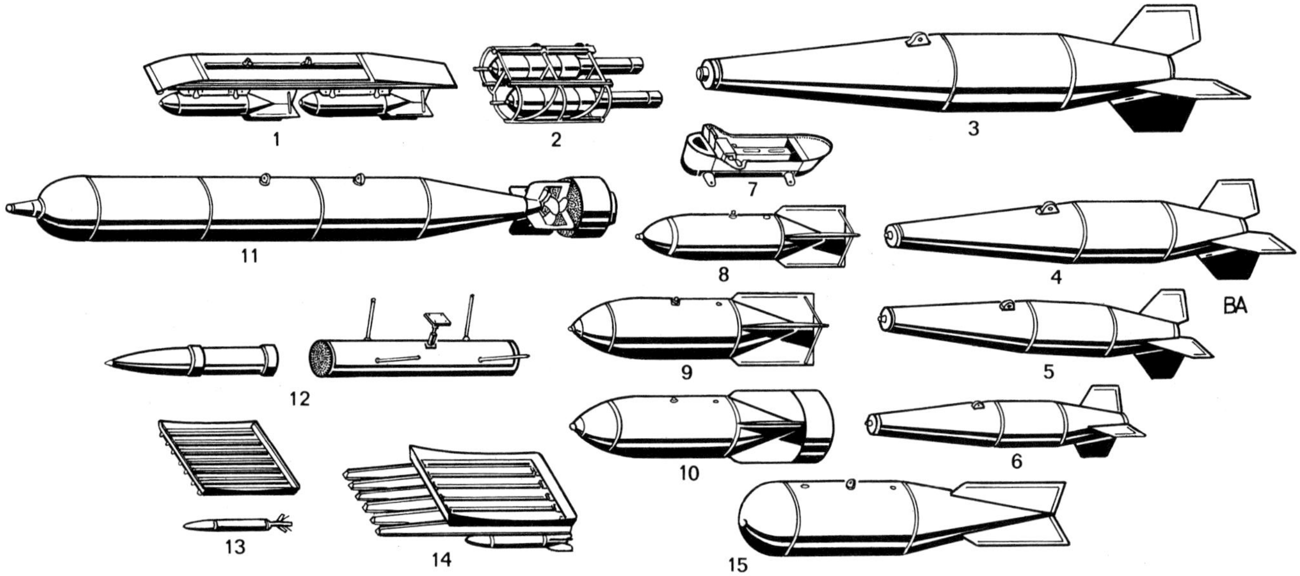

Luft-Luft- und Luft-Boden-Bewaffnung der Fw 190 A-Jagdflugzeuge und Pulkzerstörer sowie der Jagdbomber, Panzerschlacht- und Schlachtflugzeuge F und G:

1 Einhängerost (ER) 4 für vier 50-kg-Lasten
2 Doppel-Wurfrahmen für Wurfkörper WK 28 und 32
3 Bombentorpedo (BT) 1400
4 Bombentorpedo (BT) 700
5 Bombentorpedo (BT) 400
6 Bombentorpedo (BT) 200
7 ETC 71 (als Ersatz des ETC 50, Fw 190 F/G)
8 SC-250-Splitterbombe
9 SC-500-Splitterbombe
10 SD-1000-Splitterbombe, dickwandig
11 Lufttorpedo LT 5b
12 Abschußrohr und Werfergranate WGr. 21
13 Panzerblitz-Rost (späte Ausführung)
14 Panzerblitz-Rost (frühe Ausführung)
15 SB-1000-Großladungsbombe

Musterflugzeug mit auf beiden Flächen aufmontierten »Doppelreiter«-Behältern, 1944.

Für den geplanten Einsatz mit Bombentorpedos (BT) erhielten zahlreiche bei der III./KG 200 vorhandenen Fw 190 F-8 ein ETC 502.

zumeist eine Fw 190 F-8 aus Gotenhafen-Hexengrund verwandt. Mit einer weiteren Maschine, es handelte sich um eine der wenigen Fw 190 F-8/R15 mit ETC 502 unter dem Rumpfwerk, wurden später auch die Versuchsmuster des BT 1400 über der Ostsee und über Land ausgelöst. Bei Abwürfen im August 1944, bei denen der BT 1400 auf weichem Sandboden auftraf, blieb der Bombenkörper unbeschädigt. Man glaubte daher, Bombentorpedos auch gegen verbunkerte Landziele einsetzen zu können. Weitere Abwürfe erfolgten mit TSA-Unterstützung ebenfalls beim Torpedowaffenplatz der Luftwaffe in Gotenhafen an der Ostsee. In die für die BT 700-Würfe vorgesehenen Fw 190 F war jeweils eine TSA-Anlage eingebaut worden. Die Abwurfversuche zogen sich bis mindestens zum Herbst 1944 hin. Die Serienfertigung lief daher erst Ende 1944 an.

Durch die nicht rechtzeitige Verlegung der Firma Trippel in Molsheim vor der alliierten Besetzung des Elsaß wurde die BT-Produktion schwer getroffen. Prototypen der verschiedenen Bombentorpedos wurden von amerikanisch-französischen Truppen erbeutet. Mit einer Wiederaufnahme der Produktion rechnete der Chef TLR in Sulz am Neckar im April 1945.

Ende Januar 1945 wurde die gesamte Luft- und Bombentorpedo-Entwicklung von Gotenhafen nach Travemünde (geplant war Eckernförde) verlegt. Inzwischen war auch die Umrüstung auf das ETC 503 und die TSA-Geräte angelaufen. Anfang Februar 1945 standen mehr als 30 Fw 190 F-8 bei der III./KG 200 (mit der 9. bis 11. Staffel) in Dänemark, sowie bei der 1. Staffel des SG 5 bereit. Die Maschinen waren teilweise mit der TSA-Anlage ausgerüstet. Die Lieferung der neuen Bombentorpedos (BT 700) zog sich jedoch von Woche zu Woche hin, bis der Einsatz schließlich aufgegeben

Vorerprobung des »Einheitsschlosses«, das für die Fw 190 F-8, F-9, F-16 und D-9/D-12 bestimmt war.

Seitenansicht des Musterflugzeugs Fw 190 A-8 mit untergehängtem »Hagelkorn«, der BV 246.

werden mußte. Die Fw 190 des KG 200 wurden im April 1945 zusammen mit denen der NSGr. 20 unter dem Kommando des Luftwaffenkommandos West gegen Bodenziele eingesetzt. Eines der Einsatzziele war die Brücke von Remagen.

Später sollen die verbliebenen Fw 190 F noch mehrere Entlastungsangriffe im Raum Berlin geflogen haben; allerdings mit Splitterbomben aus Schüttbehältern. Außer den zuvor genannten Staffeln des KG 200 war im März 1945 die IV. Gruppe mit vier Staffeln in Vandel/Dänemark stationiert, von denen die 13./KG 200 mit dem Bombentorpedo eingesetzt werden sollte. Da aber kein Nachschub eintraf, mußte der scharfe Einsatz unterbleiben. Am 1.05.1945 verlegte die Gruppe nach Großenbrode, wo sie sich wenig später ergab. Sie ließ 29 Fw 190 sowie 17 Ju 88 zurück.

Beim KG 200 sollte ab 1945 auch der Einsatz der Fw 190 mit der Rollbombe SB 800 RS »Kurt« stattfinden, die bei einer Geschwindigkeit von etwa 550 km/h aus lediglich 20 m Höhe abgeworfen, auf Entfernungen bis zu 4000 m sichere Treffer landen sollte. Obwohl mehr als 560 dieser Bomben produziert worden waren, wurde die weitere Erprobung nach Abwürfen von der Ju 88 und Me 410 in Leba/Pommern im August 1944 aufgegeben. Dies galt auch für eine gewichtsmäßig leichtere Ausführung der SB 800 RS, die vorzugsweise mit der Fw 190 F-8 zum Einsatz kommen sollte und ebenfalls von Dr. Lambrich von der Rheinmetall-Borsig AG (Abteilung Waffenkonstruktion Luft) entwickelt worden war. Der Grund für die Einstellung der erfolgversprechenden Entwicklung lag in der zu großen Abdrift der Rollkörper. Bei einer auf und über dem Wasser zurückgelegten Strecke von gut 4000 m betrug die Seitenabweichung mehr als 50 m. Zudem sank die Geschwindigkeit der SB 800 RS am Ende der Strecke auf schlappe 45 m/s ab. Die mit einem Raketenmotor zu versehende »Kurt 2« konnte sich ebensowenig durchsetzen.

In diesem Zusammenhang ist auch die kurze, nicht mehr beendete Erprobung der Fw 190 mit untergehängtem Lufttorpedo (LT) erwähnenswert.

Nachdem die Erprobung der ersten Fw 190 mit einem LT 5b ausgerüsteten Lufttorpedo am 3.08.1943 flugeigenschaftsmäßig sehr ungünstig beurteilt worden war, wurde die Erprobung zunächst abgebrochen. Bis Ende 1944 wurde jedoch beim TWP ein neuer Lufttorpedo mit der Bezeichnung LT IB bis zur Einsatzreife entwickelt. Als Trägerflugzeug fand erneut die Fw 190 A-5/R14 Verwendung. Gleichzeitig war die Umstellung von mechanischer auf elektrische Kommandoübertragung erfolgt, und statt des ETC 501 wurde nun ein ETC 502 verwendet. Aufgrund der befriedigenden Beurteilung der Erprobungsergebnisse entschloß sich das OKL im Spätsommer 1944, insgesamt 60 Torpedoflugzeuge herzustellen. Die LT-Träger sollten aus der Serienproduktion der Fw 190 F-8, später aus der der F-9 sowie der F-16, entnommen werden. Die Rüstsatzbezeichnung sollte für alle drei Baureihen »R14« lauten.

Am 13.11.1944 befahl das OKL, alle diese Maschinen mit dem Feinhöhenmesser FuG 101a, Notkompaß, der Jägerkurssteuerung PKS 12, Gerätebrettbeleuchtung, Flammenvernichtern und zwei abwerfbaren Zusatztanks von je 300 l Fassungsvermögen auszurüsten. Als einheitliche Bewaffnung wurden zwei MG 151/20 in den Flügelwurzeln vorgeschrieben.

Das erste von vier neuen Fw 190 F-8-Musterflugzeugen traf im Dezember 1944 bei der Erprobungsstelle in Gotenhafen-Hexengrund ein, wo die Umrüstung zum LT-Träger mit ETC 502 und erhöhtem Sporn stattfinden sollte. Als das erste Musterflugzeug nahezu fertiggestellt war, mußte das Seegebiet vor Gotenhafen gesperrt werden, da gegnerische Flugzeuge in der Nacht vom 15. auf 16.12.1944 Seeminen geworfen hatten. Die taktische Erprobung konnte wegen der Kriegslage nicht mehr beendet werden.

Bei Focke-Wulf herrschte schon Ende Dezember 1944 die Ansicht, die einmotorigen Fw 190 F-8 mit LT wären aus Stabilitätsgründen nicht fronttauglich. Die Firma schlug daher – wie schon am 23.10.1944 – vor, stattdessen die Fw 190 D-9 mit einem LT auszurüsten. Zwar konnten bei der Fw 190 D-9 keine Abwurftanks unter den Flächen mitgeführt werden, wohl aber »Doppelreiter« – fest mit der Fläche verbundene, stromlinienförmige Zusatz-

In Dänemark bei Kriegsende abgestellte Fw 190.

tanks. Die übrige Ausrüstung, so Focke-Wulf, könne problemlos eingebaut werden. Als ETC schlug man jedoch das wesentlich verbesserte ETC 504 vor. Die Maschinen hätte man dann auch mit dem BT 1400 einsetzen können. Da die Fw 190 D-9 bereits im Mai 1945 auslaufen sollte, kam die Fw 190 D-12/R14 sowie die Ta 152 C-1/R14 als Nachfolger ins Gespräch. Dagegen sprach, daß die Ta 152 C mit einem DB-603-Höhenmotor ausgerüstet war, von dem nicht genügend vorhanden waren. Außerdem schien der Fertigungsaufwand für diesen LT-Träger zu groß. Das »Hochleistungsflugzeug mit Lufttorpedo« hatte keine Chance, realisiert zu werden.

Nachdem sowjetische Truppen im Januar 1945 bis Elbing (Ostpreußen) vorgedrungen waren und wenig später Danzig einschlossen, mußte der Kommandeur des Torpedowaffenplatz (TWP) Gotenhafen – entgegen dem Befehl des Chefs GL – mit der Räumung beginnen. Die Wiederaufnahme der Erprobung sollte eigentlich in Eckernförde neu beginnen. Der TWP wurde dann aber zur E-Stelle Travemünde bei Lübeck verlegt und konnte die Arbeit bis zu seiner Auflösung im März 1945 nicht wieder im früheren Rahmen aufnehmen.

Außer den beiden 1943 eigens für den LT-Einsatz umgebauten Fw 190 A-5 sowie den vier Ende 1944 umgerüsteten Musterflugzeugen (F-8) wurden keine LT-Träger auf der Basis der Fw 190 hergestellt. Da die Reichweite der Fw 190 F-8 als Torpe-

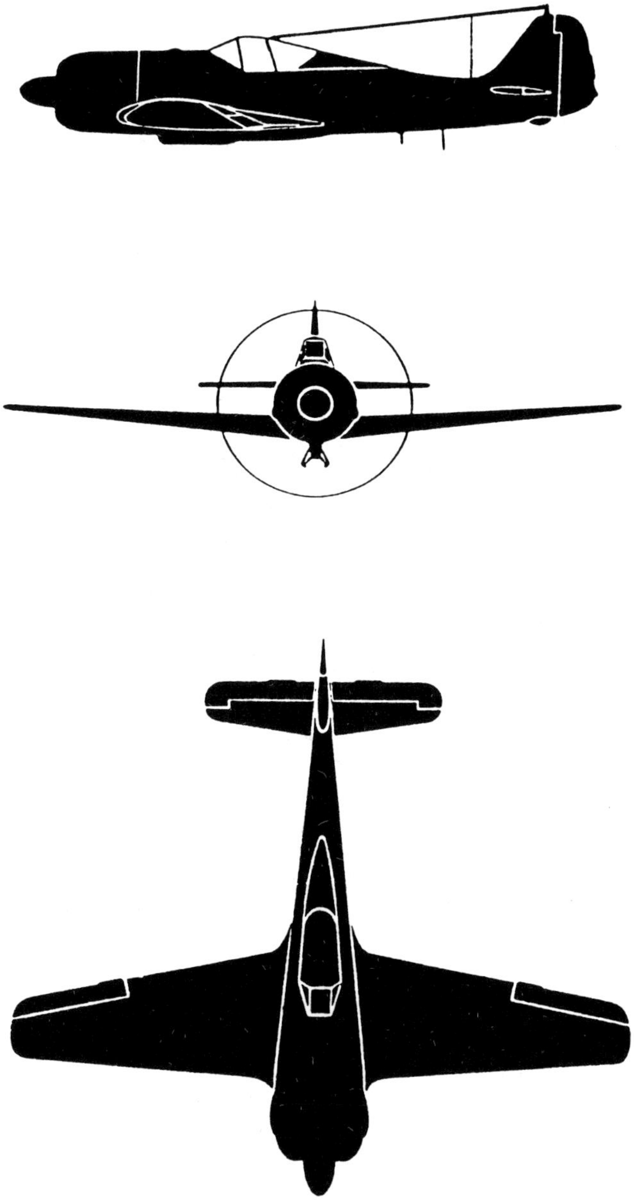

Schattenriß der Fw 190 A-5 aus dem Flugzeughandbuch Teil 0 – Allgemeine Angaben –.

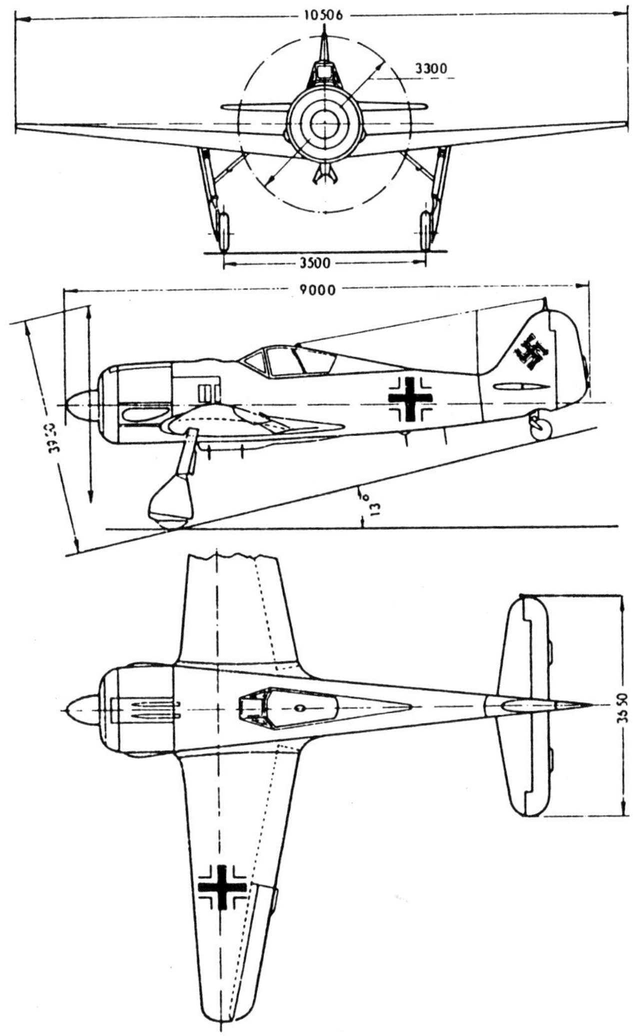

Flugzeugübersicht gemäß einer Abbildung im Handbuch für die Fw 190 A-5 und A-6 vom Dezember 1943.

doflugzeug relativ beschränkt war und zudem die Leistungen mit untergehängtem LT (angesichts der gegnerischen Luftüberlegenheit) nicht ausreichend erschienen, strich der Chef TLR ab Anfang 1945 alle als Torpedobomber geplanten Baureihen der Fw 190. Dafür wurde nun eine vollständige Ausstattung des »Hochleistungsflugzeugs« Ar 234 B-2 und C-3 als Strahltorpedobomber befürwortet. Doch auch die Strahlbomber hatten angesichts der sich dramatisch verschlechternden Kriegslage keine Chance mehr, fertiggestellt zu werden.

Im Winter 1942/43 entstand diese Aufnahme einer landenden Fw 190 A-4 der I. Gruppe des JG 54 in Rußland.

Eine Fw 190 A-4 (»Weiße 11«) der I./JG 51 beim Start zum Jagdeinsatz über der Ostfront, Frühjahr 1943. (Bundesarchiv)

Fw 190 – Die Jagd- und Schlachtfliegerverbände

Verbandsbezeichnung	Baumuster	Bestand Gesamt:	Klar:	Unklar:
Stab JG 1	Fw 190 A-5/8	2	2	0
I./JG 1	Fw 190 A-5/8	44	29	15
II./JG 1	Fw 190 A-5/8	42	20	22
Stab JG 2	Fw 190 A-5/8	3	0	3
I./JG 2	Fw 190 A-5/8	19	14	5
III./JG 2	Fw 190 A-5/8	29	19	10
IV. (Sturm)/JG 3	Fw 190 A-5/8	54	1	53 *
I./JG 11	Fw 190 A-5/8	28	20	8
III./JG 11	Fw 190 A-5/8	28	11	17
10. (Jabo)/JG 11	Fw 190 A-5/8	10	7	3
Stab JG 26	Fw 190 A-5/8	2	2	0
I./JG 26	Fw 190 A-5/8	33	23	10
II./JG 26	Fw 190 A-5/8	32	25	7
III./JG 26	Fw 190 A-5/8	29	25	4
Stab JG 54	Fw 190 A-5/8	4	4	0
I./JG 54	Fw 190 A-5/8	42	36	6
II./JG 54	Fw 190 A-5/8	54	50	4
III./JG 54	Fw 190 A-5/8	23	8	15
Stab JG 300	Fw 190 A-5/8	2	1	1
II./JG 300	Fw 190 A-5/8	32	24	8
II./SG 1	Fw 190 A/F/G	12	2	10
III./SG 1	Fw 190 A/F/G	42	33	9
II./SG 2	Fw 190 A/F/G	42	22	20 *
Stab SG 4	Fw 190 A/F/G	3	2	1
I./SG 4	Fw 190 A/F/G	14	4	10
II./SG 4	Fw 190 A/F/G	27	9	18
III./SG 4	Fw 190 A/F/G	34	29	5
I./SG 5	Fw 190 A/F/G	7	6	1 *
Stab SG 10	Fw 190 A/F/G	5	2	3
I./SG 10	Fw 190 A/F/G	26	9	17
II./SG 10	Fw 190 A/F/G	25	15	10
III./SG 10	Fw 190 A/F/G	34	24	10
I./SG 77	Fw 190 A/F/G	28	26	2
II./SG 77	Fw 190 A/F/G	27	15	12
I./SKG 10	Fw 190 A/F/G	33	19	14
5./(F) 123	Fw 190 A-3/6	11	8	3
Insgesamt:		882	546	336

Klarstand: 61 %

* Verband in Aufstellung

3. Fw 190 – Der Panzerjäger im Detail

Im Frühjahr 1944 befaßte sich der Stab des Generals der Jagdflieger mit der Verwendung der Fw 190 als gut bewaffnetes Schlachtflugzeug und speziell als Tiefangriffsflugzeug für die Panzerbekämpfung. Hierzu wurden alle damals denkbaren Waffenkonstellationen für ihre einsatzmäßige Verwendbarkeit geprüft oder deren Erprobung angeordnet. Hier nun der Bericht vom 21.05.1944 im vollen Wortlaut:

I. Forderung

Der General der Schlachtflieger fordert dringend für Panzerschlachteinsatz die Fw 190 als Flugzeug und die Entwicklung beziehungsweise Erprobung folgender Waffen:

1. MK 103 A (rückstoßfreie Ausstoßwaffe für Panzerbekämpfung im Tiefflug)
2. MK 103 als Flächengondelwaffe
3. MK 103 unter dem Rumpf
4. SD 4 Hl für Tiefangriff

II. Begründung

A. Die mit Ju 87 und Hs 129 ausgerüsteten Panzerschlachtstaffeln können auf Grund der angegebenen Fertigungszahlen nur bis Anfang 1945 erhalten werden. Ihr bisheriger Erfolg bei russischen Großangriffen, vor allem während der Schlammperioden, haben den hohen Wert von Panzerschlachtflugzeugen laufend bestätigt und gezeigt, daß sie vor allem im Osten besonders erforderlich sind. Sie müssen in

Der Gruppen-Adjutant einer II. Gruppe flog diese Fw 190 A-8 bis zum Kriegsende.

der Lage sein, auf Grund ihrer Flugeigenschaften und panzerbrechenden Bewaffnung mit Sicherheit auch schwerste durchgebrochene Panzer in der Nähe eigener Truppen durch unmittelbare Waffenwirkung vernichten zu können.

B. Es ist unbestimmt, ob die Abwehrlage noch bis Anfang 1945 die Hs 129 und Ju 87 an der Front zuläßt; weiterhin muß genügend Zeit für Entwicklungen vorhanden sein. Daher ist es erforderlich, schon jetzt die zweckmäßigste Panzerbekämpfungswaffe für ein zur Panzerbekämpfung geeignetes Flugzeug zu finden. Da sich kein modernes Flugzeug für Pz.-Schlacht geeignet zeigt, wird die Ausrüstung der Fw 190 mit einer zur Panzerbekämpfung geeigneten Bewaffnung gefordert.

C. Es wurden folgende Bewaffnungsmöglichkeiten, die teilweise erprobt sind, überprüft:

1. Bordkanone 7,5 cm, 5 cm und ähnliche Kaliber
2. MK 103 als Flächengondelwaffe
3. MK 103 unter dem Rumpf
4. MK 103 als Motorkanone in Ta 152
5. Bordkanone nach hinten feuernd
6. Wurfgrante 28 cm
7. Heeres-Wurfgranate 8,8 cm + Puppchen
8. SD 4 Hl aus Schüttkästen oder Abwurfrosten geworfen. SD 4 Hl für Tiefangriff aus Tiefabwurfbehältern geworfen
10. SD 4 Hl als Einzelwurfkörper
11. SD 4 Hl in Wurfgranate 28 cm
12. Tiefflug-Panzerbekämpfungsgerät MK 113 A

D. Diese Bewaffnungen besitzen folgende Vor- und Nachteile:

zu 1. Bordkanone 7,5 cm, 5 cm oder ähnliche Kaliber.

Vorteile:
Waffen sind vorhanden, Leistungen sind bekannt; vernichtende Wirkung auch gegen schwerste Panzer.

Nachteile:
Waffen können in der Fw 190 nicht eingebaut werden.
Diese Bewaffnung wird daher abgelehnt.

zu 2. MK 103 als Flächengondelwaffe.

Vorteile:
Waffe ist vorhanden, Leistungen sind bekannt, Einbau ist bereits durchgeführt.

Nachteile:
a) Einsatz an Wolfram-Hartkern-Munition gebunden, deren Vorrat unzureichend ist.
b) Die 3-cm-Hartkern-Munition verspricht nur bei Beschuß der lebenswichtigen Teile des Panzers Erfolg. Im Einsatz besteht Treffmöglichkeit dieser Teile nur auf kurze Entfernung (ab 300 m abwärts).
c) Streuung der Waffe (auf 100 m etwa 65 × 65 cm) zwingt ebenfalls zum Schießen auf kurze Entfernung.
d) Die Wendigkeit und Geschwindigkeit der Fw 190 leiden unter der Gondelbewaffnung.
e) Der Einbau stark außerhalb des Visierbereiches und damit erforderliche Justierung der Waffen auf Kreuz ermöglicht zusammen mit der hohen Geschwindigkeit der Fw 190 höchstens zwei gezielte, kurze Feuerstöße je Anflug.

Die weitere Erprobung dieser Waffe wird gefordert.

zu 3. MK 103 unter dem Rumpf.

Vorteile:
a) Erhöhte Treffgenauigkeit, da die Waffe verhältnismäßig dicht unter der Visierlinie liegt.
b) Möglichkeit einer wirksamen Laufabstützung.
c) Die Waffe könnte u. U. als Rüstsatz gebaut werden.
d) Die Wendigkeit und Geschwindigkeit der Fw 190 würde weniger leiden.

Nachteile:
a) Verläufig behindert die Toleranz in der Schußentwicklungszeit noch ein gesteuertes Schießen. Entwicklungsarbeiten zum Sicherstellen des gesteuerten Schießens laufen.
b) Hinsichtlich Munition wie zu 2. a) und b).

Die Entwicklung dieser Waffe als gesteuerte Bordkanone wird gefordert.

zu 4. MK 103 als Motorkanone in Ta 152

Vorteile:
a) Die Waffe liegt der Visierlinie noch näher als beim Einbau unter dem Rumpf.
b) Wendigkeit und Geschwindigkeit des Flugzeugs werden im Gegensatz zur Anordnung in der Flügelgondel oder unter dem Rumpf kaum herabgesetzt.
c) Lagerung im Triebwerk bringt unter Umständen geringe Streuung.

Nachteile:
a) Die Ta 152 hat flüssigkeitsgekühltes Triebwerk und ist damit als Panzer-Schlachtflugzeug unbrauchbar.
b) Hinsichtlich Munition wie 2. a) und b).

Flugzeug und Bewaffnung werden daher abgelehnt.

zu 5. Bordkanone nach hinten feuernd.

Vorteile:
a) Verwendungsmöglichkeit von Panzer-Granaten mit wesentlich größerer Wirkung als Hartkern-Granaten.
b) Im Anflug kann die Flugabwehr hinreichend bekämpft werden.

Nachteile:
a) Die für das Eindringen der Panzer-Granate erforderliche Anfangsgeschwindigkeit (V_0) wird durch das Schießen aus dem Abflug um den Betrag der Grundgeschwindigkeit verringert (im Schuß aus dem Anflug erhöht).
b) Das Flugzeug wird infolge des geraden Abflugs von der Bodenabwehr leichter bekämpft.
c) Waffe kann in Fw 190 nicht eingebaut werden.

Die Waffe wird abgelehnt.

zu 6. Wurfgranate 28 cm.

Vorteile:
a) Nach weiterer Verbesserung Panzer-Beschuß bereits auf größere Entfernungen möglich.
b) Nach Abschuß der Granaten erhält das Flugzeug wieder seine normale Wendigkeit und Geschwindigkeit.

Nachteile:
a) Zur Zeit noch zu starke Streuung (Toleranz in der Verbrennungszeit des Treibsatzes).
b) Selbst bei einem Volltreffer ist kaum Durchschlag zu erwarten, da die Geschoßauftreffgeschwindigkeit relativ gering ist.
c) Durch stark gekrümmte Flugbahn kein rasanter Schuß wie bei Beschuß mit Kanonen, damit starke Abhängigkeit von genauer Entfernungsmessung (E-Messung erst in Entwicklung).

Die Waffe wird abgelehnt.

zu 7. Heeres Wurfgranate 8,8 cm + Puppchen.

Vorteile:
a) Durch Hohlladung Panzer-Durchschuß bis 180 mm.
b) Wurfgranate ist bereits vorhanden und beim Heer im Einsatz.

Nachteile:
a) Durch Abschußrohre vermindert sich die Wendigkeit und Geschwindigkeit.
b) Streuung durch Toleranz in der Verbrennungszeit des Treibsatzes.
c) Geringe V_0 zwingt wegen geringer Treffgenauigkeit zum Schuß auf kurze Entfernungen.
d) Durch stark gekrümmte Flugbahn kein Visierschuß möglich.

Die Waffe wird abgelehnt.

zu 8. SD 4 Hl aus Schüttkästen oder Abwurfrosten geworfen.

Vorteile:
a) Vernichtende Wirkung bei mehreren Treffern auf dem Panzer.
b) Vermutlich hohe Trefferwahrscheinlichkeit durch lange Streufläche.

Nachteile:
Bei Abwurf aus Schüttkästen oder Abwurfrosten überschlagen sich die SD 4 Hl und fallen zum großen Teil blind.

Die Waffe wird abgelehnt.

Detailansicht der 3-cm-MK 103, welche in vier Musterflugzeugen zum Einbau gelangte. Die Waffe hatte eine Länge von 2,33 m und eine V_O von 940 m/s.

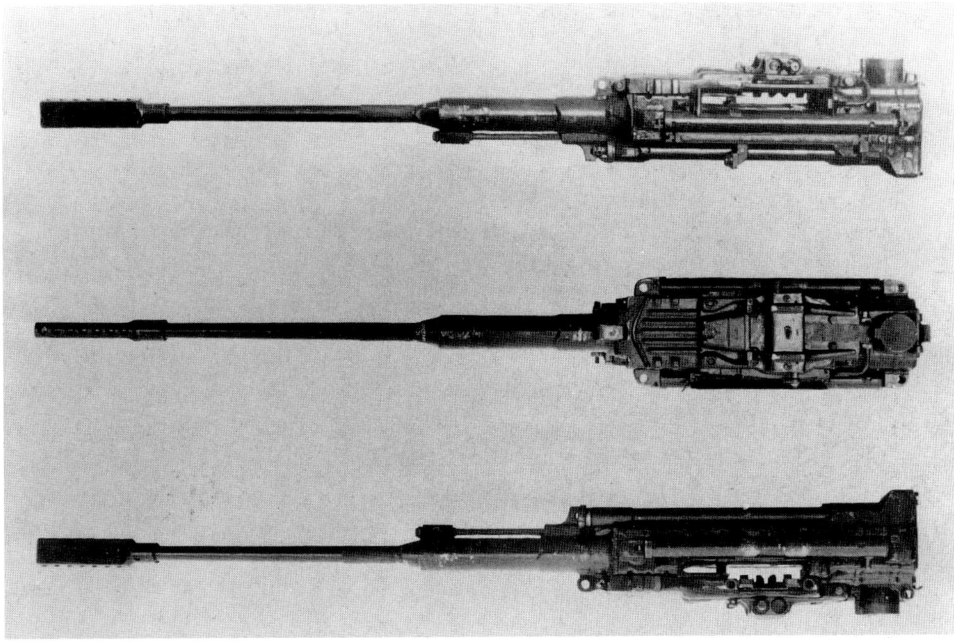

Auch zur Bekämpfung von Bodenzielen sollten die Wurfkörper 40/41 dienen, die versuchsweise unter den Flächen einiger Fw 190 angebracht wurden. Die Versuche verliefen jedoch unbefriedigend.

zu 9. SD 4 Hl aus Tiefabwurfbehältern geworfen.

Vorteile:
a) Durch Ausstoßen aus einem in Flugrichtung fallenden Abwurfbehälter kein Überschlagen der SD 4 Hl.
b) Nach einiger Übung gezielter + Schrotschuß auf den Panzer mit hoher Durchschlagswirkung und Erfolgsaussicht.
c) Erhalten der Wendigkeit und Geschwindigkeit des Flugzeuges nach dem Abwurf der Behälter.

Nachteil:
SD 4 Hl als Tiefangriffsbombe und entsprechende Abwurfbehälter in Entwicklung.

Die Entwicklung dieser Waffe wird gefordert.

zu 10. SD 4 Hl als Einzelwurfkörper (flächenstabil.)

Vorteile:
a) Durch Hohlladung Panzer-Durchschuß bis 180 mm.
b) Erhalten der Wendigkeit und Geschwindigkeit des Flugzeugs nach Abschuß der Wurfkörper.

Nachteile:
a) Geschoß ist dafür noch nicht entwickelt und hat nur mäßige ballistische Eigenschaften.
b) Wurfkörper zwingt wegen geringer V_0 und Treffgenauigkeit zum Schuß auf kurze Entfernungen.
c) Es kann nur eine geringe Anzahl mitgenommen werden. Damit fehlt die Voraussetzung für eine günstige Wirkungsmöglichkeit der SD 4 Hl.

Die Waffe wird abgelehnt.

zu 11. SD 4 Hl in Wurfgranate 28 cm.

Vorteile:
a) Nach weiterer Verbesserung des Wurfkörpers Panzer-Beschuß auf größere Entfernungen möglich.
b) Nach Abschuß der Granaten erhält das Flugzeug wieder seine normale Geschwindigkeit und Wendigkeit.

Nachteile:
a) Zur Zeit noch zu starke Streuung (Toleranz in der Verbrennungszeit des Treibsatzes).
b) Wegen stark gekrümmter Flugbahn kein rasanter

Schuß möglich, damit eine erhebliche Abhängigkeit von genauer Entfernungsmessung.

Die Waffe wird abgelehnt.

zu 12. Tiefflug-Panzerbekämpfungsgerät MK 113 A.

Vorteile:
a) Das Gerät ist für Hs 129 vorhanden, die Spezialmunition ist entwickelt.
b) Es besitzt mindestens 60% Treffwahrscheinlichkeit bei Angriff auf Panzer. Der Flugzeugführer braucht nicht zu zielen, das Gerät wird vom Panzer selbst ausgelöst.
c) Während des Anfluges kann bis kurz vor dem Überfliegen des Panzers die in der Nähe stehende Bodenabwehr bekämpft werden.
d) Die hohe Anfangsgeschwindigkeit (700 m/sec) gibt der 3-cm -Panzergranate (aus max. 10 m Höhe abgeschossen) ausreichend Energie zum Durchschlagen des meist schwach gepanzerten Oberdecks; sie ermöglicht hohe Überfluggeschwindigkeiten.
e) Die 5-cm-Munition besitzt durch Detonation im Panzer große Erfolgsaussichten.
f) Es wird kein Wolfram verbraucht.
g) Es ist Einzel- und auch Reihenschuß möglich.
h) Das Gerät arbeitet rückstoßfrei, da die Kartuschen durch die nach oben offenen Rohre ausgeschossen werden.
i) Das Gerät kann nur schwer gestört werden.

Nachteile:
a) Die Arbeitsweise zwingt zum Überfliegen des Panzers in maximal 10 m Höhe.
b) Das Gerät spricht auf jede Erhöhung an, es kann daher nicht zur Panzerbekämpfung in Ortschaften oder Wäldern verwendet werden, es sei denn, daß das Gerät nicht auf Erhöhungen, sondern auf die Metallmasse des Panzers zum Ansprechen gebracht werden kann.
c) Die Munition durchschlägt augenblicklich bei einem Auftreffwinkel von:

75°	50 mm Panzer
60°	40 mm Panzer

Steigerung der Wirkung auf 60 mm Panzerdurchschlag bei 75° Auftreffwinkel (größerer Winkel ist nicht möglich) erfordert sehr lange und schwere Rohre. In der Fw 190 werden dann nur zwei Rohre eingebaut werden können.
d) Das Seiten- und Höhenruder können durch Wirbelbildung eventuell an Ausgeglichenheit verlieren.
e) Einbaumöglichkeiten in der Fw 190 sind noch nicht geprüft.

Die Erprobung dieser Waffe wird gefordert.

III. Zusammenfassung.

Da von sämtlichen Bewaffnungsmöglichkeiten die MK 113 A (hohe Treffwahrscheinlichkeit und Befreiung von

Windkanalmodell der MK-103-Gondel, wie sie beispielsweise für die Fw 190 A-5/U11 und Bf 109 K-6 geplant war.

der gleichmäßigen Flugbahn des Schlachtflugzeuges), die MK 103 als Flügelgondelbewaffnung (abgeschlossene Entwicklung), die MK 103 als Kanone unter dem Rumpf bei Sicherstellen des gesteuerten Schießens (hohe Treffgenauigkeit) und die SD 4 Hl in Tiefflugabwurfbehältern (infolge + Schrotschusses) verhältnismäßig hohe Trefferwahrscheinlichkeit) die größten Erfolgsaussichten im Panzerschlachteinsatz haben, wird hiermit im einzelnen gefordert:

1. a) Einbau MK 113 A in 3 Hs 129 B-2 und Erprobung beim E.Kdo 25
   b) Überprüfung der Einbaumöglichkeit MK 113 A in Fw 190 F-8 und gegebenenfalls entsprechende Erprobung.
2. Erprobung MK 103 als Flächengondelwaffe mit drei Fw 190 beim E.Kdo 26 auf Eignung im Panzer-Schlachteinsatz.
3. Überprüfung der Möglichkeit des gesteuerten Schießens mit MK 103 bei Einbau unter dem Rumpf der Fw 190 und gegebenenfalls entsprechende Erprobung.
4. Entwicklung einer Einsatzmöglichkeit der SD 4 Hl für Tiefangriffe.

Die Überprüfung aller Möglichkeiten ergab somit die eindeutige Überlegenheit der Senkrechtbewaffnung SG 113 sowie die Verwendung der MK 103 als Rohrbewaffnung und der SD 4 HL als Hohlladungsbombe.

Die Nachteile, die sich Anfang 1945 bei der praktischen Erprobung des Sondergeräts SG 113 in taktischer Hinsicht herausstellen sollten, sowie die Einführung der Projektile + Panzerblitz und + Panzerschreck machten diese Studie jedoch innerhalb weniger Monate gegenstandslos.

Im Spätsommer 1944 befaßte man sich ferner mit dem Einbau von sechs Einzelgeräten (EG) der RZ-65-Abschußanlage in die Flächen der Fw 190 V69 (Werk-Nr. 582072). Die Erprobung dieser Bewaffnung war bereits 1937 angelaufen. Federführend war Dr. H. Klein von Rheinmetall-Borsig. Bei den Verschußversuchen von der Bf 110, Ju 88, Bf 109 und später von der Fw 190 aus hatte sich herausgestellt, daß die Bewaffnung im Grunde eine zu geringe Reichweite besaß. Obwohl ihre Wirkung im Ziel beachtlich war, wurde zunächst der vorgesehene Luft-Luft-Einsatz und später auch die geplante Verwendung gegen gepanzerte Fahrzeuge und

Musterflugzeug der Fw 190 A-5/U11 (WerkNr. 1903), das im August 1944 in Tarnewitz erprobt wurde. Seine MK 103 verfügten jeweils über 35 Schuß Munitionsvorrat.

Alle späteren »LT-Jäger« und »Sonderkampfflugzeuge« sollten ein FuG 101 zur genauen Höhenbestimmung erhalten. Als Musterflugzeug wurde eine Fw 190 F-8/R13 mit dieser Anlage ausgerüstet.

Eisenbahnziele aufgegeben. Die fügelstabilisierte Bordrakete erhielt den Vorrang vor drallstabilisierten Projektilen wie RZ 65 oder RZ 100.

Nachdem sich auch die RZ-65-Anlage als ungeeignet erwiesen hatte, wurde auf die 8,8-cm-Raketensprenggranate (R.Spr.Gr.) des Heeres als Entwicklungsgrundlage für eine Luft-Boden-Bewaffnung der Fw-190-Schlachtflugzeuge (»Schlächter«) zurückgegriffen. Als erste der neuartigen Bewaffnungen entstand der »Panzerblitz 1«, kurz Pb genannt. Die für den Abschuß notwendigen, unter den Flächen der Fw 190 angebrachten Schienen von 0,7 m Länge, hatten ein Gewicht von 6,54 kg. Von den Abschußschienen waren Einzelgeräte sowie mehrere parallele Roste mit jeweils fünf oder sechs parallelen Schienen im Einsatz. Da sich die Projektile beim Abschuß aller + Panzerblitze gegenseitig behindern konnten, wurden die Raketen einzeln ausgelöst. Die Geschwindigkeit beim Anflug durfte höchstens 400 bis 500 km/h betragen.

Aufgrund der geringen Durchschlagsleistung der zu klein dimensionierten Hohlladungsköpfe, die für eine Zerstörung von schweren sowjetischen Kampfpanzer nicht ausreichten, wurde der »Panzerblitz 2« entwickelt.

Diese Offensivbewaffnung baute auf der Antriebseinheit der Luft-Luft-Rakete R4M auf, die man mit einem großen Hohlladungs-Sprengkopf versehen hatte. Die Offensivladung konnte nun bis zu 180 mm Panzerstahl durchschlagen, während Pb 1 nur 90 mm schaffte. Wegen der noch immer zu geringen Abschußgeschwindigkeit sollte die eigentliche, in riesigen Stückzahlen zu fertigende Panzerabwehrbewaffnung aus Pb 3 bestehen.

Sowohl die praktische Erprobung Pb 3 als auch die angestrebte Großserienproduktion scheiterten infolge der Kriegslage.

Soweit der kurzgefaßte Weg vom Pb 1 zum Pb 3. Die drallstabilisierten Projektile wurden etwa ab August 1944 beim Erprobungskommando 26 in der Praxis getestet und den künftigen Einsatzerfordernissen schrittweise angepaßt.

So wurden Anfang September 1944 erstmals in größerer Zahl Pb-1-Projektile von einer Fw 190 F-8 aus 1000 m Entfernung bei 30° Bahnneigung und etwa 30 m Flughöhe auf abgestellte Beutepanzer verschossen. Bis zum 15.10.1944 folgten 31 weitere versuchsmäßige Anflüge aus verschiedenen Höhen. Es schlossen sich Versuche mit veränderter Treibsatzzündung sowie das Erfliegen der Leistungen mit untergebauten Pb 1-Rosten an.

Beim Luftschießen wurden ab Ende Oktober 1944 die Trefferbilder festgestellt und auch beim anschließenden Übungsschießen der III./SG 4 gute Trefferlagen erzielt.

In Tarnewitz ermittelte man am 11.11.1944 die Verschußdaten der »Panzerblitz-Anlage«. Bei der Abgabe von fünf Schuß aus dem Stand auf 300 m Entfernung traf eines der Projektile die 6 × 6 m große Scheibe.

Im November 1944 wurden die ersten verbesserten »Panzerblitz-Roste« der Firma Heberer angeliefert und am 18.11.1944 mit dem Verschuß durch Piloten der III./SG 4 begonnen (von der Fw 190 F-8 aus). Bei gut justierten Geräten wurde bei der weiteren Erprobung in Tarnewitz pro Anflug und der Abgabe von sechs Schuß meistens ein Treffer erzielt.

Auf dem Schießstand der Eprobungsstelle in Tarnewitz wurde Ende November 1944 ein Vergleichsschießen mit dem »Panzerblitz« (Abschußgerät AG-Pb und Einzelgerät EG-Pb) durchgeführt. Die endgültige Ausführung des Abschußgerätes AG 140 war jedoch noch immer nicht verfügbar.

Daneben befaßte sich die E-Stelle Tarnewitz mit dem Bau eines aus zwölf EG-Pb. bestehenden Abschußgerätes für die Fw 190 F-8, welches am 23.12.1944 bereits fast fertig war und ab Januar 1945 erprobt werden sollte.

Zwei Monate zuvor hatte die Ausbildung weiterer Piloten des SG 4 begonnen. Bei weiteren Erprobungsflügen wurde bei sechs übungsmäßigen Anflügen auf Panzer mit einer Fw 190 F-8 wiederum nur ein Treffer erzielt.

Bis zum 10.12.1944 hatte man insgesamt 82 Fw 190 mit Rosten für den Verschuß des Pb 1 und des Pb 2 ausgerüstet. Zusätzlich waren zwölf Fw 190 F-8 der 5. Staffel des SG 77 mit dem »Panzerblitz« ausgerüstet worden. Außer dem Personal dieser

Diese am 22.01.1945 zu Bruch gegangene Fw 190 F-8 war mit dem Abschußgerät AG 140 ausgerüstet, das für die verbesserte »Panzerblitz«-Ausführungen als Verschußgerät diente.

Staffel hatte auch das Personal der III./SG 1, I./SG 10, II./SG 2, II./SG 3., II./SG 4., III./SG 3 sowie der II. und III./SG 151 eine entsprechende Ausbildung erhalten. Als erste vollständig auf den »Panzerblitz« umgestellte Gruppe wurde die III./SG 4 einsatzklar gemeldet.

Bis Anfang Januar 1945 schloß sich die Einsatzerprobung mit dem Pb 2 im Dämmerungs- und Nachteinsatz an. Kurz zuvor, am 1.01.1945, war eine Fw 190 F-8 mit 2 × 6 Rosten (Pb 1) bei Asch in der Niederlanden von englischen Truppen erbeutet worden. An der Ostfront nahm der »Panzerblitz« Einsatz ab Januar 1945 ebenfalls an Intensität zu. Beispielhaft gibt der Erfahrungsbericht der III./Schlachtgeschwader 4 (Br.B.Nr. R 133/45 geh.) den Pb-Einsatz bis Februar 1945 wieder:

Zusammenstellung der Erfolge gegen Panzer und Erfahrungen mit Panzerblitz in der Zeit vom 21.1. –16.3.45

I. Erfahrungen:

A) Erfolge

In 16 Einsatztagen (21., 22., 23., 24., 25., 26. 31. Januar, 4., 9., 10., 11., 13., 15., 17., 18., 20. Februar) 25 Einsätze gegen Panzer mit 114 Fw 190; 934 Panzerblitz verschossen. 23 Panzer vernichtet, 11 Panzer bewegungsunfähig geschossen, 2 MTW und 1 Kettenfahrzeug vernichtet.

B) Erfahrungen:

1.) Ausbau der Geräte dauert mit Justieren je Flugzeug 2 ½ Stunden. Bei bereits vorhandener Justierung (notwendig nur noch Ausrichtung der bereits angepaßten Geräte auf vorhandene Marken) 3/4 Stunden. Abbau der Geräte eine halbe Stunde. Beladung 10 Minuten. Bei wiederholtem An- und Abbau der Geräte treten Beschädigungen an den Halteschrauben auf.

2.) Geschwindigkeitsverlust: unbeladen 15 km/h, beladen 30 km/h im Horizontalflug. Flugeigenschaften besonders im Kurvenkampf sehr verschlechtert.

3.) Im Sturzflug verdrehen sich die Panzerabschußgeräte alter Art (lange Schienen). Panzerblitze verklemmen sich. Durch das Verkürzen der Abschußschienen ist eine erhöhte Streuwirkung vorhanden. Abschuß nur aus geringer Höhe möglich.

4.) Schwierigkeiten ergeben sich bei der Beladung am Boden durch Masseschlüsse. Durch vorzeitige unbeabsichtige Abschüsse wurde Beladungspersonal verletzt. Bei Start und Landung reißen häufig die Aufhängenippel ab. Folge: Versager beim Abschuß. Verbrennen der Landeklappen kann eintreten. Durch das Vibrieren des Motors und durch Start-

Bruchgelandete Fw 190 F-8 mit Panzerblitz-Ausstattung, Anfang 1945.

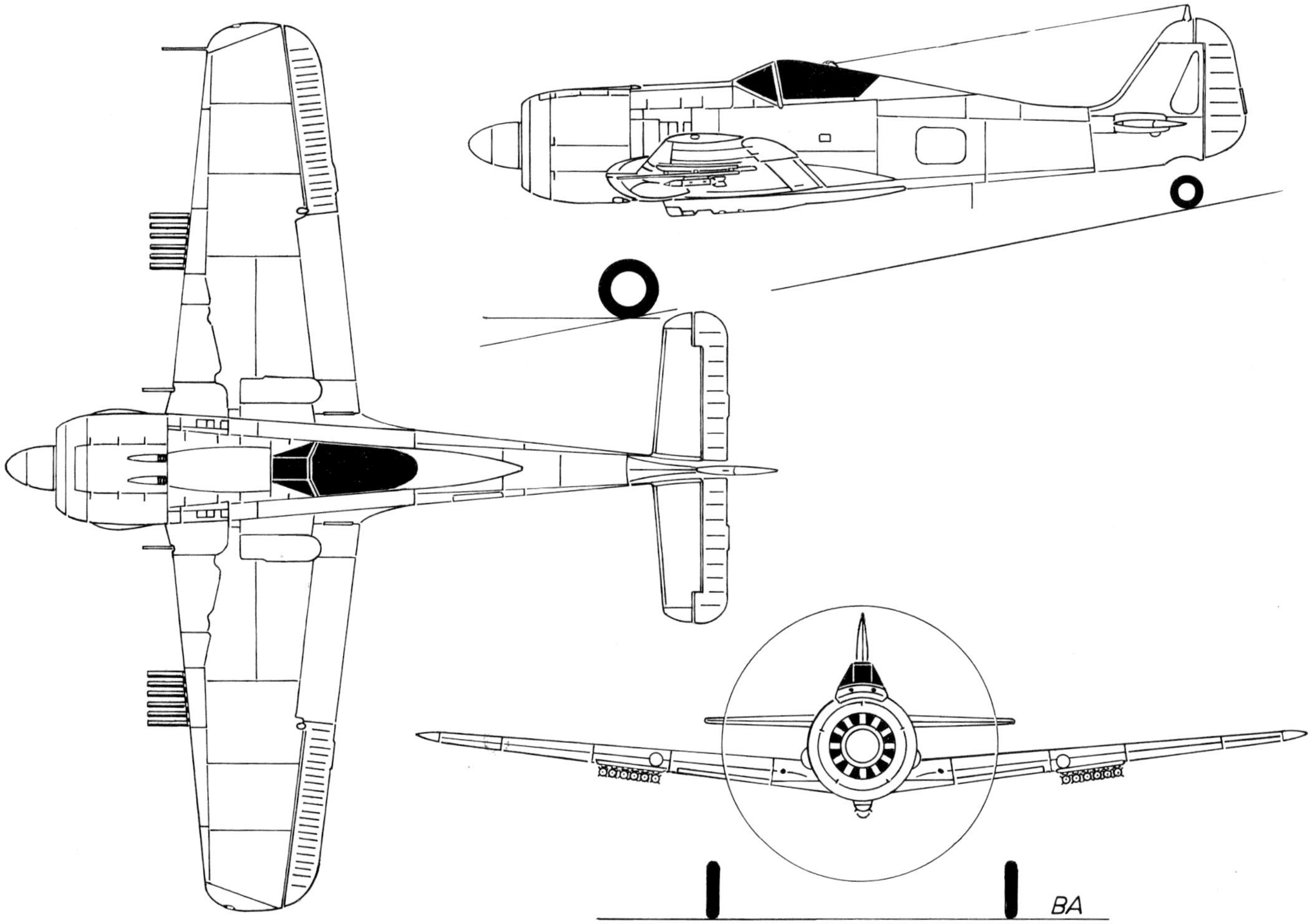

Fw 190 F-8 mit »Panzerblitz«-Rosten, von denen jeweils sechs unter einer Fläche angebracht waren.

und Landestöße lösen sich Abschußschienen. Häufiges Justieren ist notwendig.

5.) Schießtechnik: Günstiges Schußergebnis wird erreicht bei einem Flugwinkel von 25° – 30° und einer Schußentfernung von 100–200 m. Streuung der Geschosse hierbei etwa 27 × 14 m. Einfluß des Windes auf die Treffsicherheit ist erheblich. Kenntnis der Windrichtung und Stärke im Zielgebiet ist wichtig (Vorhaltewinkel). Bei Windstärken über 20 km/h ist grundsätzlich mit oder gegen den Wind anzugreifen. Bei 150 m Entfernung muß mit Wind zwischen die Panzerketten, gegen den Wind auf den Panzerturm gehalten werden. Treffgenauigkeit des durchschnittlichen Flugzeugführers dürfte nicht über 10 % liegen. (Je Flugzeug 12 Panzerblitz geladen). Bei ungenauer Windkenntnis und Ablenkung durch die Abwehr sinkt dieses Ergebnis noch weiter ab.
Wegen der Streuwirkung ist es am günstigsten, 6 Geschosse in einer Salve abzuschießen. (Also je Einsatz 2 Salven). 4 × 3 Salven nur bei Panzern ohne Abwehr wirksam. Ein längerer gerader Anflug ist Vorbedingung. Flugzeug bietet dann ein gutes Ziel für die zum Schutz des Panzers eingesetzte Flak. Schußergebnis kann von dem Flugzeugführer nicht beobachtet werden, da das Ziel zur Zeit des Auftreffens der Geschosse bereits von der Motorhaube verdeckt wird.

II. Taktik:

1.) Einsatz von Panzerblitz nur dort anwendbar und

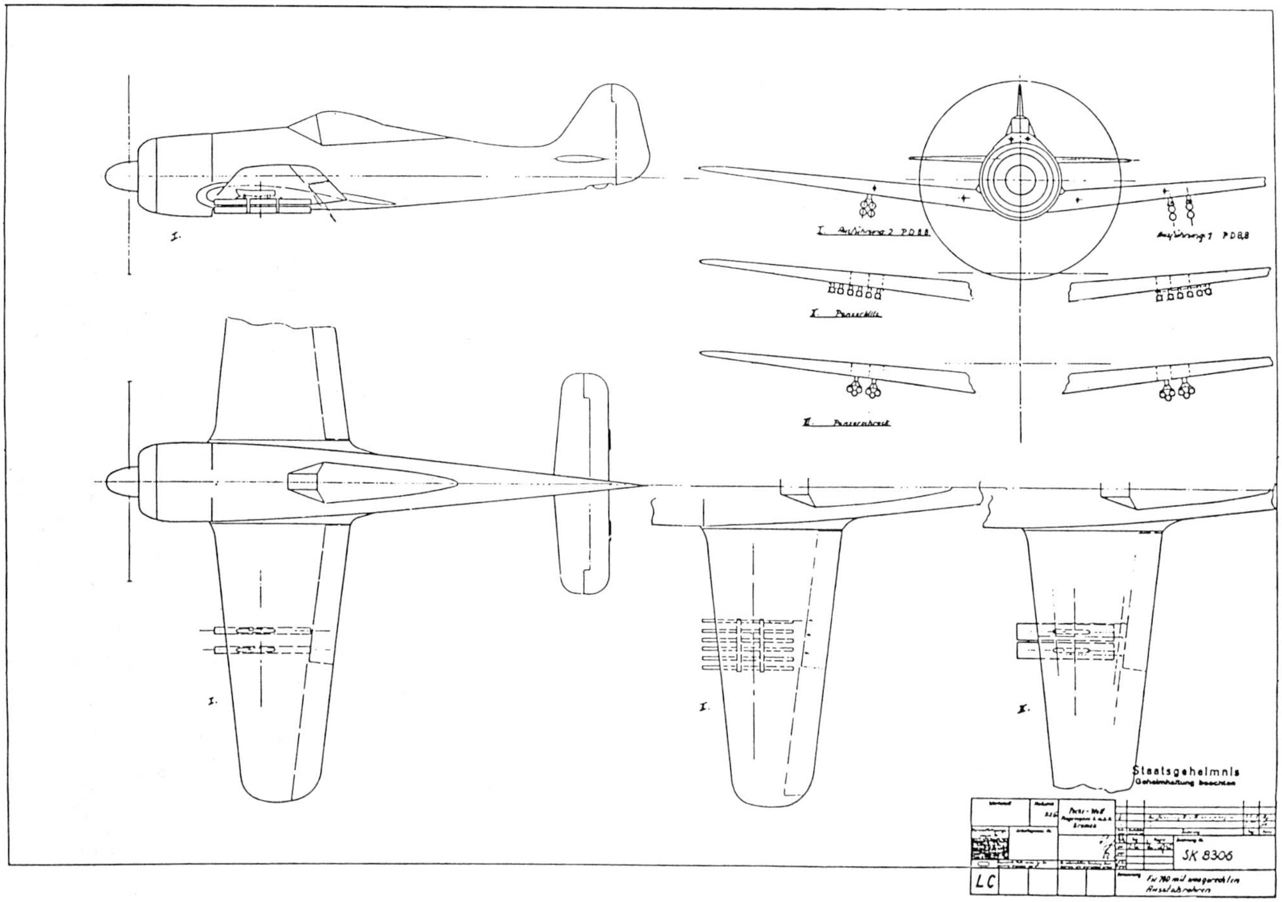

Werkszeichnung der mit »Panzerblitz« bzw. »Panzerschreck« ausgerüsteten Fw-190-Schlachtflugzeuge.

führt zu gesundem Verhältnis von Erfolg und Verlust, wo

a) nur geringste Feindabwehr vorhanden ist,

b) die Feindabwehr durch Ausnutzung des Überraschungsmoments nicht zur Wirkung kommt,

c) die Feindabwehr durch andere Mittel ausgeschaltet oder niedergehalten wird.

2.) Vorteile gegenüber Bordwaffen: Erheblich größere Geschoßwirkung am Ziel. Vorteile gegenüber Bomben: Angriff nicht an die Mindeswolkenhöhe für wirksamen Bombenwurf gebunden. Geschosse werden in größerer Nähe und Dichte an das Ziel herangetragen.

3.) Nachteile gegenüber Bordwaffen: Auf Grund geringerer Geschoßgeschwindigkeit ist der Windeinfluß größer. Auf Grund der nur einmaligen Schußabgabe keine Möglichkeit der Trefferbeobachtung und keine Korrektur des Vorhalts möglich. Größere Streuung.

4.) Nachteile gegenüber Bomben: Wesentlich größere Gefährdung des Flugzeugs durch die feindliche Flak- und Jagdabwehr infolge des tieferen und langsameren Fliegens.

5.) Zusätzlich zu der Beladung mit Panzerblitz kann am Rumpf-ETC 500 eine Bombe oder ein Abwurfbehälter von 250 kg mitgeführt werden. Zusätzlicher Geschwindigkeitsverlust: Unbeladen: 15 km/h, mit Bombe 30 km/h.

Bei voller Beladung mit Panzerblitzgeschossen und Bombe überschreitet die Fw 190 im Horizontalflug nicht 320 km/h. Bei unterlegener feindlicher Jagdabwehr können Panzerblitzgeschosse und ETC 500 mitgeführt werden. Bei überlegener feindlicher Abwehr nur eine der beiden Möglichkeiten. Zeit für Abbau- und Anbau des ETC 500 elf (+/– 2) Minuten je Flugzeug. Bei Beladung mit Bombe ist ein entsprechender Teil Abwurfbehälter zur Bekämpfung der Flakabwehr zu laden.

6.) Die Stärke des Verbandes ist abhängig vom Wetter und der Abwehr im Zielraum. Bei Schlechtwetter höchstens Schwarmstärke. Bei Jagdabwehr, Jagdschutz etwa in Stärke der eingesetzten Panzerblitzflugzeuge.

7.) Erzielte Erfolge meist nur durch alte Flugzeugführer. Bei Nichtfinden des Panzers erscheint trotz Engpaßlage das Schießen auf LKW aus Übungs- und Ausbildungsgründen ratsam.

III. Abwehrmaßnahmen des Feindes:

1.) Panzerspitzen führen Flak auf Selbstfahrlafetten oder Flakpanzer mit sich.

2.) Panzer nebeln sich ein.

3.) Panzer suchen Schutz im Wald, in Häusern oder Tarnung durch Baumstämme. Dadurch vorzeitige Entzündung der Panzerblitzgeschosse.

4.) Panzer graben sich ein, auch wenn sie nur vorübergehend Stellung beziehen.

i.V. des Gruppenkommandeurs
gez. Weber, Oberleutnant

Die »Förstersonde«, auch bekannt unter der Bezeichnung SG 113 A, war eine rückstoßfreie Senkrechtbewaffnung mit einer Vo von 650 m/s. Die Auslösung des Schusses erfolgte photo-elektrisch.

Am 22.03.1945 gelang es den Piloten von elf Fw 190 F-8, insgesamt 17 sowjetische Panzer abzuschießen und 15 sonstige Fahrzeuge zu vernichten; ferner glückte der Abschuß von zwei Flugzeugen. Es handelte sich dabei um einen der erfolgreichsten Pb-Einsätze. Erfolge wie dieser änderten an der Situation jedoch nur wenig.

Im März 1945 hatte sich die Feindlage an der Ostfront dramatisch verschlechtert. Die Überlegenheit der sowjetischen Panzer- und Schützendivisionen gegenüber den abgekämpften Verbänden der Wehrmacht (darunter zahlreiche Volksgrenadierdivisionen mit bescheidenem Kampfwert) war spürbarer denn je. In einem Erfahrungsbericht der III./SG 4 an die 3. Fliegerdivision beschreibt Olt. Weber am 30.03.1945, wie schnell sich die sowjetischen Verbände auf die neue Form der Panzerbekämpfung aus der Luft eingestellt hatten:

Im hiesigen Raum fahren Feindpanzer nur noch kleine Strecken, 20 bis 30 km. Sie sammeln dann, graben sich zum Teil ein und ziehen Flak auf Selbstfahrlafette nach. Mit dem Auftreten von Flakpanzern muß immer gerechnet werden. Folgende Taktik hat sich bewährt: Anflug und Angriff im Tiefstflug;

Voraussetzungen:

1.) Genaueste Kenntnis, wo sich Feindpanzer befinden

2.) Genaues Orientieren in Bodennähe

3.) Gute Sicht in Bodennähe

4.) Einsatz muß ohne Bombe geflogen werden, möglichst ohne ETC 500 (Größere Beweglichkeit).

Der Angriff erfolgt in einmaligem Anflug. 6 oder sogar 12 Panzerblitze in einer Salve abschießen. Schußwin-

In Pardubitz in der Tschechei wurde diese Fw 190 F-8/R1 erbeutet. Unter den Flächen liegen noch AB 71 und ein AB 250.

kel nicht größer als 10 Grad. Schußentfernung 50 bis 100 m. Nach dem Angriff Abflug im Tiefstflug und Sammeln in abwehrarmen Raum. Beim ersten Anflug schießt die überraschte Flak meist nicht. Bei erfahrenen Flugzeugführern ist der Abschuß des Panzers fast sicher.

Ein nochmaliges Anfliegen auf dasselbe Ziel gefährdet eigenes Flugzeug. Vorzuziehen ist ein zweiter Angriff auf ein neues Ziel. Setzt Erfahrung und genauestes Orientieren voraus.

Ein Schwarm Fw 190 mit Abwurfbehältern als Jagdschutz und zur Flakbekämpfung hat sich bewährt. Der Schwarm wirft die Abwurfbehälter erst nach erfolgtem Panzerblitz-Tiefangriff. Flak wird dadurch in Schach gehalten.

Trotz der Kriegslage gelang es, noch weitere Staffeln mit den Abschuß-Rosten auszurüsten. So erhielt beispielsweise die 9./SG 2 ab dem 31.03.1945 die Pb-Schienen. Auch für die Ausbildung der Besatzungen stand erstaunlicherweise noch genügend Kraftstoff zur Verfügung.

Aus dem KTB des Chefs TLR ergibt sich aus den Eintragungen für April 1945, daß für weitere 50.000 »Panzerblitze« das Material vorhanden wäre, es aber nicht mehr sichergestellt sei, daß die fertigen Projektile auch rechtzeitig bei den Verbänden eintreffen würden, da die Infrastruktur über weite Strecken bereits zerstört war. Der Not gehorchend entstanden Pläne, für »Panzerblitze« primitive Bodenlafetten herzustellen.

Der Einsatz des »Panzerschrecks« (Kaliber 8,8 cm) sollte aus Rohren, die in Dreiergruppen unter den Flächen der Fw 190 F angebracht werden sollten, erfolgen. Wegen der zu erwartenden, wenig befriedigenden ballistischen Leistung dieser Bewaffnung wurde nur eine geringe Zahl dieser Geräte angefertigt. Anschließend wurde der Verschuß aus vier bis acht unter den Flächen sitzenden, parallel angebrachten Rohren getestet. Die ersten serienmäßigen »Panzerschreck«-Anlagen trafen erst am 14.11.1944 bei der E-Stelle in Tarnewitz ein. In der letzten Novemberwoche wurden die Mustereinbauten fertiggestellt (zwei Fw 190 F-8).

Gleichzeitig wurde mit der Einweisung der ersten zehn Flugzeugführer der III./SG 3 für den bevorstehenden »Panzerschreck« begonnen.

Die Erprobung bei der E-Stelle Tarnewitz verzögerte sich jedoch um mehrere Wochen, da die hierfür erforderliche Rauchspurmunition nicht rechtzeitig geliefert wurde und der Luftbeschuß wegen der ungünstigen Witterung vorläufig unterbleiben mußte.

Die Ausrüstung der ersten Staffel mit der »Panzerschreck«-Anlage lief ab Mitte Januar 1945 bei der 5./SG 77 an, anschließend folgte die 8./SG 1. Die Ausstattung weiterer Staffeln begann teilweise mit erheblichen Verzögerungen.

Die erhalten gebliebene Einsatzbereitschaftsmeldung vom 21.03.1945 führt – im Vergleich zu den mit dem »Panzerblitz« ausgestatteten Einheiten und Verbänden – lediglich die 8./SG 1, 6./SG 3, 3.(Pz)/SG9, 5. und 9./SG 77 sowie die II./SG 151 an.

Als dritte und letzte Sonderbewaffnung, von der bereits früher die Rede war, und die einen etwa vergleichsweisen Entwicklungsstand aufwies, ist das Sondergerät SG 113 zu nennen. Hierbei handelte es sich um eine Senkrechtbewaffnung mit automatischer Schußauslösung der Firma Rheinmetall-Borsig.

Nachdem man die Waffenauslösung Ende 1944 nahezu in den Griff bekommen hatte, sollten Anfang 1945 fünf Fw 190 als Erprobungsträger hergerichtet werden. Das erste Musterflugzeug befand sich ab Januar 1945 bei der Forschungsanstalt Graf Zeppelin in Ruit bei Stuttgart. Die zweite Fw 190 wurde am 6.02.1945 von Dipl.-Ing. Dietrich von Langenhagen abgeholt. Infolge von Problemen mit der Munition verzögerte sich die weitere Entwicklung erheblich. Bei den am 27. und 28.02.1945 durchgeführten Schießflügen in Böblingen auf einen KW I-Panzer konnten bei mehreren Überflügen fünf Treffer erzielt werden.

Nachdem sich der General der Schlachtflieger am 6.03.1945 gegen die Weiterentwicklung und Einführung des SG 113 ausgesprochen hatte, ließ der Chef TLR Anfang April 1945 die Arbeiten an dieser Bewaffnung einstellen, nachdem es erwiesen war, daß man mit dem SG 113 gegenerische Panzer in bebautem Gelände oder in Wäldern nicht bekämpfen konnte.

Somit blieb es bis Kriegsende beim Einsatz der verbesserten »Panzerblitz«-Projektile, mit denen letzte Angriffe noch Anfang Mai 1945 im Bereich der Heeresgruppe Schörner geflogen wurden.

Fw 190 – Die Verbände der Luftflotte 6 (Stand: 31. 03. 1945)

Verbandsbezeichnung	Typ	Anzahl	Bemerkungen
Stab Schlachtgeschwader 1	Fw 190 F-8/9	3	
I./SG 1	Fw 190 F-8/9	33	davon: 9 Flugzeuge mit »Panzerblitz«
II./SG 1	Fw 190 F-8/9	30	davon: 14 Flugzeuge mit »Panzerblitz«
III./SG 1	Fw 190 F, G	31	davon: 10 Flugzeuge mit »Panzerschreck«
Stab Schlachtgeschwader 2	Fw 190 F-9	6	
II./SG 2	Fw 190 A,F,G	49	alle mit »Panzerblitz« oder »Panzerschreck«
Stab Schlachtgeschwader 3	Fw 190 F-8/9	7	
I./SG 3	Fw 190 F-8/9	?	am 21. 03. 1945: 21 Flugzeuge vorhanden
III./SG 3	Fw 190 F-8/9	30	davon: 12 Flugzeuge mit »Panzerschreck«
Stab Schlachtgeschwader 4	Fw 190 F-8	1	
I./SG 4	Fw 190 F-8/9	27	
II./SG 4	Fw 190 F-8/9	39	
III./SG 4	Fw 190 F-8/9	22	alle mit »Panzerblitz«
Stab Schlachtgeschwader 77	Fw 190 F-8/9	8	
I./SG 77	Fw 190 F-8/9	34	
II./SG 77	Fw 190 F-8/9	23	davon: 12 Flugzeuge mit »Panzerblitz«
III./SG 77	Fw 190 F-8/9	31	davon: 12 Flugzeuge mit »Panzerblitz«
Stab Jagdgeschwader 1	Fw 190 A-9/D-9	4	
I./JG 1	Fw 190 A-8/9	?	in Umrüstung auf den He 162 »Volksjäger«
II./JG 1	Fw 190 A-8/9	68	
Stab Jagdgeschwader 4	Fw 190 D-9	7	
II./JG 4	Fw 190 A-8/9	57	
IV./JG 4	Fw 190 A/D-9	55	
Stab Jagdgeschwader 6	Fw 190 D-9	1	
I./JG 6	Fw 190 A-8	71	
II./JG 6	Fw 190 D-9	48	
Stab Jagdgeschwader 11	Fw 190 D-9	4	
I./JG 11	Fw 190 A-8/9	39	
III./JG 11	Fw 190 A-8/9	45	
Stabsstaffel JG 51	Fw 190 A-8	18	
II. (Erg.)/Jagdgeschwader 1	Fw 190 A/D-9	57	
Jagdverband 44	Fw 190 D-9 Fw 190 D-11	5	Jagdschutz für Me 262 A-1a
Stab Jagdgeschwader 300	Fw 190 D-11	2	
II./JG 300	Fw 190 D-9 Fw 190 D-11	33	
Stab Nachtschlachtgruppe 10	Fw 190 F-8/9	6	
1./NSG 10	Fw 190 F-8/9	40	Ausrüstung mit »Panzerschreck«
2./NSG 10	Fw 190 F-8/9	43	Ausrüstung mit »Panzerschreck«
IV./(Pz)Schlachtgeschwader 9	Fw 190 F-8/9	8	Ausrüstung mit »Panzerblitz«
13./(Pz)Schlachtgeschwader 9	Fw 190 F-8/9	19	Ausrüstung mit »Panzerschreck«

Adolf Galland besuchte im Juli 1943 die Jagdgruppe des Major Graf in Bussac/Frankreich. Rechts Hauptmann Ebersberger (Staffelkapitän der 2./Erg. Jagdgruppe Ost).

Eine Anfang 1945 erbeutete Fw 190 F-8 mit »Panzerblitz-2«-Ausrüstung, erkennbarer unter den Tragflächen.

Ein sowjetischer KW-II-Panzerkoloss diente später auf dem Standortübungsplatz Böblingen als Ziel für das Sondergerät SG 113 A.

Fw 190 – Verbände des Lwkdo West und Lwkdo 4

Verbandsbezeichnung	Typ	Anzahl	Einsatzhorste
Stab Jagdgeschwader 1	Fw 190	3	St. Quentin-Clastres
I./JG 1	Fw 190	17	Alencon
II./JG 1	Fw 190	23	Alencon
Stab Jagdgeschwader 2	Fw 190	2	Creil
I./JG 2	Fw 190	16	Creil
III./JG 2	Fw 190	18	Creil
Stab Jagdgeschwader 3	Fw 190	2	Evreux
Stab Jagdgeschwader 11	Fw 190	2	Le Mans
I./JG 11	Fw 190	19	Le Mans
Stab Jagdgeschwader 26	Fw 190	3	Guyancourt
I. und II./JG 26	Fw 190	39	Guyancourt
Stab Jagdgeschwader 51	Fw 190	9	Orscha
Stab Jagdgeschwader 54	Fw 190	3	Dorpat
I./JG 54	Fw 190	34	Reval
II./JG 54	Fw 190	22	Immola
II./JG 77	Fw 190	33	Lemberg
Jagdgruppe 200	Fw 190	34	Avignon und Orange-Caritat
Jagdlehrergruppe (Eins. Teile)	Fw 190	3	Marignane
Stab/Nahaufklärungsruppe 13	Fw 190	1	Chartres
1. und 2./NAG 13	Fw 190	5	Chartres und Laval
Stab Schlachtgeschwader 1	Fw 190	5	Pastowitschi
I./SG 1	Fw 190/Ju 87	72	Tolotschin
III./SG 1	Fw 190	38	Pastowitschi
II./Schlachtgeschwader 2	Fw 190	27	Zilistea
1./Schlachtgeschwader 3	Fw 190	12	Immola
II./Schlachtgeschwader 3	Fw 190/Ju 87	35	Jakobstadt
III./Schlachtgeschwader 4	Fw 190	52	Clermont-Ferrand und Avord
I./Schlachtgeschwader 5	Fw 190/Ju 87	51	Kirkenes
Stab Schlachtgeschwader 10	Fw 190	5	Dokudowno
II./SG 10	Fw 190	29	Culm
III./SG 10	Fw 190	34	Dokudowno
I./Schnellkampfgeschwader 10	Fw 190	19	Tours

Fw 190 mit »Panzerblitz« und »Panzerschreck«

Verband/ Einheit	Baumuster	Anzahl	Panzerabwehr-bewaffnung
3./SG 1	Fw 190 F-8	ca. 10	mit »Panzerblitz«
6./SG 1	Fw 190 F-8	ca. 15	mit »Panzerblitz«
8./SG 1	Fw 190 F-8	ca. 10	mit »Panzerblitz«
Stab SG 2	Fw 190 F-9	1	mit »Panzerblitz«
III./SG 2	Fw 190 A und F	ca. 50	mit »Panzerblitz«
Stab SG 3	Fw 190 F-9	1	mit »Panzerschreck«
6./SG 3	Fw 190 F-8	ca. 10	mit »Panzerschreck«
III./SG 4	Fw 190 F-8	ca. 20	mit »Panzerblitz«
1./SG 9	Fw 190 F-8	ca. 15	mit »Panzerblitz«
3./SG 9	Fw 190 F-8	ca. 10	mit »Panzerblitz«
IV./(Pz)SG 9	Fw 190 F-8	ca. 10	mit »Panzerblitz«
13./(Pz)SG 9	Fw 190 F-8	ca. 20	mit »Panzerschreck«
5./SG 77	Fw 190 F-8	ca. 15	mit »Panzerblitz«
9./SG 77	Fw 190 F-8	ca. 20	mit »Panzerblitz«
13./SG 151	Fw 190 F-8	ca. 20	mit »Panzerblitz«
1./NSG 10	Fw 190 F-8	ca. 40	mit »Panzerschreck«
2./NSG 10	Fw 190 F-8	ca. 45	mit »Panzerschreck«

Insgesamt: ca. 310 Flugzeuge
Quellen: Akten des Lfl.Kdos 6 und LwKdo 4 (Januar bis April 1945) mit
Endstand: 20. 04. 1945

Rückansicht des Höhenjägers Fw 190 A-3/U7 mit den beiden Ausbeulungen in den Flächenwurzeln, unter denen jeweils ein 2-cm-MG 151/20 Platz fand.

Vom leichten Höhenjäger Fw 190 A-3/U7 wurden drei Maschinen hergestellt, welche die WerkNrn. 528, 530 und 531 trugen.

Die A-3/U7 unterschied sich hauptsächlich durch die beiden seitlichen Lufteinlässe, den regelbaren Kühlluftaustritt und eine auf zwei MG 151/20 reduzierte Bewaffnung von der serienmäßigen A-3.

V.
Die Triebwerksfrage

1. Fw 190 und Ta 152 mit DB 603

Vom einsitzigen Jagdflugzeug Fw 190 wurden ab 1940 vier unterschiedliche Varianten entwickelt, die sich alle von der A-Ausführung ableiteten:

Fw 190 A mit BMW 801, ohne Druckkabine
Fw 190 B mit BMW 801, mit Druckkabine
Fw 190 C mit DB 603, mit und ohne Druckkabine
Fw 190 D mit Jumo 213, mit und ohne Druckkabine

Hiervon sollte die Fw 190 B-0 als »Höhenjäger 1« mit druckfester Kabine und die B-1 als künftige Serienversion mit BMW 801 D und Druckkabine hergestellt werden. Bis auf wenige Musterflugzeuge wurde das Vorhaben jedoch nicht verwirklicht.

Eine Fw 190 V16 (CF+OW) während der Erprobung bei Daimler-Benz in Stuttgart-Echterdingen.

Die Fw 190 V16 stellte ein Nullserienflugzeug der Bauausführung B-0 dar, das mit einem DB 603 ausgerüstet war. Das Flugzeug ging am 14.08.1944 verloren.

Die Fw 190 V15 (WerkNr. 0037, CF+VN) war mit einem DB 603 A-2 ausgerüstet.

Die Fw 190 C-1 und C-2 sollten als Jagdflugzeuge mit DB 603 A und integrierter Motorkanone zum Einsatz kommen. Auch der »Höhenjäger 2«, dessen Antrieb gleichfalls aus dem DB 603 - jedoch mit vorgeschalteter Abgasturbine - bestand, ging nicht in Serie. Die Mehrzahl der hergestellten Musterflugzeuge wurden später als Prototypen für leistungsgesteigerte Ausführungen der Fw 190 und Ta 152 verwandt. Trotz aller Anstrengungen blieb es zumeist, mit Ausnahme der Fw 190 D-9, bei den mit dem BMW 801 C und D ausgerüsteten Fw 190 A-1 bis A-9.

Da sich der Kriegsverlauf nicht wie erwartet entwickelte, die eigenen Verluste im Steigen begriffen waren und auch der Gegner immer leistungsfähigere Flugzeuge produzierte, mußte das RLM seine Forderungen höherschrauben. Außer der Steigerung der Produktion galt es auch die Leistungsfähigkeit der bisherigen Baumuster durch stärkere Triebwerke aufzuwerten.

Schon am 17.08.1942 hatte der Generalluftzeugmeister monatlich zusätzlich 200 einmotorige Jagdflugzeuge gefordert, um die Verluste ausgleichen zu können. Er war davon überzeugt, daß die Motorenfrage mit zu den kriegsentscheidenden Faktoren gehörte. Entweder man blieb vorläufig beim luftgekühlten BMW 801, dessen Leistungsgrenze absehbar war, oder aber man ging auf den wassergekühlten Reihenmotor über, dessen Betriebssicherheit als »Jägertriebwerk« im Sommer 1942 noch keineswegs gewährleistet war.

Die Fw 190 V18 (CF+OY) flog ab dem 10.12.1942 in Stuttgart-Echterdingen und in Böblingen als Erprobungsmuster mit Abgasturbine.

Die Fw 190 V18 wurde als Erprobungsmuster mit DB 603, Abgasturbine und GM-1-Anlage eingesetzt.

Aus der V18 (WerkNr. 0040) wurde 1944 eine Ta 152. Sie war noch im April 1945 vorhanden.

Der »Höhenjäger 2« (CF+OV) während der Ausrüstung mit einer Abgasturbine.

Da sich die Betriebssicherheit nicht befehlen ließ, mußte er es vorerst bei der Fw 190 A mit BMW 801 bewenden lassen. Die Initiative von Oberst i.G. Vorwald vom 11.09.1942, die künftige Gesamtserie mit dem BMW 801 auszurüsten, was quasi auf eine Streichung des DB 603, aber auch des Jumo 213 herausgelaufen wäre, hatte keine Zukunft. Schon Anfang Oktober bestimmte Generalfeldmarschall Milch, daß ein Teil der Fw-190-Produktion, insbesondere die Jagdflugzeuge und die schnellen Aufklärer, mit dem DB 603 ausgerüstet werden sollten.

Wenige Wochen später, am 27.10.1942, trug Oberstingenieur Alpers bereits eine erste Programmgestaltung für die zukünftige Großserienproduktion der Fw 190 mit DB 603 dem Generalluftzeugmeister in Berlin vor. Bis dahin waren lediglich drei Maschinen, deren Flugerprobung jedoch erst noch bevorstand, mit einem DB 603-Jägertriebwerk versehen worden. Der Vertreter des Technischen Amtes warnte indirekt vor einem solchen Vorhaben und vertrat damals die Ansicht, daß bei der Verwendung des DB 603 die gesamte Zelle der Fw 190 umkonstruiert werden müßte. Eine Entscheidung wurde vertragt, da keine fliegerisch gesicherten Daten vorlagen. Jedoch sollte der General der Jagdflieger bei der bevorstehenden Erprobung beteiligt werden; außerdem schickte Oberst Petersen (KdE) einen erfahrenen Jagdflieger nach Augsburg-Haunstetten, um die Erprobung der Konkurrenzentwicklung (Me 309) aus nächster Nähe zu beobachten.

Am 17.11.1942 verfügte Erhard Milch, daß die Fw 190 mit DB 603 nur »als Musterbau« weiterverfolgt werden sollte. Die Masse aller Neubauflugzeuge erhielt daher auch weiterhin den luftgekühlten BMW 801 als Antrieb.

Als erstes Musterflugzeug sollte eine Fw 190 V19 ab Herbst 1942 die Flugerprobung aufnehmen, fünf weitere Maschinen würden innerhalb kürzester Zeit nachfolgen. Soweit kam es jedoch nicht, denn die

Versuchsmuster wurden dem Erprobungsprogramm der Fw 190 mit Jumo 213 zugeschlagen. Ein Jagdflugzeug mit DB 603 in der Zelle der Fw 190 A würde es also nicht geben. Die Entwicklung der C-1 und C-2 hatte damit ihr vorzeitiges Ende gefunden.

Ein Ende Dezember 1942 vorgelegter Leistungsvergleich zeigte, daß die Ausführung der Fw 190 mit DB 603 noch nicht zu den Akten gelegt werden konnte. Wenige Tage später, am 8.01.1943, sprach sich das Technische Amt für eine teilweise Abkehr vom BMW 801 und zugunsten des DB 603 aus, da inzwischen ein akuter Mangel an Doppelsternmotoren herrschte.

Während der folgenden sechs Monate wurde an den Entwicklungsvorgaben für ein »Jägereinheitstriebwerk« gearbeitet, das für die in Planung befindliche »Fw 190 neu«, also der künftigen Ta 152, benötigt wurde. Erst am 13.08.1943 entschied GFM Milch, daß die Anschlüsse für das Einheitstriebwerk sowohl für den Jumo 213 als auch den DB 603 passen müßten. Das Daimler-Benz-Trieb-

Bruch der Fw 190 V31 (WerkNr. 0056, GH+KU), nachdem die Pläne, die Maschine in eine Ta 152 H-10 umzubauen, aufgegeben wurden.

Modell der Fw 190 D-1/D-2 vor der Rumpfverlängerung im Bereich der rückwärtigen Zelle.

werk gelangte erstmals im Dezember 1939 auf den Prüfstand. Am 3.02.1940 erfolgte die Bestellung der ersten 120 DB 603. Hieraus wurden insgesamt 36 Ausführungen entwickelt, von denen der DB 603 E mit verbessertem Lader ab 1943 verfügbar war. Mit MW-50-Einspritzung wurde der DB 603 EB, mit angebautem Zweistufenlader der DB 603 L geplant. Die Ausführung DB 603 LA erreichte eine Leistung von 1550 kW (2100 PS) und war für eine Volldruckhöhe von 11.000 m ausgelegt. Ferner besaß das Triebwerk eine MW 50-Einspritzung.

Am 28.01.1944 genehmigte Milch die beschleunigte Fortentwicklung aller Ausführungen des DB 603, besonders aber die der Baureihen E und L.

Spätestens Anfang 1944 wurde es offensichtlich, daß es auch bei der Weiterentwicklung sowie bei der geplanten Serienproduktion des Jumo 213 zu Engpässen kommen würde. Damit war sowohl die Produktion der Fw 190 D-9 als auch mehrere Baureihen der Ta 152 gefährdet. Das Technische Amt bekräftigte daher seine Ansicht, den DB 603 in beiden Maschinen forciert einzubauen. Doch die DB - Motoren mit Doppellader ließen auch weiterhin auf sich warten.

Daher konnte die Fw 190 V21/U1 - als Vorversuch für die geplante Bauausführung Ta 152 C0 - erst am 3.11.1944 mit der Flugerprobung beginnen. Infolge fehlender Triebwerke mußte man sich entschließen, die Erprobung der Fw 190 D-Zelle mit DB 603 E oder L vorerst zu verschieben. Mit ein Grund lag wohl auch in den erwarteten Flugleistungen der Ta 152 C. Dies betraf vor allem die Fw 190 D-14, eine Abwandlung der D-12 mit DB 603 LA, sowie die Fw 190 D-15, eine D-9 mit DB 603 E und MW-50-Anlage.

Trotz der mit der Mustermaschine erreichten Höhenleistungen wurden auch Stimmen gegen die Ausrüstung mit dem DB 603 laut. Insbesondere die langfristigen Anlauftermine für die Großserie wurden von Vertretern des OKL bemängelt.

Die Zahl der Erprobungsmuster mit DB 603 war und blieb denkbar gering. Anfang Dezember 1944 war lediglich die Ta 152 CV6 vorhanden, die Professor Tank am 13.12.1944 nachflog. Im Januar 1945 kamen die Ta 152 CV7 und CV8 hinzu.

Doch trotz aller Anstrengungen schritten die Arbeiten kriegsbedingt nur langsam voran. Am 15.12.1944 sah sich Speers Stellvertreter im Jägerstab, HDL Saur, genötigt, herbe Kritik an den Focke-Wulf-Werken zu üben, da seiner Ansicht nach die Entwicklung der Ta 152 »nur mangelhaft vorangetrieben« würde. Die nicht fristgemäße Auslieferung sowohl des Jumo 213 als auch des DB 603 hatten im Grunde dafür gesorgt, daß die Erprobungsvorhaben nicht vorankamen. Selbst Ende Januar 1944 war man nicht in der Lage gewesen, wenigstens ein Musterflugzeug mit DB 603 L auszurüsten. Auch für die nächsten Wochen war keine

Änderung der Situation zu erwarten; die Zellenkonstruktion hatte die Triebwerksentwicklung völlig überholt.

Anfang Januar 1945 gab es somit nur die drei Musterflugzeuge des Ta 152 »Normaljägers«, ausgerüstet mit den Versuchsmotoren DB 603 EV 19 bis EV21. Von diesen Flugzeugen gehörten zwei zur Nullserie C-0, die einzige C-0/R11 war der Musterbau des Schlechtwetterjägers Ta 152 C-0/R11 mit einer Siemens-Kurssteuerung der Ausführung K23. Die geplanten Versuchsmuster Ta 152 V10 bis V13, welche die Erprobung für die Ta 152 C-1 übernehmen sollten, wurden bereits 1944 gestrichen. Dies gilt auch für die Ta 152 V15, die erste C-2, auf deren Bauausführung am 18.10.1944 verzichtet wurden.

Im April 1945 wurden jedoch zwei von sechs geplanten Ta 152 C-3 fertiggestellt, aber als B-5/R11 mit FuG 125 und Kurssteuerung K 23 eingeflogen. Die Triebwerksausstattung wurde daher auf den Jumo 213 E umgestellt. Von den drei verbleibenden Ta 152 C-3 wurde eine während des Baus eingestellt, die Ta 152 V16 und V17 erhielten jeweils ein DB 603 B-Triebwerk mit MW-50-Anlage, das auf den Rüstzustand des DB 603 E gebracht worden war.

Zur gleichen Zeit wurde die Entwicklung der Fw 190 D-14 nach zwei Prototypen eingestellt und dafür die D-15 favorisiert. Die ersten Musterflugzeuge der beiden Baureihen sollen in Echterdingen bei Stuttgart endmontiert und mit DB 603-Motoren ausgerüstet worden sein. Die Produktion war später bei den Luther-Werken geplant.

Bei den als »Haspel-Jäger« bezeichneten Maschinen, der Fw 190 V76 und V77, handelte es sich um die beiden Fw 190 D-14-Musterflugzeuge, die aus der D-9 umgebaut worden waren. Das Ziel der Entwicklung lag in einer Dauergeschwindigkeit von über 700 km/h im Horizontalflug.

Wohl die ersten und gleichzeitig letzten mit einem DB 603 L ausgerüsteten Ta 152 stellten die Versuchsmuster V27 und V28 dar, die im Februar 1945 zum Erstflug starteten.

Das nahe Kriegsende und die zusammenbre-

Die Fw 190 V20, eine ehemalige Fw 190 A-0 (WerkNr. 0042), diente zur Erprobung der D-Serie. Aus der Maschine entstand später ein Musterflugzeug für die Ta 152 C-4 mit DB 603 A.

chende Infrastruktur verhinderten den Anlauf der Großserienfertigung aller mit DB-603-Motoren ausgestatteten Fw 190 und Ta 152. Es lagen bereits Ende 1944 Pläne vor, diese Maschinen gleichzeitig bei Ago, Fieseler, Gotha, Mimetall (Mitteldeutsche Metallwerke in Erfurt), NDW (Dornier in Wismar), Siebel und der Arbeitsgemeinschaft Roland produzieren zu lassen. Am Ende blieb es bei weniger als zehn Musterflugzeugen.

Aber auch ohne das nahe Kriegsende hätte der Kolbenjäger mit einem noch so aufwendigen Triebwerk keine Überlebenschance gehabt. Die Entwicklung des Strahljägers war schon zu weit fortgeschritten.

2. »Fw 190 neu« contra Me 209 und Ta 153

Mitte 1943 war das Rennen, welcher Kolbenjäger wohl die Bf 109 und die Fw 190 A ersetzen und damit der letzte Jageinsitzer mit herkömmlichem Triebwerk sein würde, noch offen. Die wenigen wirklichen Kenner der Materie konnten bereits damals abschätzen, daß die Zeit der kolbengetriebenen Flugzeuge mit Riesenschritten ihrem Ende zuging. Obwohl die Großserie der He 280 gescheitert war und bis zur Betriebs- und Einsatzreife der Me 262 noch viel Arbeit geleistet werden mußte, waren die Zeichen der Zeit unübersehbar.

Zwar schienen die verschiedenen Focke-Wulf-Jäger bald von der Me 209 verdrängt worden zu sein, doch es kam alles anders. Wie die Entscheidung schließlich gefällt wurde, zeigt die Entwicklungsbesprechung vom 13.08.1943:

> Prof. Messerschmitt meldet, daß gemäß der Anforderung des Herrn Generalfeldmarschalls vom 10.08.43 eine Einigung mit Professor Tank erzielt worden sei im Sinne einer möglichst weitgehenden Zusammenarbeit. Hiernach sollte einheitlich die Me 209 herausgebracht und zusammen mit Focke-Wulf in ihren Flugeigenschaften noch durchgearbeitet werden.
>
> Die von (dem) General der Nachtjäger gestellte Forderung auf 2 MG 151 statt 2 MG 131 im Rumpf oben sei ohne zusätzliche Beule zu verwirklichen, und auch MK-103-Motorkanone sei darstellbar, allerdings unter Verzicht auf die beiden oberen Rumpfwaffen (wegen Raumbedarf für Munition). Für diesen Fall (könne) aber mit geringerem Aufwand unmittelbar neben dem Rumpf in einem Zwischenstück noch je 1 MG 151 untergebracht werden.
>
> Professor Tank weist darauf hin, daß für Ta 153 andere Querruder als in der Fw 190 vorgesehen sind, die keine Einstellschwierigkeiten bieten und bereits geflogen sind. Außerdem sei die Sicht nach hinten in Fw 190 und Ta 153 erheblich besser als in Bf 109 und Me 209. Nicht zu vergessen sei die stärkere Bewaffnung der Ta 153, die auch bei MK 103 als Motorkanone die beiden MG 151 im Rumpf bei ausreichender Munitionsmenge beizubehalten gestatte.
>
> Kaether: Um möglichst schnell eine Verbesserung zu bringen, könnte mit nur etwa 10 % Aufwand für Neuerstellung bzw. Änderung von Vorrichtungen gegenüber der jetzigen Fw 190 eine neue Fw 190 mit DB 603 oder Jumo 213 (Einheitstriebwerk) gemacht werden. Hierbei würden nur der Rumpf um ca. 400 mm verlängert und der Holmgurt geändert, sonst aber Rumpf, Flächen und Leitwerk unverändert übernommen werden. Die Leistung würde der Ta 153 nur im Steigen um einen geringen Betrag (0,5 m/s) unterlegen, sonst mindestens gleich sein.
>
> KdE und Stabsing. Schwarz äußern gegen diesen Vorschlag Bedenken wegen der Leistungsseite.
>
> Generaldirektor Frydag bezweifelt ernstlich, daß der

Der Jumo 213 E war als Antrieb für die späten Ausführungen der Fw 190 D sowie für die Ta 152 H-0, H-1, H-10, H-11 und H-12 geplant.

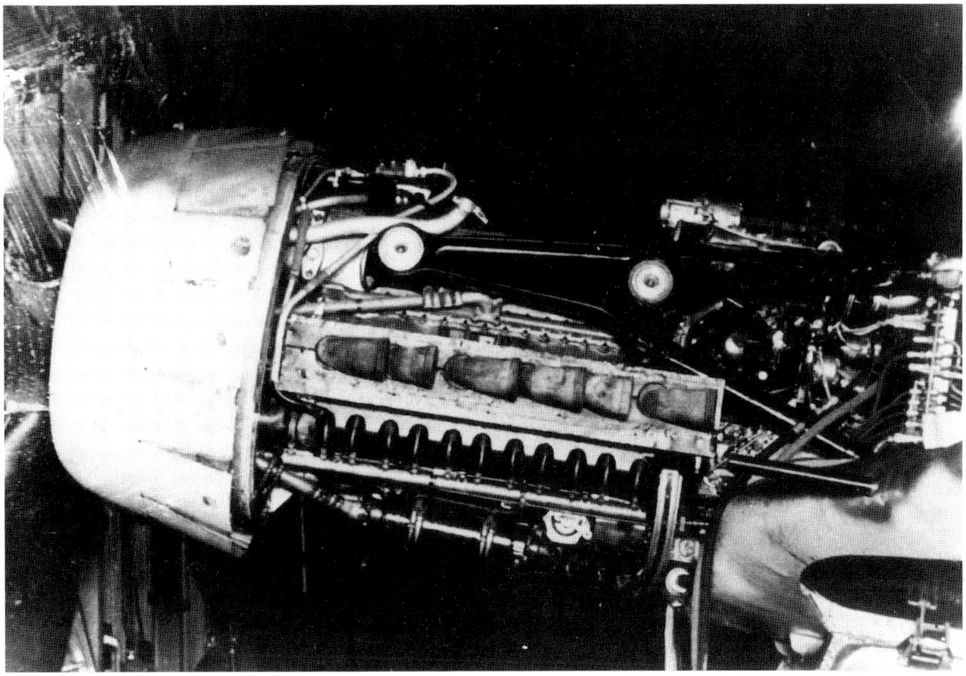

Umstellungsaufwand sich in der angegebenen Größenordnung halten wird.

General der Jagdflieger fordert eindeutig schnellstens ein aus der Fw 190 entwickeltes leistungsgesteigertes Jagdflugzeug, das, wenn nicht als Ta 153, so mindestens in der Form des zuletzt gemachten Vorschlags kommen müßte.

TO des Reichsmarschalls stimmt dem General der Jagdflieger zu und hebt hervor, daß neben einer Fw 190-Weiterentwicklung vor allem auf Me 209 das entscheidende Gewicht zu legen sei.

Der Generalfeldmarschall (Milch) weist Herrn Kaether nachdrücklich auf die hohe Verantwortung hin, die er mit seinem Vorschlag übernimmt, durch den die zur Entscheidung stehende Frage in ein ganz anderes Licht gerückt wird.
Unter Berücksichtigung des Umstandes, daß eine Ablösung der Bf 109 auf jeden Fall kommen muß, und daß die hohe bereits festgelegte Investierung an Vorrichtungen in den großen Nachbauwerken Regensburg, Erla und WNF eine andere Disposition nicht mehr zulasse, befiehlt der Herr Generalfeldmarschall:

a) Me 209 ist in dem bisher vorgesehenen Umfang sofort in Angriff zu nehmen.
Auf Grund der Ausführungen der Firma Focke-Wulf, wonach mit Vorrichtungsänderungen bzw. -neuerstellungen, die in ihrem Gesamtaufwand 10, höchstens aber 15 % der für die laufende Fw-190-Serie vorhandenen Vorrichtungen und Betriebsmittel nicht überschreiten, eine neue Fw 190 zu einem erheblich früheren Termin mit etwa den gleichen Leistungen und der vollen Bewaffnung wie die der Ta 153 geschaffen werden könnte, entscheidet der Herr Generalfeldmarschall weiter:
b) Um über die Umstellung der Fw-190-Serienwerke sowie der noch nicht einem bestimmten Muster zugeteilen Werke Luther und Gotha baldigst verfügen zu können, ist von Focke-Wulf am 17.08.1943 über die vorgeschlagene, neue Fw 190 an Hand verbindlicher Termin- und Planungsunterlagen vorzutragen.

Der Generalfeldmarschall begrüßt die zwischen Messerschmitt und Focke-Wulf angebahnte Zusammenarbeit und wünscht, daß sie in jedem Falle beibehalten wird.

Der TO des Reichsmarschalls, General der Jagdflie-

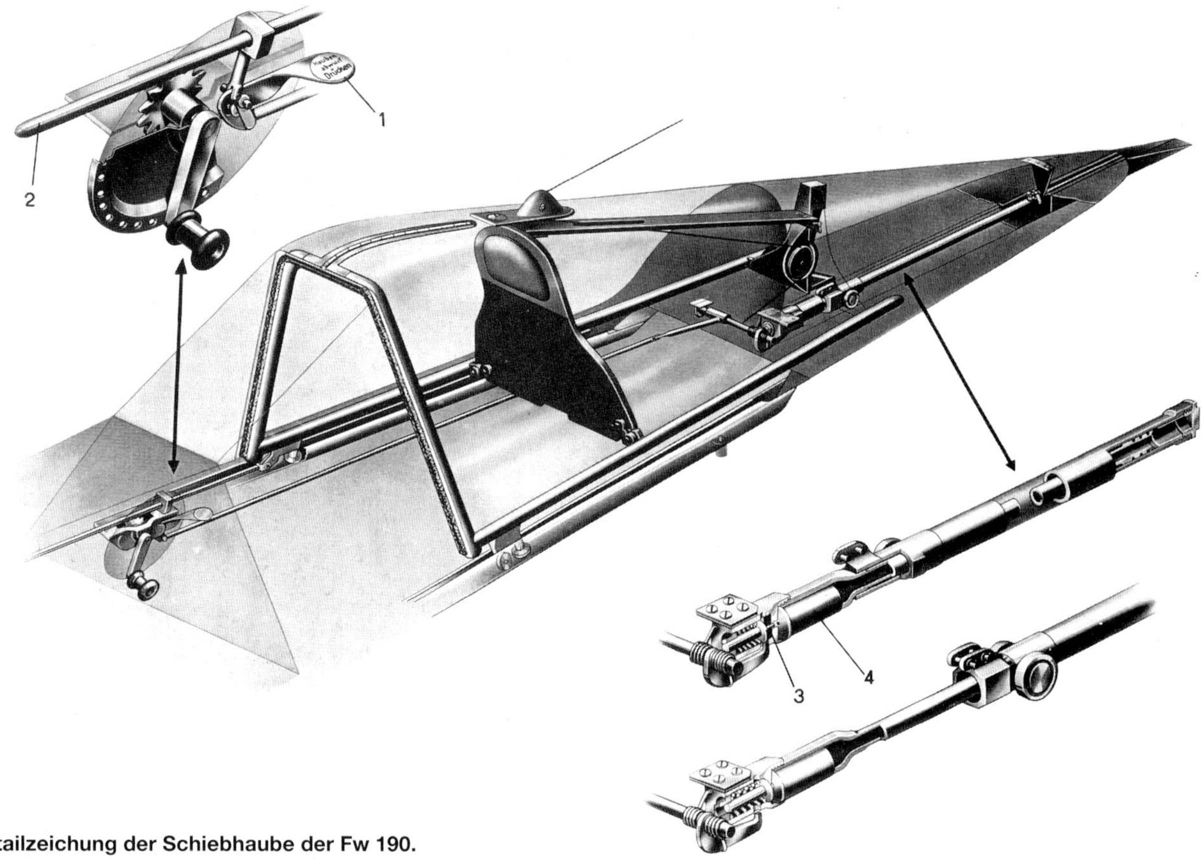

Detailzeichung der Schiebhaube der Fw 190.

Nahansicht des Jumo 213 A-1 am Modell der Fw 190 D.

ger, GL/C-Chef und KdE schließen sich den Entscheidungen des Herrn Generalfeldmarschalls an.

Am 17.08.1943 stand zumindest fest, daß die Ta 153 ersatzlos gestrichen war und die Me 209 nun absoluten Vorrang bei der Entwicklung eines neuen Standardjägers haben würde. Doch nicht für lange; nur zwei Monate später, am 29.10.1943, rüttelte Major Knemeyer an der bisherigen Entscheidung und zeigte deutlich Fehler in der Planung der künftigen Flugzeugausstattung der Luftwaffe auf:

»Es erscheint notwendig, die gesamte Jägerfrage aus folgenden Gründen neu aufzurollen:

a) Bei der Firma Messerschmitt muß die größte Dringlichkeit auf der Me 262 liegen. Außerdem ist noch sehr viel für die Bf 110 und Me 410 zu tun und für die Betreuung der laufenden Bf 109. Diese Belastung schließt eine gesunde und schnelle Durchführung der Me-209-Aufgabe aus.
b) Leistungen der Bf 109 H mit DB 605 D liegen bereits unter den eines Schnellkampfflugzeuges und Zerstörers wie der Ju 388.
c) Die 2000 PS-Motoren müssen schnellstens für die Truppe mobilisiert werden, da es nicht angeht, daß Flugzeuge eines überalterten Leistungsniveaus noch bis ins Jahr 1945 hinein in großen Stückzahlen gebaut werden. Die Fertigung der neuen Motoren wird aber durch die alten Muster stark behindert.
d) Eine baldige und wirksame Abdeckung der Höhenseite ist durch die Muster Fw 190/Ta 152 nicht gegeben.

Es wird daher vorgeschlagen:

a) Streichung der Me 209
b) Ausweitung und Beschleunigung der Fw 190/Ta 152 einerseits und der Me 262 andererseits.
c) Übergang auf Bf 109 H mit Jumo 213 E sobald als möglich.
d) Beibehaltung der Bf 109 mit DB 605 D nur soweit eine Umschaltung noch nicht durchführbar ist.

Oberst Petersen vertritt gleichfalls den Standpunkt, daß in Anbetracht der Leistungsunterlegenheit der Bf 109 die Mobilisierung des 2000-PS-Motors auch noch für dieses Muster unbedingt versucht werden muß.

Attrappenbau der Kabine der Fw 190 D. (Bundesarchiv)

Generalmajor Galland nimmt hierzu durch folgende Forderungen Stellung:

a) Möglichst viele Fw 190/Ta 152 und Me 262.
b) Verzicht auf Me 209 nur, sofern hierfür ohne Verzug gleiche Stückzahlen Ta 152 bzw. Me 262 kommen.
c) Deckung der Höhenseite auch für 1945 durch einen besonderen Höhenjäger, der nicht der Ta 152 oder Me 262 entnommen werden kann.
d) Beibehaltung der im Programm vorgesehenen Gesamtstückzahlen an Jägern, auch unter Inkaufnahme des Weiterlaufs restlicher Stückzahlen überholter Muster.

Der Generalfeldmarschall befiehlt nach weiterer Durchsprache, die Vorschläge von Major Knemeyer durch entsprechende Untersuchungen seitens der Beschaf-

Nach dem Ausbau des DB 603 erhielt die Fw 190 V17/U1 (CF+OX) einen Jumo 213-AV-Versuchsmotor und später ein Triebwerk der Ausführung A-2. Die V17 diente der Erprobung der Baureihe Fw 190 D-9.

Die Fw 190 D-12/R5 besaß einen Jumo 213-F-Reihenmotor mit MW-50-Hochdruckanlage und eine aus einer 3-cm-MK 108 und zwei 15-mm-MG 151 bestehende Waffenanlage.

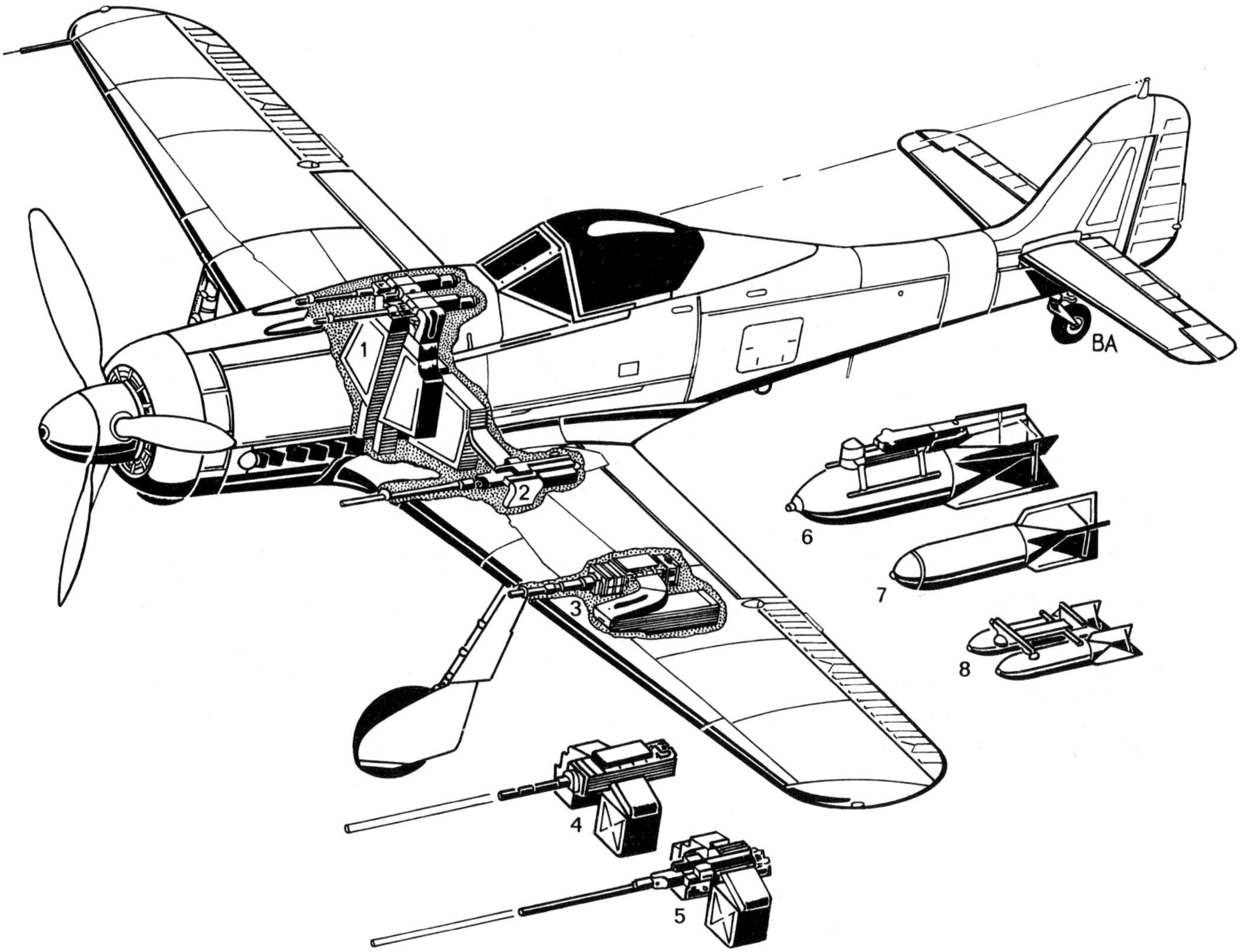

Darstellung der Waffeneinbauten bei der Fw 190D:

1 MG 131 (Fw 190 D-9, D-10, D-11 und D-14)
2 MG 151/20 (Fw 190 D-9 bis D-15)
3 MK 108 (Fw 190 D-9/R2, D-13/R2 und D-13/R5)
4 MK 108/Mo (Fw 190 D-10 und D-12, außer D-12/R1)
5 MG 151/20 (Fw 190 D-13, alle Varianten)
6 SC 500 (alle Fw 190 D mit ETC 501)
7 SC 250 (alle Fw 190 D mit ETC 501)
8 SC 71 (alle Fw 190 D mit ETC-71-Fläche)

fung zu verfolgen. In einer der nächsten Sitzungen soll hierüber entschieden werden.

Schon einmal, am 25.05.1943, hatte GFM Milch – mit Rückendeckung von Reichsmarschall Göring – die Streichung der Me 209 verkündet.
Bereits am 27.06.1943 fand sich die Me 209 wieder im Programm. Hitler hatte sich zwischenzeitlich für die Maschine ausgesprochen, da er den Treibstoffverbrauch der Me 262 als zu groß ansagte und durch die breite Einführung des Strahljägers sogar den Zusammenbruch der gesamten mit der Bf 109 und Fw 190 ausgerüsteten Tagjagd voraussah. Professor Messerschmitt sprach sich gleichzeitig gegen die Produktion der Ta 152 aus, da die Maschine schwerer als die Me 209 ausfallen und zu viele Rohstoffe verschlingen würde.

Am 14.12.1943 wurden die Arbeiten an der Me

Sitzschale und Mittelkonsole der Fw 190 D-9 mit Bombenabwurfanlage.

Die Fw 190 V17 (WerkNr. 0039, CF+OX) am 18.12.1943 in Hannover-Langenhagen.

Detailansicht des Rumpfbugs der Fw 190 V53, welche außer der Triebwerksentwicklung vor allem der Waffenerprobung diente.

Die Fw 190 V53 (WerkNr. 170003, DU+JC) stellte eine umgebaute Fw 190 A-8 dar und galt als Vorläufer der D-9/D-10.

209 endgültig gestoppt. Mit den beiden letzten Versuchsmustern, der Me 209 V5 und V6, durften lediglich noch einige Erprobungsvorhaben abgewickelt werden. Die beabsichtigte Serienfertigung blieb jedoch auf Dauer storniert.

Die Entscheidung, welcher Focke-Wulf-Jäger die Nachfolge der Me 209 antreten und in Großserie gebaut werden sollte, zog sich mehrere Monate hin; erst am 28.04.1944 fand sich das Thema wieder auf der Tagesordnung: Die Fw 190 D/Ta 152 mit Jumo 213 im Vergleich mit Bf 109 K mit DB 605 AS standen von nun an eindeutig im Vordergrund des Interesses:

> Das höhere Leistungsniveau hat sich bei den Jägern durch Einführung des DB 605 AS bzw. D-Motors in die Bf 109 gegenüber der Fw 190 D mit Jumo 213 erheblich zugunsten der Bf 109 K verschoben; die leistungsstärkere Ta 152 mit Jumo 213 E ist auch nach dem derzeitigen Planungsstand terminlich zurückgefallen. Es sind Abhilfemaßnahmen zu besprechen:
> Stabsingenieur Schwarz stellt unter Vorlage eines Leistungsvergleichs der Muster Bf 109 G mit DB 605 AS, Bf 109 K mit DB 605 AS bzw. D, Bf 109 H und Fw 190 D mit Jumo 213 und Ta 152 mit Jumo 213 E fest:
>
> Ta 152 mit Jumo 213 A interessiert nicht mehr.
>
> Fw 190 D mit Jumo 213 A ist leistungsmäßig in der Höhe ab 7,5 km am schlechtesten.
>
> Ta 152 deckt mit Jumo 213 E das ganze Leistungsangebot ab.
>
> Bf 109 K mit DB 605 D hat in der Höhe eine nicht wesentlich schlechtere Leistung als Ta 152 mit Jumo 213 E, ist jedoch am Boden um ca. 40 km/h unterlegen. Bewaffnungsmäßig ist die Ta 152 besser.
>
> Oberstleutnant Knemeyer fordert, daß für die jetzt leistungsschwach mit dem A-Motor anlaufende Fw 190 D eine Leistungssteigerung gefunden werden muß, entweder durch Bereitstellung des Jumo 213 E (Doppellader) oder durch Einbau des DB 603 E oder L. Generaling. Mahnke teilt mit, daß Dir. Cambeis bereits grundsätzlich zur Aufgabe gemacht ist, auf den E-Motor umzuschalten und glaubt, daß mit Hilfe des Jägerstabes durch grundsätzlichen Vorrichtungsbau, der in 2,5 bis 3 Monaten zu bewältigen wäre, für das letzte Quartal 1944 eine Erhöhung der Ausbringung möglich sein könnte, so daß der Zellenfertigung entsprechende Motoren zur Verfügung stünden.
>
> Der Generalfeldmarschall stellt zusammenfassend fest, daß das bei Gewährleistung der von Generalingenieur Mahnke in Aussicht gestellten Ausbringung im letzten Quartal (von ca. 1000 Motoren) die Forderung des Generals der Jagdflieger befriedigt werden könnte, und gibt Generaling. Mahnke den Auftrag, diese Voraussetzungen zum obigen Programm zu prüfen.

Eine endgültige Entscheidung, wie der Übergang zum Strahljäger nun bewerkstelligt werden könnte, wurde jedoch noch immer nicht getroffen. Am Ende konnten sich auch eine leistungsmäßig erheblich gesteigerte Bf 109 K (und H) nicht gegen die Focke-Wulf-Muster durchsetzen.

In der letzten Amtschefbesprechung, es ist die 109., nahmen am 12.05.1944 bereits die Mitglieder des Jägerstabes teil. Die Fw 190 D mit Jumo 213 E erhält als Interimslösung den Vorrang. Die zahlreichen technischen Probleme mit diesem Flugmotor ließen eine Umstellung jedoch nicht vor Frühjahr 1945 möglich werden.

Auch unter Leitung von Hauptdienstleiter Saur, dem Chef des Stabes und Vertreter des Reichsminister Speer sowie des Generalfeldmarschalls Milch, konnte die Frage Fw 190 D oder Ta 152 nicht abschließend gelöst werden, da immer noch der fehlende Hochleistungsmotor die Tagesordnung beherrschte.

Daß dem Strahljäger die Zukunft gehören würde, stand für viele der Sitzungsteilnehmer bereits fest. Allein der möglichst reibungsarme Übergang in eine neue Epoche der Luftfahrt war noch gefragt.

Jumo 213-Triebwerke für Fw 190 und Ta 152

A. Versuchsmotoren-Entwicklung

Motoren-ausführung	Auslieferung im Monat: (Neubau-Triebwerke)														
	12/43	1/44	2/44	3/44	4/44	5/44	6/44	7/44	8/44	9/44	10/44	11/44	12/44	1/45	2/45
Jumo 213 A-1	29	25	35	21	8	20	–	25	–	–	1	–	–	–	–
Jumo 213 A-2V	–	–	–	–	–	5	–	–	–	–	–	–	–	–	–
Jumo 213 CV 1	–	–	–	–	–	–	–	–	–	–	–	–	–	–	–
Jumo 213 C-1	–	3	5	6	5	4	5	2	1	–	–	–	–	–	–
Jumo 213 EV	–	2	2	1	–	–	–	–	–	–	–	–	–	–	–
Jumo 213 E-0	–	–	1	3	5	7	3	1	–	–	–	–	–	–	–
Jumo 213 E-1	–	–	–	–	–	–	10	10	7	10	13	63	57	72	53
Jumo 213 F-1	–	–	–	–	–	–	–	–	–	–	–	6	2	1	1
Jumo 213 JV	–	–	–	–	–	–	–	–	–	–	–	–	1	–	–

B. Ausführungen der Jumo 213-Serientriebwerke

Triebwerksnummer (Gerät-Nr.)	Motor (Gerät-Nr.)	Zelle	Luft-schraube	Bemerkung
9-8013 B2	9-213 A-1	Ju 88 G-6	VS 111	»Bombertriebwerk« Ju 188 VS 111 mit Axialkühler
9-8213 E1	9-213 AG-1	Fw 190 D-9	VS 111	»Jägertriebwerk« mit Axialkühler und Schmierstoffvorrat am Triebwerk
9-8213 D1	9-213 E-1	Ju 88 G-7	VS 9/19	»Bombertriebwerk« Ju 388 J VS 9/19 mit Einheitskühlerkopf
9-8213 FE1	9-213 E-1	Ta 152 E	VS 9/19	»Jägertriebwerk« mit Einheitskühlerkopf
9-8213 FH1	9-213 E-1	Ta 152 H	VS 9/19	»Jägertriebwerk« mit Einheitskühlerkopf
9-8213 H1	9-213 F-1	Fw 190 D-11	VS 9	»Jägertriebwerk« Fw 190 D-12 VS 9 mit Axialkühler und Schmierstoffvorrat am Triebwerk

Quellen: A. Jumo-Monatsberichte Dezember 1943 bis Februar 1945
B. Übersichtsmappe Triebwerke mit Jumo 213, Stand: Dezember 1944

3. Fw 190 D – Das Mehrzweckkampfflugzeug

Die leistungsmäßige Unterlegenheit der deutschen Jagdgeschwader führte dazu, immer stärkere Triebwerke in die Einsatzflugzeuge einzubauen.

Die mit Jumo 213 ausgerüsteten Fw 190 sollten bis Kriegsende zu den besten deutschen Jagdflugzeugen gehören. Die Entwicklung der D-Ausführung begann bereits im Sommer 1942, als deutsche Piloten versuchten, englische DH »Mosquito« in bis zu 11500 m Höhe abzufangen, was aber auf Grund der schlechten Höhenleistungen fast unmöglich war. Der Ruf nach einer leistungsfähigeren Ausführung der Fw 190 wurde daher unüberhörbar.

Zuvor, Anfang 1942, wurden die technisch-taktischen Vorgaben zusammengestellt, insbesondere die zu fordernden Leistungen für eine Fw 190 mit wassergekühltem Reihenmotor. Die überarbeitete Maschine erhielt vorläufig die Bezeichnung »Fw 190 mit Jumo 213«. Bei der Entwicklungsbesprechung am 11.09.1942 wurde von Oberst i.G. Vorwald entschieden, vorläufig die Gesamtserie der Fw 190 A mit dem luftgekühlten BMW-801-Doppelsternmotor auszurüsten. Die Entwicklung der mit Reihenmotor geplanten Ausführungen sollte gleichzeitig erfolgen. Ob alle mit Jumo 213 oder DB 603 projektierten Baureihen enfallen sollten, wagte man vorerst nicht zu sagen.

Am 26.09.1942 erfolgte der erste Flug einer Fw 190 mit Jumo 213 AV-Triebwerk, der Vorstufe zur Ta 153. Die in den folgenden Wochen erreichten Leistungen lagen zwar noch unter den rechnerischen Werten, ließen aber eine wesentliche Steigerung des Leistungsspektrums erwarten.

Für die am 29.12.1942 stattfindende Amtschefbesprechung hatte das Technische Amt, Abteilung GL/C-E2, einen umfassenden Leistungsvergleich

Der Übergang vom Stern- zum Reihenmotor sollte ab 1943 bewerkstelligt werden. Die Aufnahme entstand 1944 im Musterbau in Langenhagen.

Die Fw 190 V26 (WerkNr. 0051, GH+KP) erhielt ein Jumo 213 C-Triebwerk, das mit einer Motorkanone ausgerüstet werden konnte.

zwischen der Fw 190 mit Jumo 213 und allen übrigen in Frage kommenden Triebwerken ausgearbeitet. Die Studie ergab eindeutig, daß die Focke-Wulf mit Jumo 213 eindeutig höhere Leistungen als die Fw 190 A mit BMW 801 aufweisen würde. Die Ausführungen mit DB 603 zeigten vorläufig (vergleichsweise) eine geringe Leistungserhöhung. Erhard Milch entschied sich daher für die Weiterentwicklung der Fw 190 mit Jumo-Triebwerk, da die Variante mit DB 603 wegen des Produktionsengpasses ohnehin kaum zur Bedarfsdeckung der Truppe ausreichte, und auch die Ausbringung beim BMW 801 meistens nicht die Planvorgaben erfüllte.

Anfang 1943 befahl das Technische Amt die Serienproduktion des Jumo 213 A ab Herbst 1943 in den Werken Magdeburg, Köthen und bei den Mitteldeutschen Motorenwerken. Zuvor hatte der General der Jagdflieger, Adolf Galland, Bedenken geäußert, daß der Jumo 213 kurzfristig die nötige Betriebssicherheit für den Einsatz erreichen würde. Man sollte erst einmal abwarten. Dagegen vertrat Oberstleutnant Petersen (Kommando der Erprobungsstellen) die Auffassung, daß es wohl am vernünftigsten sei, nur die Jagdbomber-Ausführungen der Fw 190 mit dem BMW 801 zu bestücken, und bei den neuen Jagdflugzeug-Ausführungen auf den DB 603 zurückzugreifen. Außerdem sollte man die noch zu entwickelnden leistungsgesteigerten Jagdbomber – wenn auch in geringerer Stückzahl – mit dem leistungsstärkeren Jumo 222 ausrüsten.

Die Vertreter des Technische Amtes kritisierten im Januar 1943, daß man den Jumo 213 nicht ausreichend in die künftigen Planungen eingebunden habe. Es wäre ein fataler Fehler, die Verwendung des Jumo 213 nur halbherzig zu fördern, da hierin die einzige Möglichkeit zu sehen wäre, die Massenproduktion der Fw 190 in kürzester Frist zu forcieren.

Als man auf den geplanten Einsatz der Fw 190 in größeren Stückzahlen zurückkam, schlug Galland vor, die Herstellung der Ju 87 mit Jumo 213 zugunsten der Fw 190 um 100 Maschinen pro Monat zu verringern. Außerdem sollte die Ju-188-Fertigung baldmöglichst gedrosselt werden, um auf diese Weise an weitere Jumo-213-A-1-Motoren zu gelangen.

Im Februar 1943 zeichnete sich die Fertigstellung eines ersten Fw-190-Musterflugzeuges mit Jumo

Nach einem Kühlerschaden mußte die Fw 190 V53 1944 instandgesetzt werden. Die Maschine war zeitweise mit einer 3-cm-Motorkanone ausgerüstet.

213 für Juli ab. Sechs weitere Maschinen sollten zwischen August und September 1943 die Erprobung aufnehmen. Die Höchstleistungen der neuen Jagdflugzeuge sollten beim Flug mit Notleistung bei etwa 720 km/h in 7000 m Flughöhe liegen. Die Starrbewaffnung würde laut dem Technischen Amt aus einer Motorkanone (MK 103 oder MK 108), zwei MG 131 über dem Triebwerk und zwei MG 151/20 in den Flügelwurzeln bestehen. Als zusätzliche Bewaffnung erschienen zwei weitere 20-mm-Waffen durchaus wünschenswert.

Bei der am 16.02.1943 von GFM Milch geleiteten Amtschefbesprechung stand neben der Typenbereinigung auch die Entwicklung des Jumo 213 auf der Tagesordnung. Inzwischen waren auch 75 Nullserienmotoren und ab Ende 1942 die ersten 35 Jumo 213 A-1 produziert worden. Ein erster Jumo 213 A-0 war Anfang 1943 bereits 50 Stunden in einem Fw-190-Versuchsmuster gelaufen. Dabei kam es zwar zu Problemen mit dem Schaltgetriebe und dem Ölkreislauf, aber in Dessau (Jumo) hoffte man, daß die Entwicklungsabteilung die Schwierigkeiten in relativ kurzer Zeit beseitigen könne. Die ersten serienmäßigen Reihenmotoren der Ausführung Jumo 213 A-1 sollten auf Weisung von GFM Milch bis spätestens April 1943 an Focke-Wulf ausgeliefert werden.

Während der Erprobung mit der Fw 190 wurden einige Mängel am Jumo 213 offenkundig, die ab April 1943 zu konstruktiven Änderungen am Triebwerk führten. Beim Nachfliegen einer Fw 190 mit Jumo 213 in Rechlin am 30.04.1943 zeigte sich das Kommando der Erprobungsstellen befriedigt über den Fortgang der Arbeiten, obwohl es zu kleineren Defekten gekommen war.

Im Mai 1943 war die Werksleitung von Focke-Wulf der Ansicht, daß mit einer Verzögerung bei der Entwicklung der »Fw 190 mit Jumo 213« (Ta 153) von etwa drei Monaten zu rechnen war, da die Gestaltung der serienmäßigen Triebwerksverkleidung praktisch auf eine neue Zellenform hinauslaufe.

Da eine erhebliche Verzögerung im Produktionsablauf erwartet wurde, würde man, so Direktor Dr. Werner vom Industrierat am 18.05.1943, etwa 2.700 zusätzliche Fw 190 mit BMW 801 produzieren müssen. Allerdings ließ sich nicht sagen, woher die erforderlichen Triebwerke kommen sollten.

Inzwischen folgte am 13. Juli der Stab Erhard

Milchs dem Wunsch des Generals der Jagdflieger, indem er die Weichen für einen wesentlich schnelleren Anlauf der »Ta 153« stellte. Da die Umstellung auf die leistungsstärkere Maschine zu einer zeitweise geringeren Ausbringung führen würde, sollten frühzeitig möglichst viele Fw 190 mit BMW 801 hergestellt werden, um etwaige Verluste bei der Ausbildung und an der Front ausgleichen zu können. Aus diesem Grund wurde bei der Amtschefbesprechung am 3.08.1943 die monatliche Produktionsrate der Fw 190 A mit BMW 801 von 365 auf 400 Flugzeuge im Monat erhöht.

Anläßlich der nächsten Entwicklungsbesprechung am 18.12.1943 kamen die anwesenden Vertreter des Technischen Amtes, des KdE und der Industrie sowie die Waffengenerale überein, daß angesichts der gegenerischen Möglichkeiten die Leistungen der Fw 190 grundsätzlich zu verbessern seien. Die »Fw 190 neu« sollte ein »Jägereinheitstriebwerk« erhalten, das entweder aus einem Jumo 213 oder einem DB 603 bestehen konnte. Sämtliche Triebwerksanschlüsse waren auf beide Motorenmuster ausgelegt.

Die für die Ta 152 wichtigste Entscheidung fiel am 14.08.1943, als Erhard Milch die Ta 153 ersatzlos strich. Da aber Focke-Wulf ein nahezu leistungsfähiges Flugzeug mit kampfstarker Bewaffnung neben der Fw 190 A-9 (BMW 801 F) anzubieten vermochte, meldete sich Professor Tank zu Wort. Er erklärte, daß die bereits mehrfach erwähnte »Fw 190 neu« bereits als Prototyp den Flugbetrieb aufgenommen habe. Obwohl die Leistungen etwas unter denen der Ta 153 lägen, seien die Maschinen ein Fortschritt gegenüber der Fw 190 A. Insbesondere die aus einer 30-mm Motorkanone (MK 103), zwei Rumpfwaffen (MG 131 oder MG 151/15), zwei MG 151/20 in den Flügelwurzeln sowie zwei MK 108 (als Rüstsatz für die mittlere Fläche) bestehende Starrbewaffnung hinterließ einen nachhaltigen Eindruck beim GdJ. Da Galland

Die V68 wurde ab August 1944 flugklar und besaß eine Bewaffnung von zwei 13-mm-MG 131 (Rumpf) und vier 15-mm-MG 151/20 in den Flächen.

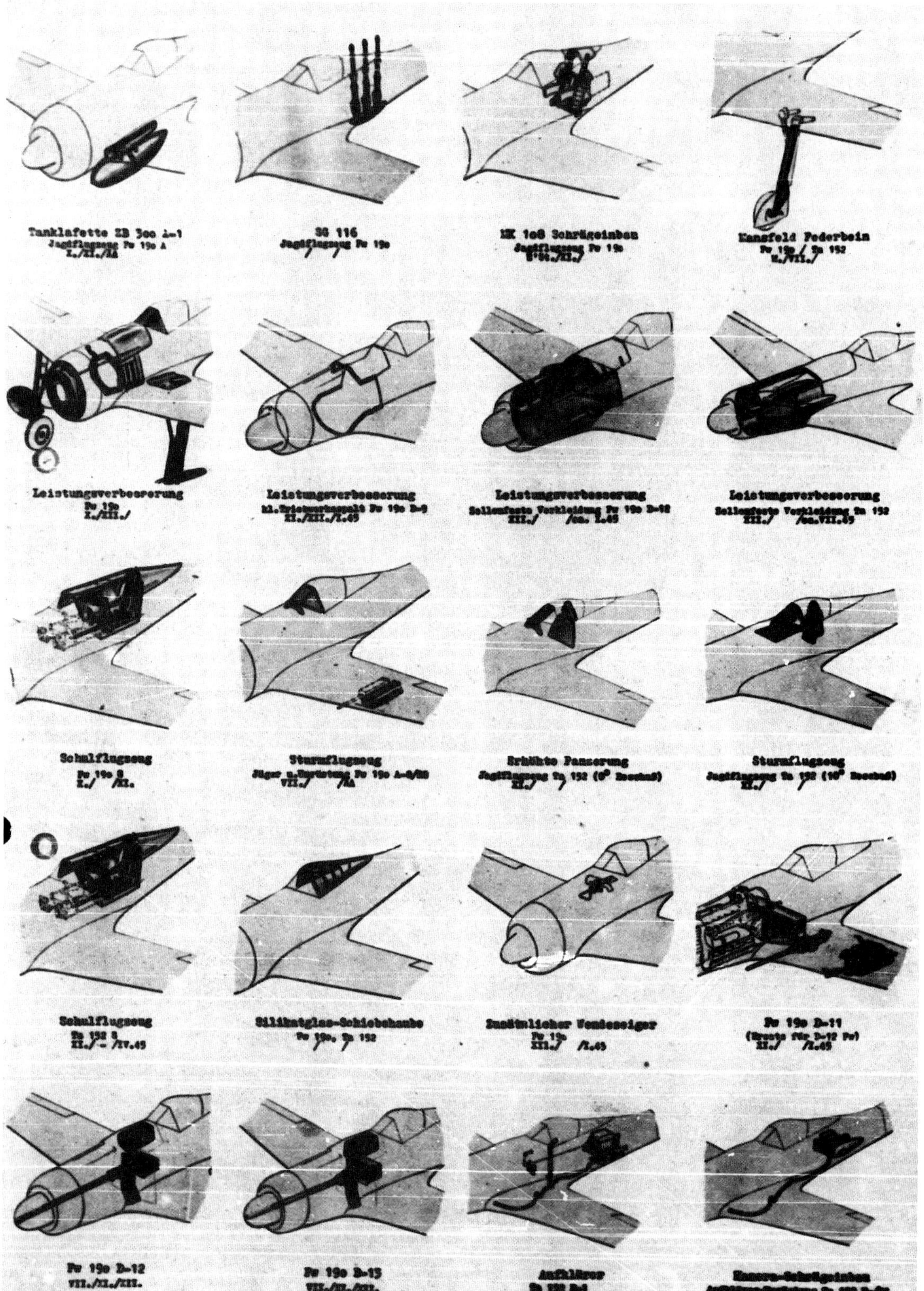

Werksübersichten von allen 1944 noch in Arbeit befindlichen Ausrüstungen der Fw 190 A, D, F und G sowie der Ta 152. Die Grafiken wurden als Zusatz zum Angebot für verbesserte Einsatzmaschinen dem Technischen Amt und dem Chef TLR übergeben.

Kurssteuerung PKS 12/FuG 125
Schlechtwetterjagd Fw 190 A.D./R11
VII./VIII./X.

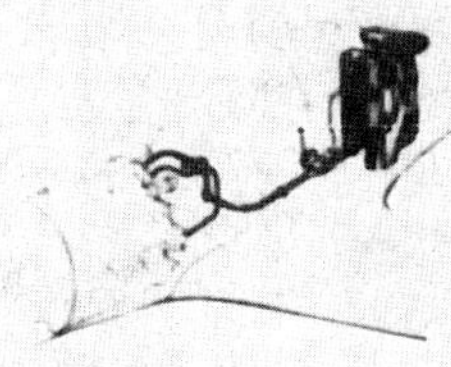

MW 5o / B 4 Anlage
Jagdflugzeug D-9
X./XI./XII.

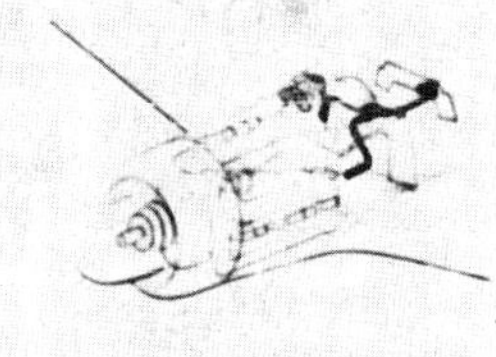

Ladedruckerhöhung
Fw 190 D-9
XI./XI./bei Truppe

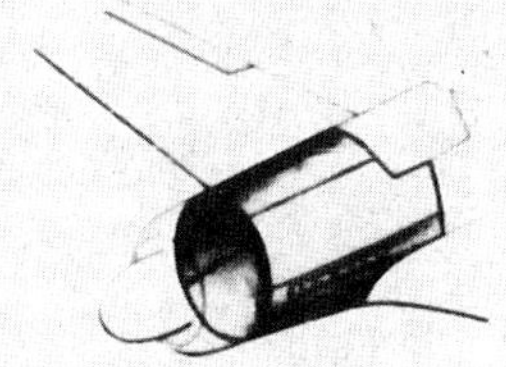

Triebwerksverkleidung in Stahl
Fw 190 D-12
/ /

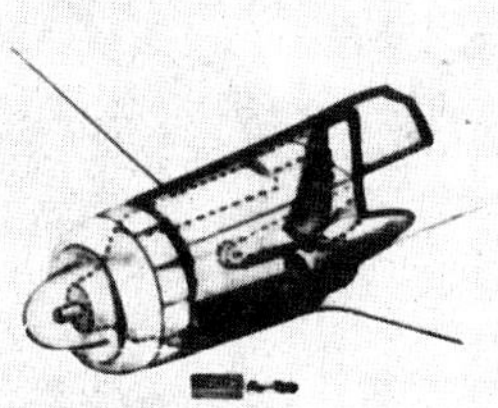

DB 6o3 A E
Fw 190 D-14
/DB/

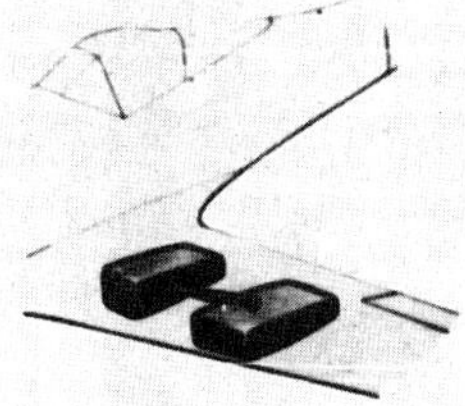

Flügelbehälter
Jagdflugzeug D-12/R5
XI./-/

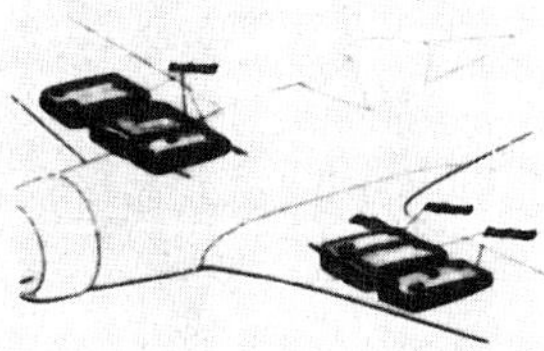

Flügelbehälter
Ta 152 H
IX./II.45/II.45

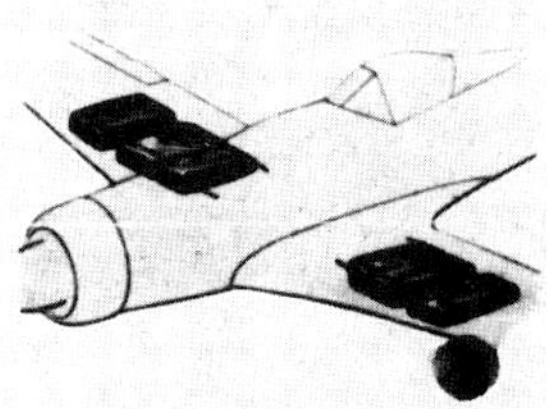

Flügelbehälter
Ta 152 C
IX./I.45/ca.III.45

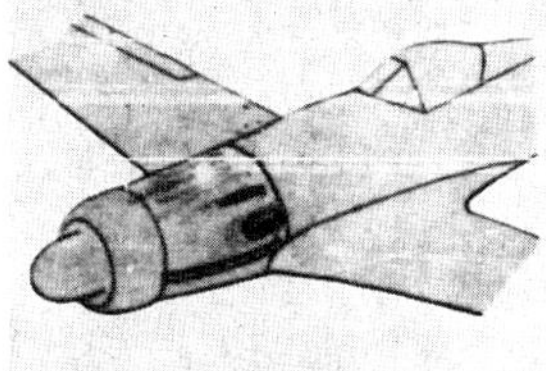

DB 6o3 E
Ta 152 C
XII./ /I.45

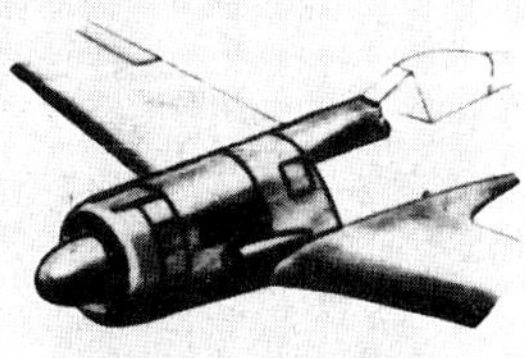

Jumo 222
Jagdflugzeug Ta 152
/ /

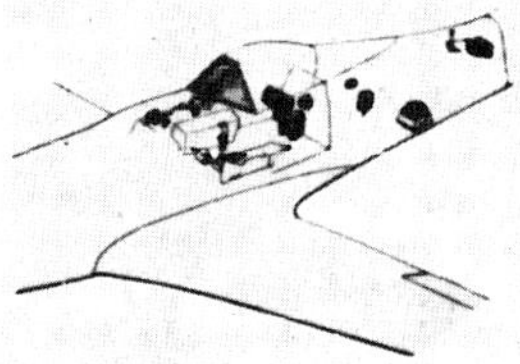

Kurssteuerung LGW K23/FuG 125
Schlechtwetterjagd Ta 152 C R/R11
X./XII./III.45

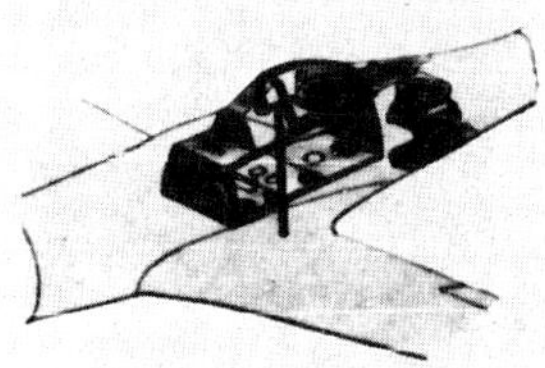

Begleitaufklärer
Ta 152 H-10 (Druckkabine)
X./II.45/ca. V.45

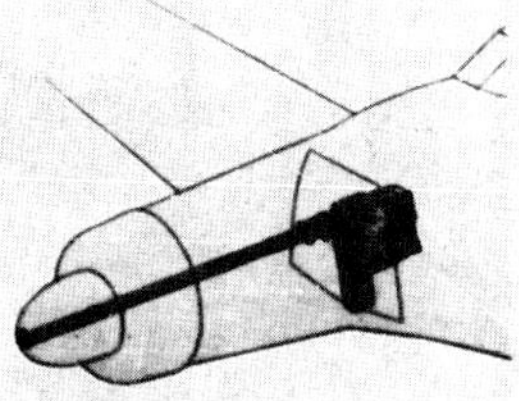

Motorkanone MK 1o3
Schwerer Jäger Ta 152 C-3/4
IX./II.45/

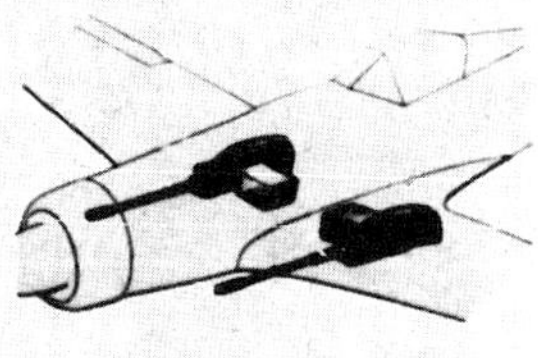

MK 1o3 gesteuert
Schwerst-Jäger Ta 152 C-5
VIII./X./

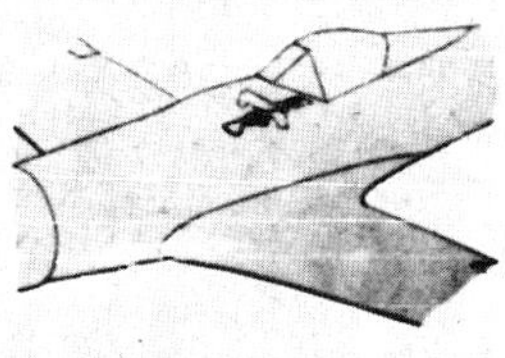

Zusätzlicher Wendezeiger
Ta 152
XII./

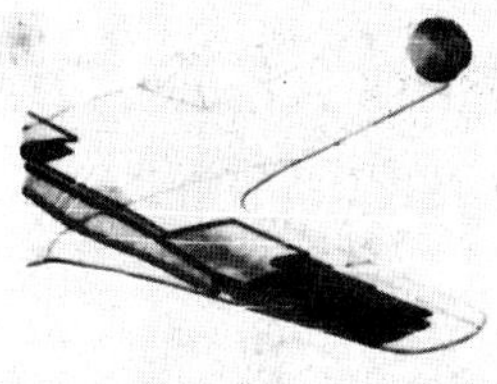

Stahlflügel
Ta 152 C
XI./IV.45/XI.45

Holzleitwerk
Ta 152 / Fw 190 D
XI./XII./ca.III.45

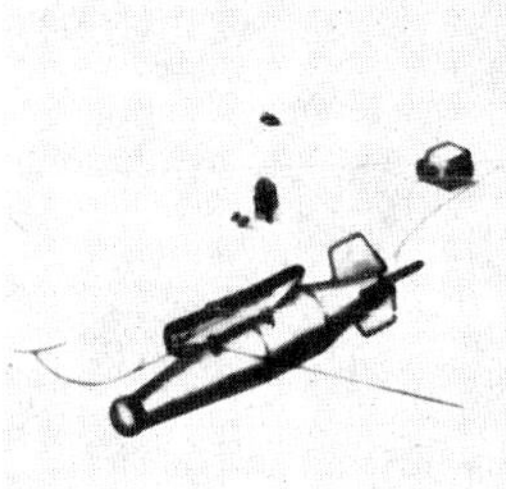

Fw 19o F-8/U2
BT-Einsatz (7oo) mit TSA 2 A
XI./ /

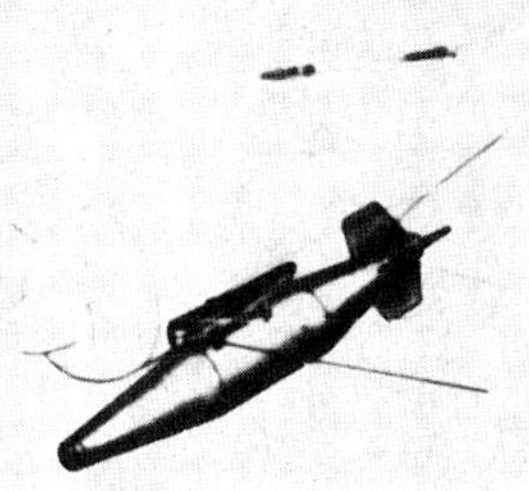

Fw 19o F-8/U3
BT 1400
XI./ /

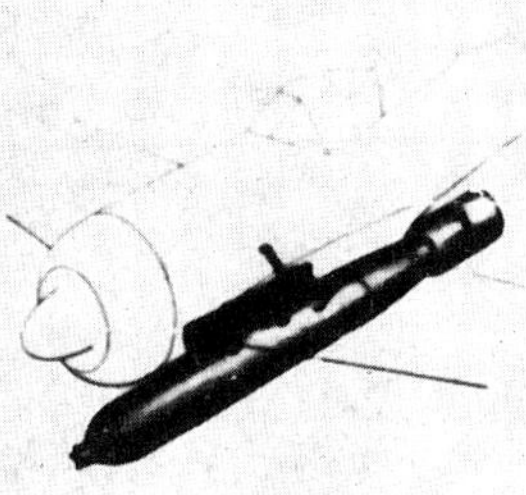

Fw 19o F-8/U14
Torpedoflugzeug
XI./ /

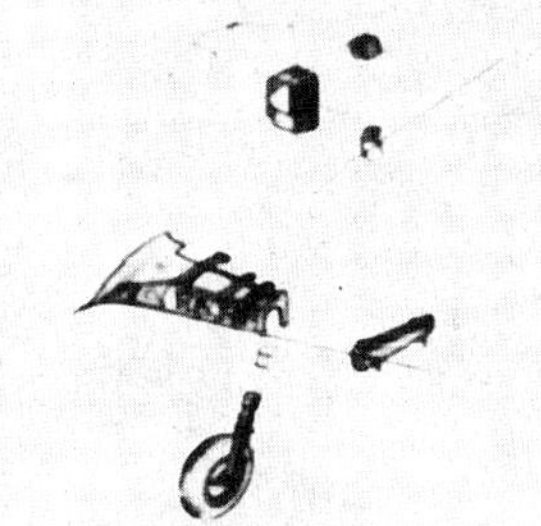

Fw 19o F-15
Schlachtflugzeug
IX./XI./II. 45

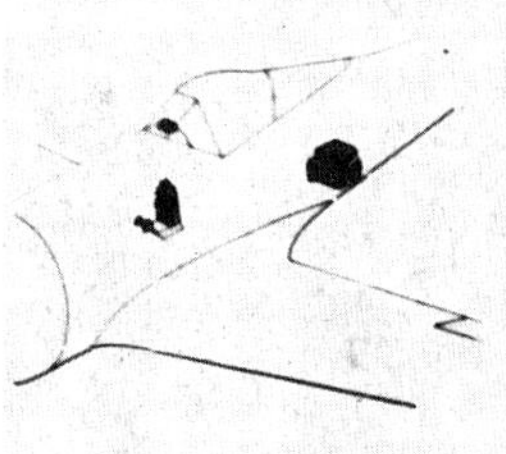

Fw 19o F-15/16
mit TSA 2 D
XII./ /ca.III.45

Werfer 28/32 cm
Schlachtflugzeug Fw 19o F-8
VIII./IX./bei Truppe

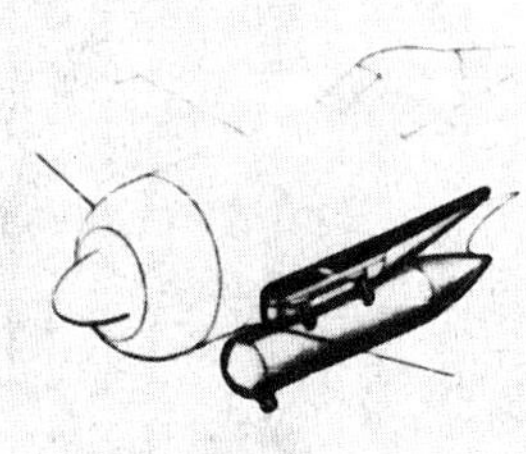

Flammenwerfer "Gero"
Schlachtflugzeug Fw 19o F
X./XI./

SG 113
Schlachtflugzeug Fw 19o F
IX./X./

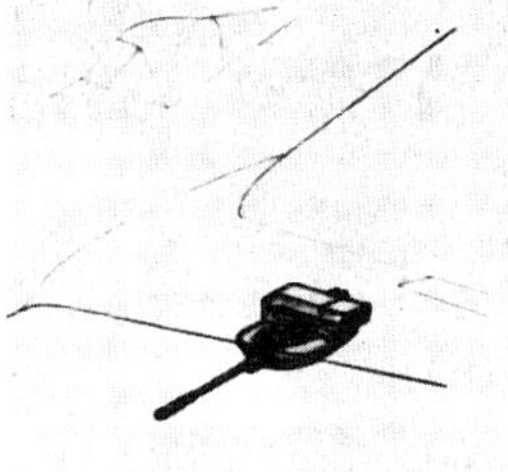

MK 1o3 Gondel
Schlachtflugzeug Fw 19o D-8/R3
II./I.45/ -

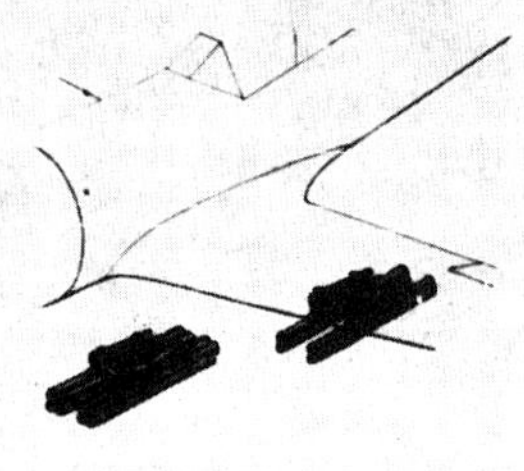

PD 8,8 cm
Schlachtflugzeug Fw 19o F
VIII./IX./

Panzerblitz
Schlachtflugzeug Fw 19o F
IX./X./AA

R 4 M (Panzerblitz)
Schlachtflugzeug Fw 19o F
X./ /

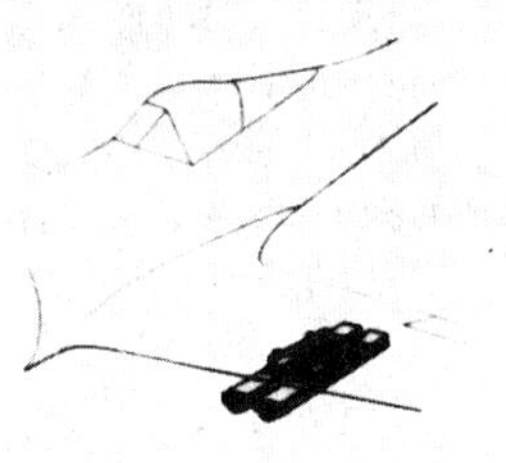

Panzerschreck
Schlachtflugzeug Fw 19o F
IX./X./AA

Gerät "X 4"
Jagdflugzeug Fw 19o
VII./VIII./

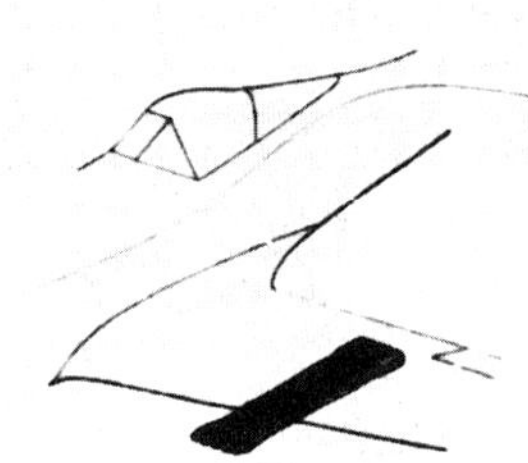

HP 15
Schlachtflugzeug Fw 19o
/ /

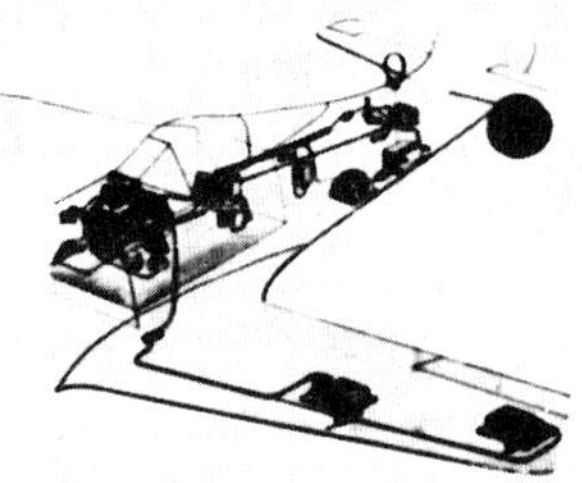

Fw 19o F-8/U4
Nachtschlachtflugzeug
XI./-/

Ölbehälter geschweißt
Fw 19o A. F
IX./X./XII.

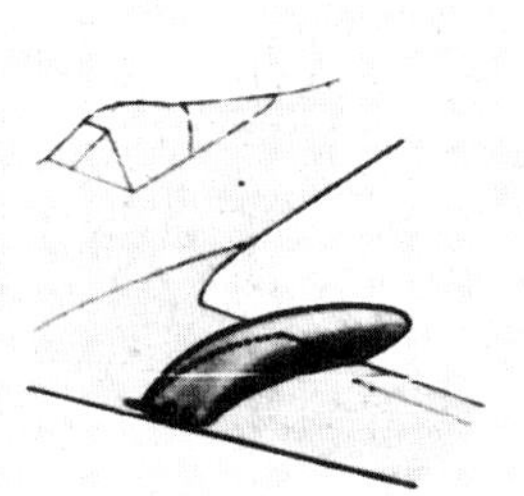

Doppelreiter
Jagd- und Schlachtflugzeug Fw 19o
XI./XI./

Revi EZ 42
Jagd- u.Schlachtflugzeug Fw 19o A.F
X./XI./AA

Vereinfachter Fahrwerksantrieb
Fw 19o F
X./XI./

Rückansicht des Versuchsmusters Fw 190 V68, das aus dem Umbau der V53 (DU+JC) hervorging.

schon seit langem einen Jäger mit Motorkanone (»zentrale Bewaffnung«) gefordert hatte, schienen die Zeichen für einen Auftrag an Focke-Wulf gut zu stehen. Die »Fw 190 neu« sollte darüberhinaus ein verstärktes Fahrgestell mit größeren Reifen und eine im Vergleich zur Fw 190 A ebenfalls vergrößerte Kraftstoff-Kapazität aufweisen.

Während der Besprechung am 17.08.1943 erhielt die Maschine dann die RLM-Bezeichnung 8-152. Für eine baldige Einführung eines leistungsstärkeren, einsitzigen Jagdflugzeugs zur Verteidigung des Luftraums über dem Reich sprach die Überprüfung der durchschnittlichen Lebensdauer der deutschen Einsatzflugzeuge. Lag die mittlere Lebensdauer im Jahre 1941 noch bei zwölf Monaten, so verkürzte sich diese 1942 auf lediglich vier Monate. Die ständige Verbesserung der gegnerischen Jagdflugzeuge ließ ein nochmaliges Absinken der Lebensdauer für 1943/1944 erwarten.

Am 26.08.1943 bestimmte der Generalluftzeugmeister, daß die Ta 152 alle Unterstützung des Technischen Amtes genießen müsse. Die als »Begleitjäger mit Jumo 213« propagierte Ta 152 sollte, entsprechend der Entscheidung des Technischen Amtes vom Dezember 1943, ab September 1944 als Serienflugzeug produziert werden.

Während der von GFM Milch geleiteten Entwicklungsbesprechung am 28.01.1944 genehmigte dieser die vom Technischen Amt (GL/C-E5) eingereichten Vorschläge für die Weiterentwicklung der für die Fw 190 und Ta 152 geeigneten Flugmotoren. Außer dem Jumo 222 E, E/F und H sowie dem Jumo 224 sollten vor allem die leistungsstärkeren Ausführungen des DB 603 G, L sowie einer Ausführung mit TKL-15-Ladereinheit mit allem Nachdruck gefördert werden. Bei BMW sollten die Ausführungen E, F und TQ des BMW 801 sowie der BMW 802 höchste Priorität bei der Weiterentwicklung erhalten.

Im selben Monat genehmigte der Reichsminister für Rüstung und Kriegsproduktion Speer, der Ta-152-Entwicklung (bis zur Fertigstellung der Ta 152 V10) die Dringlichkeitseinstufung »DE« zuzubilligen. Dies hatte zur Folge, daß Focke-Wulf schneller die notwendigen Materialien für die Produktion erhalten konnte.

Am 1.02.1944 wurde außerdem festgelegt, die Fortentwicklung des Jumo 213 A-1-Triebwerks zugunsten der Ausführungen mit Doppellader aufzugeben. Die Serienproduktion sollte daher auf den Jumo 213 E umgestellt werden. Bereits ab April 1944, spätestens aber im Mai, sollten die ersten zehn dieser Triebwerke produziert werden. Ab Juni 1944 war an 40 Motoren pro Monat und anschließend mit einer ansteigenden Ausbringungsrate gedacht. Wegen des hohen Bedarfs konnte jedoch erst im Mai 1945 mit bedarfsgerechten Produktionszahlen gerechnet werden.

Inzwischen stockten die Arbeiten im Musterbau Adelheide (Delmenhorst) erneut. Infolge zahlreicher Einberufungen zur Wehrmacht mußte auf wichtiges Personal verzichtet werden, was zu neuen Verzögerungen bei der Fertigstellung von Erprobungsflugzeugen führte. Nach mehreren schriftlichen Protesten erhielt Focke-Wulf zumindest einen Teil der notwendigen Kräfte zurück.

Im März 1944 verlangte der Generalluftzeugmeister die Steigerung der Ta-152-Reichweite, indem geschützte Kraftstoffbehälter in den Flächen eingebaut werden sollten. Dies erforderte jedoch eine zeitraubende Umkonstruktion des gesamten Tragwerks und bedingte damit eine zusätzliche Störung des Entwicklungsablaufs.

Oberingenieur Cuno vom Technischen Amt (GL/C-E3) umriß während einer Besprechung am 17.03.1944 die bisherige Entwicklung des Jumo 213 A-1, dessen Erprobung durch gerissene Wasserkühler erheblich behindert worden war. Dank mehrerer konstruktiver Verbesserungen bekamen die Jumo-Werke das Problem jedoch in den Griff. Erste Dauertests hatten bereits eine relativ problemlose Dauerbelastung von 100 Stunden ergeben. Dennoch bedingten diverse technische Schwierigkeiten, etwa mit der Zündung, die weitere Entwicklungsarbeit. Infolge von Frühzündungen kam es oftmals zum Ausfall der Zündkerzen. Erst nach einer präzisen Einstellung des Zündpunktes war dieses Problem gelöst. Ab Mai sollten alle

Blick in den Focke-Wulf-Musterbau. Im Vordergrund eine Fw 190 D-11 mit ausgebauten Flächenwaffen.

Jumo 213 die verbesserte Zündanlage erhalten. Generalingenieur Mahnke führte derartige »Kinderkrankheiten« auf die in Dessau (Jumo) verwendeten Hilfsvorrichtungen und die daraus resultierenden Toleranzen beim Bau der Motoren zurück. Bei der geplanten Großserienfertigung im Werk Köthen waren Probleme dieser Art nicht zu erwarten. Da es sich bei den bisherigen Jumo 213 in der Regel um »nackte Motoren« gehandelt hatte, sollte die Truppe in Zusammenwirken mit der Industrie hieraus (nach Anbringung der erforderlichen Triebwerksausrüstung) einsatzfähige Motorenanlagen für die Fw 190 D-9 herstellen.

In der am 12.05.1944 stattgefundenen Besprechung forderte GFM Milch, die Produktionsprogramme sowohl für die Bf 109 G und K als auch für die Fw 190 A erneut zu überprüfen. Oberstlt. Knemeyer führte während einer Besprechung zu diesem Thema aus, daß die Fw 190 D-9 mit Jumo 213 A-1 bis auf 7000 m Einsatzhöhe leistungsmäßig gut dastehe, die Bf 109 G-Ausführungen mit DB 605 AS-Motorenanlage aber im darüberliegenden Höhenbereich überlegen seien. Allerdings, so Staatsrat Schieber und Dipl.-Ing. Schilo, sei mit der bereits mehrfach geforderten Fw 190 D mit Jumo 213 E vorerst nicht zu rechnen, da die Erprobung des mit Doppellader ausgerüsteten Reihenmotors noch längst nicht abgeschlossen sei. Beide führten in der Besprechung am 12. Mai aus, daß der Jumo 213 A-1 nur eine Übergangsmöglichkeit darstellen würde, und man am besten sofort – nach dessen Serienreife – auf den Jumo 213 E oder E-1 übergehen sollte. Mit dem Produktionsanlauf in nennenswerten Stückzahlen wurde jedoch nicht vor Frühjahr 1945 gerechnet.

In der Jägerstabsbesprechung am 11.07.1944 wurden neue Einsparungen im Flugzeugbau-Programm erörtert. Nicht nur die Ausbringung der Ju 388 und der He 177, sondern auch die der Ar 234 und Ju 287 sollte infolge Materialengpässen einschneidend gekürzt werden. Stattdessen sollten der Reichsverteidung künftig mehr Fw 190 D-9, besonders aber weit mehr Me 262 A-1a als bisher zur Verfügung stehen.

Bis dahin gab es allerdings davon nur Musterflugzeuge, welche man am 12.07.1944 in Rechlin vorführte. Von dem geforderten »Begleitjäger« Ta 152 H wurde der erste Prototyp erst einen Tag später flugklar, ging aber – zusammen mit anderen Musterbauten – bereits nach relativ kurzer Zeit verloren.

Seitenansicht der Fw 190 V56; einer D-11, die aus dem Umbau einer Fw 190 A-8 entstand.

Die Anlaufbesprechung für die Fw 190 D-9 sowie die Ta 152 fand am 16.07.1944 statt. Angesichts der unbefriedigenden Erprobungslage sowie aufgrund zahlreicher Lieferengpässe und kriegsbedingt eingetretener Schäden, war an die bislang geplanten Produktionszahlen in keiner Weise zu denken.

Das Kommando der Erprobungsstellen erwartete Mitte Juli 1944 noch weit größere Verzögerungen bei der Erprobung der Ta 152 H, da die Anzahl der

Die Fw 190 V65 (WerkNr. 350165) war der Vorläufer der Bauausführung D-12/R1 und wurde von einem Jumo 213 E/F angetrieben.

geplanten Versuchsmuster viel zu gering war und erhebliche technische Probleme erwartet wurden. Wie recht man schließlich hatte, zeigte der frühe Verlust von zwei Ta-152-Prototypen.

Aber auch bei der Erprobung der Fw 190 D-9 kam es zu Pannen, die oft auf mangelhaft eingestellte Motoren zurückzuführen waren. Die ersten Musterflugzeuge (WerkNrn. 210001 bis 210009) wurden der Produktion in Sorau entnommen. Die Triebwerkausstattung der Maschinen variierte; so erhielt die WerkNr. 210001 ein Jumo 213 C-Triebwerk mit Motorkanone, während die Mehrzahl der Flugzeuge mit dem Jumo 213 A bestückt worden war.

Von der Ausführung Fw 190 D-10 wurde vermutlich nur ein Musterflugzeug, die V53, hergestellt. Die Maschine entstand durch den Umbau einer Fw 190 A-8 und wurde im Laufe der Erprobung, außer mit dem Jumo 213 C und integrierter MK 108, mit verschiedenen Waffeneinbauten getestet.

Die Fw 190 D-11 stellte ein Jagdflugzeug mit Jumo 213 F/F-1-Reihenmotor und Turbolader sowie einer aus je zwei MG 131 und MG 151/20 bestehenden Bewaffnung dar. Laut Werksübersicht vom 15.10.1944 war vorläufig keine Serienfertigung geplant; die hergestellten Musterflugzeuge dienten vor allem zu Triebwerkstests. Bei Junkers wurden im März 1945 zwei D-11 (Werk Nrn. 350157 und 170933) mit dem Jumo 213 F-1 erprobt. Erst Anfang 1945 hatte der Jägerstab in Absprache mit dem Chef TLR beschlossen, die Produktion der Fw 190 D-11 aufzunehmen.

Die erste von knapp zehn Fw 190 D-11 hatte den Musterbau Adelheide knapp ein halbes Jahr zuvor, Ende September 1944, verlassen. Die Flugzeuge dienten in Dessau und Rechlin zumeist der Triebwerkserprobung. Für die Aufnahme der Großserienfertigung fehlte es kriegsbedingt sowohl an der nötigen Produktionskapazität als auch an genügend Rohstoffen.

Diese herrenlose Fw 190 D-13/R5 (WerkNr. 220012) wurde bei Kriegsende auf dem Flugplatz Travemünde entdeckt.

Eine weitere Ansicht der Wörishofener D-13/R5 mit gut sichtbarer Ausschußöffnung für die Motorkanone.

Im Oktober 1944 forderte Generalingenieur Lucht den sofortigen Produktionsanlauf des Zweistufenladers für alle modernen Kolbenjäger. Als erste Großserie sollte die Fw 190 D-12 von Anfang an mit dem Jumo 213 F und MW-50-Hochdruckanlage ausgerüstet werden. Hierbei handelte es sich um eine leicht modifizierte Ausführung des Jumo-213-E-Reihenmotors.

Der Wunsch nach der Fw 190 D-12 ging auf eine Forderung von OKL und RLM von Anfang Oktober 1944 zurück, die einen mit Jumo 213 E und MW 50-Anlage ausgerüsteten Tagjäger gefordert hatten. Die Maschinen sollten serienmäßig mit einer MK 108-Motorkanone ausgerüstet werden und ansonsten nur zwei MG 151 in den Flügelwurzeln aufweisen.

Von der Fw 190 D-13 entstanden etwa fünf Musterflugzeuge mit Jumo 213 F. Die Serienfertigung sollte ab März 1945 anlaufen, wurde wegen des Kriegsverlaufs aber nicht mehr in Angriff genommen. Die Maschine unterschied sich von der D-12 durch die MG 151-Motorkanone. Ein Teil der Varianten der D-13 wies außerdem zwei MK 108 als zusätzliche Flächenbewaffnung auf.

Auch die Fw 190 D-14 mit ihrer rechnerisch knapp über 700 km/h liegenden Geschwindigkeit hätte zu einem anderen Zeitpunkt bessere Chancen für die Serienfertigung gehabt. Von der Maschine, die auf der Zelle der Fw 190 D-9 aufbaute, wurden bis April 1945 lediglich zwei oder drei Musterflugzeuge fertiggestellt.

Als letzte Ausführung wurde die D-15 Anfang 1945 in wenigen Exemplaren hergestellt. Wie auch bei der D-14 hatte man bei der D-15 auf einen DB 603 E oder LA anstatt des Jumo 213 A, E oder F zurückgegreifen wollen. Der bevorstehende Zusammenbruch warf schon seine Schatten voraus. Die einzige bei Kriegsende erbeutete Mustermaschine (WerkNr. 500645) war allerdings nur mit einem DB- 603-G-Reihenmotor ausgerüstet, besaß aber das größere Leitwerk, wie es von der Ta 152 bekannt ist.

Was aber war inzwischen aus der Ta-152-Produktion geworden? Nach drei Flugzeugen im Oktober, zwölf im November und 19 im Dezember 1944 konnten im Januar nochmals 23 und im Februar zehn Flugzeuge endmontiert werden. Aus Ersatzteilen wurden im März einige weitere hergestellt. Die Verluste beim JG 301 sorgten schnell dafür, daß die Zahl der einsatzklaren Maschinen ein Dutzend nicht mehr überstieg und ab März 1945 auf etwa fünf abfiel. Mit einigen Maschinen wurde die Erprobung der Ta 152 C und H bei der E-Stelle Rechlin sowie bei Jumo in Dessau noch bis Mitte April 1945 fortgesetzt.

Die letzten Eintragungen im Kriegstagebuch des Chefs TLR – sie datieren aus den ersten Apriltagen April 1945 – gehen davon aus, daß die gesamte Ta-152-Produktion im März unwiderruflich zusammengebrochen war. Aus diesem Grunde galt es mit dem noch vorhandenen Material zu haushalten, so gut es eben ging.

Aus Ersatzteilen und ausgeschlachteten Einsatzmaschinen gelang es außerdem, noch einige weitere Fw 190 D-9 und D-13 herzustellen. Alle übrigen Vorgaben ließen sich im April 1945 nicht einmal im Ansatz realisieren. Das Interesse der Alliierten für diese modernsten Kolbenjäger war begrenzt.

Wie in Wörrishofen oder auf Flugfeldern in Schleswig-Holstein standen die neuesten Ausführungen der Fw 190 D oder der Ta 152 H bei Kriegsende kann unbeachtet inmitten von riesigen Flugzeugfriedhöfen. Das Interesse hatte sich längst der Me 262 und den in Entwicklung befindlichen Strahlflugzeugen zugewandt. Der Kolbenjäger gehörte zu einer fast schon vergangenen Epoche.

Fw 190 Das Programm der Mustererprobung

Maschine	Ausführung	Werk-Nr.	Erprobungs-beginn	Erprobungsvorhaben bei Focke – Wulf
Fw 190 V17/U1	Fw 190 D-9	0039	17. 05. 1944	Nachfliegen der Flugleistungen und Eigenschaften
Fw 190 V18/U2	Fw 190 [1]	0040	z.Zt. Umbau	Als Versuchsmuster für Baureihe Ta 152 H in Delmenhorst im Bau
Fw 190 V20/U1	Fw 190 [2]	0042	24. 11. 1943	Vorgesehen für Umbau auf DB 603 L, bei Luftangriff am 5. 08. 1944 zu 70 % zerstört
Fw 190 V21/U1	Fw 190 [3]	0043	z.Zt. Umbau	Für Umrüstung auf DB 603 L vorgesehen, jedoch am 18. 11. 1944 als Fw 190 D-9 mit Jumo 213 fertiggestellt
Fw 190 V29/U1	Fw 190 [4]	0054	z.Zt. Umbau	Umbau in Delmenhorst auf Ta 152 H mit Jumo 213 E
Fw 190 V30/U1	Fw 190 [5]	0055	06. 08. 1944	Erprobungsträger für Ta 152 H in Delmenhorst (Flugeigenschaften, Triebwerkserprobung und Leistung)
Fw 190 V32/U1	Fw 190 [6]	0057	Aug. 1944	Erprobungsträger für Ta 152 H in Delmenhorst ab dem 15. 08. 1944 im Flugbetrieb
Fw 190 V34	Fw 190 A-5	410230	09. 08. 1944	Erprobung mit BMW 801 F (TH) bei Focke-Wulf abgeschlossen, ab dem 14. 08. 1944 in Rechlin vorhanden
Fw 190 –	Fw 190 A-5	410258	17. 06. 1944	Leistungsflugzeug und Erprobungsträger für Dauererprobung, am 5. 08. 1944 bei Luftangriff zu 100% zerstört
Fw 190 –	Fw 190 A-6	174014	24. 05. 1944	Dauererprobungsträger, Gleitlager statt Kugellager, Flugerprobung in Rechlin (29. 07. 1944-14. 08. 1944), Einbau eines Steuerknüppels mit Gleitlager geplant.
Fw 190 V45	Fw 190 A-6	7347	z.Zt. Umbau	Erprobungsträger mit BMW 801 D-2 und GM 1-Anlage abgeschlossen, Einbau eines BMW 801 D-1 (TS) geplant (Umbauort Delmenhorst)
Fw 190 V48	Fw 190 B-0	0048	z.Zt. Umbau	Erprobungsflugzeug mit Druckkabine, bei Luftangriff am 5. 08. 1944 zu 7% beschädigt, Abgabe nach Rechlin geplant
Fw 190 V53	Fw 190 D-9	170003	12. 06. 1944	Erprobungsträger für Fw 190 D-9, Behebung der beim Luftangriff am 5. 08. 1944 eingetretenen Schäden (5%), anschließend Beschußversuche mit MG 131
Fw 190 V54	Fw 190 D-9	174024	26. 07. 1944	Eigenschaften/Flugverhalten, durch Feindeinwirkung am 5. 08. 1944 zu 80 % zerstört
Fw 190 V55	Fw 190 D-11	174923	06. 08. 1944	Flugerprobung in Adelheide, später ETC 504 geplant
Fw 190 V56	Fw 190 D-11	170924	14. 08. 1944	Flugerprobung mit MW 50-Anlage in Delmenhorst
Fw 190 V57	Fw 190 D-11	170926	z.Zt. Umbau	Umbau von Fw 190 A-8 zur Fw 190 D-11 in Delmenhorst
Fw 190 V58	Fw 190 D-11	170933	z.Zt. Umbau	Umbau von Fw 190 A-8 zur Fw 190 D-11 in Delmenhorst
Fw 190 V59	Fw 190 D-11	350156	z.Zt. Umbau	Umbau von Fw 190 A-8 zur Fw 190 D-11 in Delmenhorst
Fw 190 V60	Fw 190 D-11	350157	z.Zt. Umbau	Umbau von Fw 190 A-8 zur Fw 190 D-11 in Delmenhorst
Fw 190 V61	Fw 190 D-11	350158	z.Zt. Umbau	Umbau von Fw 190 A-8 zur Fw 190 D-11 in Delmenhorst

Maschine	Ausführung	Werk-Nr.	Erprobungs-beginn	Erprobungsvorhaben bei Focke – Wulf
Fw 190 V62	Fw 190 D-12	732053	z.Zt. Umbau	Umbau von Fw 190 A-8 zur Fw 190 D-12 in Delmenhorst
Fw 190 V63	Fw 190 D-12	350166	z.Zt. Umbau	Umbau von Fw 190 A-8 zur Fw 190 D-12 in Delmenhorst
Fw 190 V64	Fw 190 D-12	730754	z.Zt. Umbau	Umbau von Fw 190 A-8 zur Fw 190 D-12 in Delmenhorst
Fw 190 V65	Fw 190 D-13	350165	z.Zt. Umbau	Umbau von Fw 190 A-8 zur Fw 190 D-13 in Delmenhorst
Fw 190 V66	Fw 190 D-13	350165	z.Zt. Umbau	Umbau von Fw 190 A-8 zur Fw 190 D-13 in Delmenhorst
Fw 190 V69	Fw 190 A-8	582072	02. 08. 1944	Erprobungsträger für Sonderwaffenanlage X-4, am 11. 08. 1944 Abgabe an die E-Stelle Tarnewitz
Fw 190 V70	Fw 190 A-8	580029	z.Zt. Umbau	Anbringung der Sonderwaffenanlage X-4 im Umbaubetrieb in Delmenhorst
Fw 190 V71	Fw 190 D-13	350167	z.Zt. Umbau	Umbau von Fw 190 A-8 zur Fw 190 D-13 in Delmenhorst
Fw 190 V72	Fw 190 A-8	170727	z.Zt. Umbau	Erprobungsträger für BMW 801 D-2 (TH)-Triebwerk, Reparatur nach Beschädigungen durch Luftangriff am 5. 08. 1944
Fw 190 –	Fw 190 F-8	580383	01. 07. 1944	Erprobungsträger für Abwurfwaffe und für PD 8,8 - Anlage (Attrappen) an ETC 71, Maschine für die Ablieferung bereitgestellt
Fw 190 –	Fw 190 A-5/U8	150871	20. 07. 1944	Erprobungsmaschine mit neuer Aufhängung für TSA 2-Anlage, Flugzeug überführungsklar abgestellt
Fw 190 –	Fw 190 F-3	670007	28. 07. 1944	Doppelsitzer mit BMW 801 D-2-Triebwerk
Fw 190 –	Fw 190 A-8	170002	z.Zt. Umbau	Musterflugzeug mit MK 213 A-Bewaffnung geplant
Bf 109 G-6/AS	Bf 109 G-6/AS	166267	18. 07. 1944	Stand für Vergleichsflüge mit Fw 190 – Erprobungsträgern bei Focke-Wulf zur Verfügung

Quelle: Musterumbauprogramm vom 18. 08. 1944 (S.O. Archiv Bad Eilsen)

1 Zunächst Erprobung als »Höhenjäger 2 Känguruh« ab Dezember 1942
2 Zunächst Erprobung als »Versuch D-Serie« (Bauzustand wie Fw 190 V19)
3 Zunächst Erprobung als »Versuch D-Serie« (Bauzustand wie Fw 190 V19)
4 Zunächst Erprobung als »Höhenjäger 2 Känguruh« ab März 1943
5 Zunächst Erprobung als »Höhenjäger 2 Känguruh« ab April 1943
6 Erst »Höhenjäger 2«, Umbau zur Ta 153 (»Schnelle Lösung Jäger«)

Fw 190 – Baureihenübersicht 1944

Serie	Versuchsmuster	Motoren-ausrüstung	Fläche (m²)	Rüstzustände	Bemerkungen
Fw 190 A-0	Fw 190 V5–6	BMW 801 C	14,90	–	Nullserie
Fw 190 A-1	Fw 190 V7	BMW 801 C	18,30	–	
Fw 190 A-2	Fw 190 V14	BMW 801 C	18,30	–	MG FF als Rüstsatz
Fw 190 A-3	–	BMW 801 D	18,30	–	
Fw 190 A-4	Fw 190 V24	BMW 801 D	18,30	R1 mit FuG 16ZE R6 mit WGr. 21	
Fw 190 A-5	Fw 190 A-3/U1	BMW 801 D	18,30	R1 mit FuG 16ZE R6 mit WGr. 21	Motor vorverlegt
Fw 190 A-6	Fw 190 A-5/U10	BMW 801 D	18,30	R1 2xMG151 (Gondel) R6 mit WGr. 21	
Fw 190 A-7	Fw 190 A-5/U9	BMW 801 D	18,30	R2 MK 108 im Flügel	
Fw 190 A-8	Fw 190 A-5/U9	BMW 801 D(TU)	18,30	R2 MK 108 im Flügel R7 Sturmstaffel R8/R2 Sturmstaffel+MK108 R11 Schlechtwetter R12/R2Schlechtw.+MK108	U2 Umbau TSA 2 U3 Umbau Mistel Serie mit WGr. 21
Fw 190 A-9	Fw 190 V34	BMW 801 TS/TH	18,30	R2 MK 108 im Flügel R7 Sturmstaffel R8/R2 Sturmstaffel+MK108 R11 Schlechtwetter R12/R2Schlechtw.+MK 108	
Fw 190 A-10	–	BMW 801 TS/TH	18,30	–	Keine Bauausführung
Fw 190 B-0	Fw 190 V46-48	BMW 801 C	18,30	–	Druckkabine
Fw 190 B-1	Fw 190 V49-50	BMW 801 C	18,30	–	Serie mit GM 1 – Anlage
Fw 190 C-1	Fw 190 V19	DB 603	18,30	–	Motorkanone
Fw 190 D-1	–	Jumo 213 A	18,30	–	Keine Bauausführung
Fw 190 D-9	Fw 190 V53-54	Jumo 213 A	18,30	R2 MK 108 i.Fl. R11 Schlechtwetter	Serie mit WGr. 21
Fw 190 D-10	–	Jumo 213 A	18,30	–	Keine Bauausführung
Fw 190 D-11	Fw 190 V55-61	Jumo 213 F	18,30	–	MW 50 – Anlage
Fw 190 D-12	Fw 190 V63-65	Jumo 213 F	18,30	R5 Flügelbehälter R11 Schlechtwetter	MW 50 und MK 108
Fw 190 D-13	Fw 190 V62+71	Jumo 213 F	18,30	R5 Flügelbehälter R11 Schlechtwetter	MW 50 und MG 151
Fw 190 D-14	Fw 190 V76-77	DB 603	18,30	R5 Flügelbehälter R11 Schlechtwetter	In Entwicklung
Fw 190 E-1	Fw 190 A-5/U4	BMW 801 D	18,30	–	Keine Bauausführung
Fw 190 F-1	Fw 190 A-4/U3	BMW 801 D	18,30	–	

Serie	Versuchsmuster	Motoren-ausrüstung	Fläche (m^2)	Rüstzustände	Bemerkungen
Fw 190 F-2	Fw 190 A-5/U3	BMW 801 D	18,30	–	
Fw 190 F-3	Fw 190 A-5/U17	BMW 801 D	18,30	R1 4 ETC 50 u.d.Fl.	
Fw 190 F-6	–	BMW 801 D	18,30	R1 4 ETC 50 u.d.Fl. R3 MK 103 i.d.Fl.	U1 Jabo-Rei Einsatz U2 TSA 2 Umbau
Fw 190 F-9	Fw 190 V36	BMW 801 D	18,30	R1 4 ETC 50 u.d.Fl.	
Fw 190 F-15	Fw 190 V66-67	BMW 801 D	18,30	R1 4 ETC 50 u.d.Fl.	
Fw 190 F-16	Fw 190 V66-67	BMW 801 D	18,30	R1 4 ETC 50 u.d.Fl.	
Fw 190 G-1	Fw 190 A-4/U8	BMW 801 D	18,30	–	
Fw 190 G-2	Fw 190 A-5/U8	BMW 801 D	18,30	–	
Fw 190 G-3	Fw 190 V43	BMW 801 D	18,30	R5 4 ETC 50 u.d.Fl.	
Fw 190 G-8	Fw 190 V44	BMW 801 D	18,30	R5 4 ETC 50 u.d.Fl.	
Fw 190 S-1	–	BMW 801 D	18,30	–	

Faksimile nach einem Focke-Wulf

Diese Fw 190 D-12 (WerkNr. 220011) führt einen Winkel mit der Ziffer 57 als taktische Kennung, Mai 1945.

4. Fw 190 D-9 im Einsatz

Das Jagdgeschwader 6 entstand am 13. 10. 1944 durch Umbildung des Zerstörergeschwaders 26 in zwei Gruppen mit jeweils vier und in eine Gruppe mit zwei Staffeln. Diese Gruppe schied bald aus dem Geschwaderverband aus und wurde zum Kommando Nowotny, das die Einsatzerprobung der Me 262 aufnahm. Als Ersatz stieß die I./JG 5 zum Verband.

Anfang 1945 erfolgte unter dem Kommando der Luftflotte 6 der Einsatz an der Ostfront. Ab dem 5.02.1945 befand sich der Verband im Raum Sorau, in der Nähe des dortigen Focke-Wulf-Werkes. Die I. und II. Gruppe waren damals mit der Fw 190 A-8 sowie der Fw 190 D-9, die III. Gruppe mit der Bf 109 G und K-4 ausgerüstet.

Der Einsatz des JG 6 gegen die sowjetische Luftwaffe darf hier exemplarisch für alle mit der Fw 190 D-9 ausgerüsteten Verbände in der Schlußphase des Zweiten Weltkriegs stehen. Der umfangreiche Bericht mußte wegen seiner Länge gekürzt und auf die Fw 190 D-9 bezogen wiedergegeben werden:

A. 1) **Einsatz des Geschwaders**

a) Art der Einsätze

58 Einsätze freie Jagd	277 Flugzeuge
3 Einsätze Bomben und Tiefangriffe	22 Flugzeuge
2 Einsätze Tiefangriffe	8 Flugzeuge
3 Einsätze Platzschutz	12 Flugzeuge
1 Einsatz Begleitschutz	9 Flugzeuge
67 Einsätze mit insgesamt	328 Flugzeugen

b) Gesamteinsatz:

	246 Fw 190
	82 Bf 109
	328 Flugzeuge

Diese Fw 190 D-9 gehörte Anfang 1945 zum JG 6, das der Luftflotte 6 an der Ostfront unterstand.

c) Erfolge: 20 einmot. sicher
4 zweimot. sicher
2 einmot. wahrscheinlich
10 LKW vernichtet, davon zwei mit angehängten Geschützen
1 Kraftstoffkesselwagen in Brand geschossen
3 LKW beschädigt bzw. wirksam beschossen Truppenverluste

d) Verluste:
– personell: 3 FF gefallen, davon 1 Staffelkapitän
3 FF vermißt, davon 1 Staffelführer
2 FF verwundet
– materiell: 6 Flugzeuge zerstört
3 Flugzeuge vermißt
13 Flugzeuge beschädigt

e) Sonstiges: Ofw Naujoks mit Fw 190 D-9 über Fliegerhorst Cottbus nach Rückkehr vom Einsatz am 17.02.1945 von eigener Flak beschossen. Treffer beobachtet. Brennende Bauchlandung w. Cottbus. FF Verletzungen erlegen.

f) Gesamtzahl der Abschüsse des Geschwaders:

Stab	11
I./6	306
II./6	469
III./6	238
Insgesamt:	1024

g) Besondere Einzelleistungen: keine

2) **Feindeinsatz:**
SU-Jagdbesatzungen von La 5, Jak 9 und »Airacobra« wenig angriffsfreudig, besonders über deutschem Gebiet und in Frontnähe.
Ausnahme: La 7 und Jak 3 (mit roter Luftschraube) nehmen Luftkampf auch bei unterlegener Stärke und Position an.
Bei Angriff auf La 5 entzog sich diese noch aus 800 m durch senkrechten Abschwung dem Luftkampf, was bei Fw 190 und Bf 109 nicht durchführbar ist. Jak 3 ist der Fw 190 D-9 in Horizontal- und Vertikalkurven leicht überlegen, im Steigflug dagegen ist die D-9 besser. Flugzeug trudelt sehr leicht, wird anscheinend als gute Abwehrbewegung ausgenutzt. Abfangen ohne Schwierigkeiten – teils erst nach 1500 m.
Im Raum Guben wiederholt Il 2 beobachtet, die unter dem Tragflügel Raketengeschosse trugen und bei Angriff nach hinten abschossen. Schwache Rauchentwicklung erkennbar. Raketen im Kurvenkampf ungefährlich. Untertauchen von hinten oben erscheint wenig zweckmäßig.
Bisher aufgetretene Feindstärken im Einsatzbereich des Geschwaders:

a) bei Jägern bis zu zwei Schwärme
b) bei Schlächtern (Il-2) meist: ein Schwarm mit jeweils ein Schwarm Jagdschutz

Der Funkhorchdienst stellte sehr gute Zusammenarbeit zwischen sowjetischen Jägerleitoffizieren und den Jagd- und Schlachtverbänden fest.

SU-Flak:
a) Schießtaktik leichter Flak: meist beim Abflug feuernd, um nicht vorher erkannt bzw. durch Bombenwurf bekämpft zu werden. Gutliegendes Feuer, zum Teil ohne Leuchtspur.
b) Mittlere Flak schoß im Raum Lauban-Naumburg und Forst-Guben eine Sperrfeuerfläche, um so Nachstoßen auf tieffliegende Schlachtflugzeuge zu verhindern.
c) Bei einzeln liegenden, aber stark belegten Waldstücken war leichte und mittlere Flak zum Teil so dicht an den Hochwald herangezogen, daß Schußfeld kaum über 180 betrug.

3.) **Eigener Einsatz:**
a) Einsatz von Jägern als Schlachtflieger nur bei entsprechender Wolkenhöhe und Sicht erfolgreich. Tiefangriffe bei Schlechtwetterlage und starker Erdabwehr führen bei mäßigen Erfolgen zu großen Verlusten.
b) Bei der Ähnlichkeit eigener und russischer Flugzeuge bzw. bei mißbräuchlicher Verwendung eigener Hoheitsabzeichen wird geeignete Freund-Feind-Kennung vorgeschlagen (z.B. leicht zu ändernder Farbanstrich, Wackeln).

4.) **Zusammenarbeit mit der Luftwaffen-Bodenorganisation**
Bei der Rückverlegung des Geschwaders aus dem Osten ergaben sich im Anfang Schwierigkeiten in

der Zusammenarbeit mit den im bisherigen Heimatkriegsgebiet befindlichen Kommandanturen, die den plötzlich an sie herantretenden Anforderungen im allgemeinen nicht gewachsen waren.
Dagegen war die Zusammenarbeit ausgezeichnet mit den aus dem Osten zurückgeführten Kommandanturen, die mit technischem Verständnis, Osterfahrung und Improvisationsvermögen der neuen Lage jederzeit gerecht wurden.

5.) **Zusammenarbeit Jäger-Flak, Jäger-Luftmeldeeinheiten**
a) Ausbildung im Flugzeugerkennungsdienst bei Flakeinheiten muß noch mehr betrieben werden. Verwechslungen zwischen Fw 190 und La 5 führten zum Beschuß eigener Flugzeuge.
b) Gute Zusammenarbeit mit der Flugmeldekomp. z.b.V. 21. Im allgemeinen gute Einweisung. Bei der Flugmeldekomp. z.b.V. 22 ist zu bemängeln, daß die Rufzeichen und Rufnummernverteilung zum Teil anscheinend noch nicht durchgeführt ist.
....

6.) **Hinweise zur Verbesserung der Ausbildung der Flugzeugführer**
Dem größten Teil der neuen Flugzeugführer fehlt die unbedingt notwendige fliegerische Erfahrung auf dem Frontmuster. Hierdurch entstehen bei den ersten Fronteinsätzen unnötige Verluste. Ein kleiner Teil der neu zugewiesenen Flugzeugführer läßt es auch an der unbedingt notwendigen Härte und soldatischen Auffassung fehlen. Es muß angestrebt werden, dies bereits in der Ausbildung zu erkennen, um unnötige Ausbildungszeit und -kosten zu vermeiden. Die rein militärische Ausbildung auf den Flugzeugführerschulen muß weit mehr als bisher in den Vordergrund gestellt werden.

7.) **Beurteilung des Offizier-Nachwuchses**
Charakteristisch sind Mängel grundsätzlicher Art bisher nicht in Erscheinung getreten. Fliegerisch und soldatisch gilt jedoch entsprechend Ziff. 6.).

8.) **Verbandführer-Nachwuchs**
Der vorhandene Offiziersmangel läßt die planmäßige Heranziehung eines Verbandsführernachwuchses nicht zu. Infolge Ausfall von Staffelführern müssen mehrfach junge Offiziere diese Stellen vorübergehend übernehmen. Hierbei zeigt sich jedoch immer wieder ihre Unerfahrenheit in truppendienstlichen Angelegenheiten.

9.) **Beurteilung des weiblichen Personals**
....

10.) **Verluste an Bodenpersonal im Erdkampf oder durch Luftangriffe**
....

11.) **Truppendienstliche Erfahrungen**
Der Einsatz von Soldaten der fliegenden Verbände ohne eingehende infanteristische Ausbildung und ohne entsprechende Führung und Bewaffnung im Erdkampf hat sich als verlustreich und wenig erfolgreich erwiesen. Eine gründliche Ausbildung ist auf diesem Gebiet unbedingt erforderlich.

B. **Technische Erfahrungen**
Bf 109
Fw 190 D-9

Anfang Februar 1945 rüstete die II.JG 6 auf dem Fliegerhorst Sorau von dem Flugzeugmuster Fw 190 A-8 auf Fw 190 D-9 um.
Zellenmäßig ergaben sich für das technische Personal keinerlei Schwierigkeiten. Motormäßig arbeitete sich dieses in kürzester Zeit ohne Unterbrechung des Flugbetriebes auf den Jumo 213 ein. Das Werk Sorau stellte Einweisungskräfte. Nach einstündiger theoretischer Einweisung wurden 30 Flugzeuge übernommen und diese gleich ohne Unterbrechung eingesetzt.

I. Zelle
1) Das Flugzeug Fw 190 D-9 ist durch seine Zugänglichkeit gut zu warten und gibt wenig Anlaß zu Störungen. Ausgenommen ist wie bei allen anderen Mustern die elektrische Anlage. Hier zeigt es sich, daß die Klemmen am Hauptverteiler in der rechten und linken Fläche, an den Fahrwerksmotoren sowie an dem Höhenflossenverstellgerät unsachgemäß montiert wurden.
2) Schwierigkeiten zeigen sich immer wieder am Sporn. Dieser entriegelt beim Rollen sehr schwer, oder er dreht sich nicht selbständig, obwohl er ständig gesäubert und gefettet wird.
3) Während der Schneeschmelze hatte die Gruppe bei 30 laufend eingesetzten Flugzeugen etwa 140

Als leistungsfähiger Jagdbomber wurde diese Fw 190 D-9/R5 mit vier ETC 71 sowie einem ETC 501 geflogen.

Feldwebel Schumacher in seiner Fw 190 D-9. Die I./JG 26 war Anfang 1945 im Westen eingesetzt.

zerstörte Sperrholzlandeklappen durch Wasserschlag.

II. Motor

1) Die meisten Unklarmeldungen erfolgen durch starkes Ölen des gesamten Motors. Undichte Flansche und Schlauchleitungen sind die Ursache.
2) Vier Motoren mußten wegen Wassereinbruch in den Zylinder gewechselt werden.
3) Mehrere Beanstandungen wurden an der rechten Ausgleichsleitung durch Scheuern am Motorträger festgestellt. Diese Ausgleichsleitung müßte vom Werk aus mehr zum Lader herangelegt werden oder bereits beim Einbau beledert werden, da starke Schwingungen beim Anlassen des Motors auftreten und die Leitung leicht zu Bruch gehen kann.

Ersatzteilbeschaffung
Schwierigkeiten ergeben sich in der Beschaffung von Heckteilen für die D-9, ferner Triebwerke Jumo 213 A und Luftschrauben. Während der Tauperiode sind die Sperrholzlandeklappen ein großer Engpaß. Das Geschwader konnte sich in Sorau dadurch helfen, daß es in eigener Verbindung mit dem Herstellerwerk Focke-Wulf stand. Wäre das Geschwader auf den Nachschubweg angewiesen, so wären die Flugzeuge nach einer einmaligen Landung wegen Landeklappenschadens stehengeblieben.

III. Bewaffnung

1) Schußwaffen
Um bei Erdbeschuß die Munition 131 einzusparen, wurde folgende Schaltänderung der Auslösung vorgenommen. Auslösung für MG 131 durch B1-Knopf, MG 151/20 durch A-Knopf. Es wird vorgeschlagen, diese Schaltung werkseitig durchzuführen.

2) Abwurfwaffen
Beim Beladen ETC 504 brechen vereinzelt die Vierkante zur Verstellung der Pratzen an der Schweißstelle ab. Eine Verstärkung der Schweißstelle zwischen Vierkant und Verbindungsrohr ist unbedingt erforderlich.
Der Einhängerost ER 4-50 wird mit Steckdose R12 der Auslöseleitung und Steckdose S6 der Zünderleitung des ETC 504 verbunden. Beim Einsatz hat sich gezeigt, daß diese freihängenden Zuleitungen vom ETC zum Einhängerost durch den Fahrtwind aus den Steckern gerissen werden. Durch Festschellen der Kabel am ETC und am Einhängerost wird das Herauslösen einzelner Adern aus den Steckern vermieden.

3) »Adler«-Visieranlage
Zur Zeit befinden sich im Geschwader neun Fw 190 D-9 mit »Adler«-Visieranlage. Diese Visieranlage hatte sich bisher gut bewährt. Drei sichere Abschüsse durch Lt. Bender aus 300–400 m Entfernung mit geringem Munitionsverbrauch wurden erzielt.
An Störungen sind bisher aufgetreten:
a) Beim Einschalten des Geräts während des Fluges schlägt das Fadenkreuz ruckartig aus. Am Boden bei der Funktionsprüfung war es in Ordnung. Abhilfe: Kreisel wurde gewechselt.
b) Beim Einschalten der Anlage während der Funktionsprüfung am Boden schlug das Fadenkreuz ruckartig aus. Bei der Störungssuche wurde festgestellt, daß beim Lösen der Montageplatte von der Zellenwand die Anlage wieder in Ordnung war. Durch gutes Isolieren einer Befestigungsschraube gegen die Zelle wurde die Störung behoben.
c) Mehrere Störungen durch defekte Röhren »EF 12« sind aufgetreten.

4) Ersatzteilbeschaffung für »Adler«-Visiere
a) Röhren EF 12 und EZ 11 sind nicht zu bekommen.
b) Das Geschwader benötigt einen kompletten Prüfsatz für die gesamte Anlage.

iV. Verbesserungsvorschläge für das Flugzeug Fw 190 D-9

1) Verschlußschraube am Wärmetauscher BM 22 × 1,5 DIN 7604 L 3 wird durch öfteres Lösen bei der Kaltstartkontrolle stark deformiert.
2) Abdichtung der Spornverriegelung bzw. Abdeckung der Spornradachse soll ein Verschmutzen des gesamten Spornes beim Rollen verhindern.
3) Vergrößerung des Handgriffes für Fahrwerksnotzug, da mit Handschuh dieser schlecht betätigt werden kann.
4) Die Papierstreifen am Revi 42/1 lösen sich bei feuchtem Wetter. Eine Beschriftung auf das Gehäuse wäre vorzunehmen.

Die Fw 190 V65 war noch am 17.11.1944 in Langenhagen vorhanden und wurde im Mai 1945 in Travemünde erbeutet.

In Wörishofen wurde diese Fw 190 D-13/R5 mit eingeknicktem Fahrwert bei Kriegsende stehengelassen.

Die Fw 190 D-13 (WerkNr. 350161, VI+QP) gehörte entweder zur Baureihe D-13/R2 oder D-13/R5.

5) Der Justierkasten ist bei der Fw 190 D-9 an der linken Bordwand angebracht und stört bei der Bedienung des Flugzeuges. Das Ablesen der Höheneinstellung bereitet in dieser Lage Schwierigkeiten. Es wird vorgeschlagen, den Justierkasten über ZSK 244 anzubringen. Dazu sind die beiden Schalter für die Dödelanlage um 90° zu verdrehen.
6) Die Höheneinstellzahlen am Justierkasten sind schlecht zu erkennen.

gez. Barkhorn
Major und Geschwaderkommodore
m.d.W.d.G.b.

Wenig bekannt ist der Einsatz der Sondergruppe (SO) mit Fw 190 und Me 109 in den letzten Kriegswochen*. Es handelte sich um opferbereite Freiwillige verschiedener Verbände, die sich für Kamikaze-Einsätze gegen die von den Sowjets kontrollierten Oderübergänge meldeten. Das rund 40köpfige Kommando aus Offizieren, Unteroffizieren und Mannschaften aller Altersgruppen operierte vom Flugplatz Jüterbog aus, wobei das JG 4 Begleitjäger stellte.

So stürzte sich Fähnrich Ernst Beichl am 16. April mit seiner Fw 190 und untergehängter 500-kg-Bombe auf die sowjetische Pontonbrücke bei Zellin und vernichtete sie. Am 17. April erfolgte der zweite SO-Einsatz mit rund 30 Maschinen. An beiden Einsatztagen zerstörten die Todesflieger der Luftwaffe 17 Oderbrücken, darunter die wichtige Eisenbahnbrücke Küstrin. Der Wehrmachtsbericht vom 17. April dokumentierte das Geschehen:

In der Nacht zerstörten Kampfflugzeuge unter Selbstaufopferung ihrer Besatzungen wichtige Oderübergänge.

In der Nähe der tschechischen Grenze wurde im Mai 1945 das Wrack einer Fw 190 D-15 entdeckt. Das Seitenruder unterscheidet sich trotz der Werknummer deutlich von einer D-9.

* Siehe Saft, K.: Das bittere Ende der Luftwaffe. Langenhagen, 1992.

Die Flugzeugausstattung der Jagdgegeschwader 1945 [1]

Verband		Ab Februar 1945 vorhanden:		Ab Mai/Juni 1945 geplant:	
JG	1	2 Gruppen	Fw 190 A-8	3 Gruppen	He 162 A-1/A-2
			Fw 190 A-9		
		1 Gruppe	Bf 109 G-10		
			Bf 109 G-14/AS		
JG	2	3 Gruppen	Fw 190 D-9	3 Gruppen	Fw 190 D-9
JG	3	3 Gruppen	Bf 109 K-4	4 Gruppen	Bf 109 K-4
			Bf 109 G-10		Bf 109 G-10
		1 Gruppe	Fw 190 (Sturm)		Fw 190 D-9
JG	4	3 Gruppen	Bf 109 K-4	4 Gruppen	Bf 109 K-4
			Bf 109 G-10		Bf 109 G-10
		1 Gruppe	Fw 190 (Sturm)		Fw 190 D-9
JG	5	3 Gruppen	Bf 110	3 Gruppen	Bf 109 K-4
			Me 410		
			Bf 109 G-14		
JG	6	2 Gruppen	Fw 190 A-8	3 Gruppen	Fw 190 D-9
			Fw 190 A-9		Bf 109 K-4
		1 Gruppe	Bf 109 G-14/AS		
JG	7	2 Gruppen	Me 262 A-1a	3 Gruppen	Me 262 A-1a [2]
JG	10	1 Gruppe	Fw 190 A-8	1 Gruppe	Zuteilung nach Maßgabe der geplanten Erprobung
			Fw 190 A-9		
			Fw 190 D-9		
JG	11	2 Gruppen	Fw 190 A-8	3 Gruppen	Fw 190 D-9 bis D-13
			Fw 190 A-9		Bf 109 K-4
		1 Gruppe	Bf 109 K-4		
			Bf 109 G-10		
JG	26 [3]	3 Gruppen	Fw 190 D-9	4 Gruppen	Fw 190 D-9 [4]
					Fw 190 D-12
JG	27	3 Gruppen	Bf 109 K-4	3 Gruppen	Bf 109 K-4
			Bf 109 G-10		
JG	44	1 Gruppe	Me 262 A-1a	1 Gruppe	Me 262 A-1a
JG	51	3 Gruppen	Bf 109 G-14	3 Gruppen	Bf 109 K-4
JG	52	3 Gruppen	Bf 109 G-14	3 Gruppen	Bf 109 K-4
			Bf 109 G-14/U4		
JG	53	3 Gruppen	Bf 109 K-4	3 Gruppen	Bf 109 K-4
JG	54	3 Gruppen	Fw 190 A-8	3 Gruppen	Fw 190 D-9 [5]
			Fw 190 A-9		
JG	77	3 Gruppen	Bf 109 G-14/U4	3 Gruppen	Bf 109 K-4
			Bf 109 G-10		

Verband		Ab Februar 1945 vorhanden:		Ab Mai/Juni 1945 geplant:	
JG	300	2 Gruppen	Bf 109 G-10/R6	3 Gruppen	Bf 109 K-4/R6 [6]
		1 Gruppe	Fw 190 (Sturm)		
JG	301	2 Gruppen	Fw 190 A-9/R11	4 Gruppen	Ta 152 H-1
			Fw 190 D-9/R11		
		1 Gruppe	Bf 109 G-10/R6		
JG	400	2 Gruppen	Me 163 B-1	2 Gruppen	He 162 A-1/A-2
KG	(J) 6	2 Gruppen	Bf 109 G-10/R6	3 Gruppen	Bf 109 G-10/R6
			Bf 109 K-4		Bf 109 K-4
		1 Gruppe	Me 262 A-1a		Me 262 A-1a [7]
KG	(J) 27	2 Gruppen	Bf 109 G-10/R6	3 Gruppen	Bf 109 K-4/R6
			Bf 109 K-4		Bf 109 G-10/R6
		1 Gruppe	Fw 190 A-9/R11		Fw 190 D-9/R11 [8]
KG	(J) 30	3 Gruppen	Bf 109 K-4/R6 [9]	3 Gruppen	Bf 109 K-4/R6 [10]
KG	(J) 54	3 Gruppen	Me 262 A-1a	3 Gruppen	Me 262 A-1a
KG	(J) 55	3 Gruppen	Bf 109 G-10/R6 [11]	–	Industrie-Einsatz
			Bf 109 K-4		
			Bf 109 A-9/R11		
Ital. Jagdgruppe		3 Gruppen	Bf 109 G-10	3 Gruppen	Bf 109 K-4

Quellen: OKL/GdJ – BrB.Nr. 6276/44 gKdos vom 20. 12. 1944
OKL – Lw-Führungsstab, Nr. 937/45 gKdos (op) vom 8. 02. 1945
OKL/GdJ -BrB.Nr. 1561/45 gKdos vom 20. 03. 1945

Anmerkung vom 20. 03. 1945
Die Entwicklung im Rüststand der Tagjagdverbände stützt sich auf die im Notprogramm festgelegten Standardbaureihen und sieht den Übergang aller Bf 109-Verbände auf die Ausführung K-4 sowie aller Fw 190-Verbände auf die D-9 und D-12 als Übergang zur Ta 152 (C und H) vor. Die Bf 109- Entwicklung schließt im wesentlichen mit der Ausführung Bf 109 K-4 an und führt dann zur Umrüstung auf die Me 262 A-1a.

1 Teilweise weicht die geplante Ausrüstung der Jagdverbände betreffenden Dokumente erheblich von einander ab, da infolge der Kriegslage die geplante Serienfertigung mancher Muster nicht erfolgen konnte.
2 Zusätzlich mit der einzugliedernden IV./JG 54 als II./JG 7
3 Einschließlich der zur IV./JG 26 umzubenennenden III./JG 54
4 Zusätzlich mit der einzugliedernden III./JG 54 als IV./JG 26
5 Zusätzlich mit der einzugliedernden II./ZG 76 als III./JG 54
6 Später Ausrüstung mit Me 262 A-1a geplant
7 Umrüstung der III./KG (J) 6 im Anschluß an das JG 7 und das KG (J) 54 geplant
8 Umrüstung im Einsatz vorgesehen
9 Geplante Flugzeugausstattung: Bf 109 K-6/R6
10 Geplante Ausstattung, Streichung des KG (J) 30 als Tagjagd-Verband
11 Geplante Flugzeugausstattung: Me 262 A-1a

VI.
Der letzte Kolbenjäger der Luftwaffe

1. Ta 152 – Das Hochleistungsflugzeug

Ein am 10.06.1944 fertiggestellter Bericht der Focke-Wulf Werke faßte alle bislang gewonnen Leistungsdaten der Fw 190 sowie die rechnerischen Werte der künftigen Ta 152 zusammen. Außerdem wurden die mittels einer MW-50- oder GM-1-Anlage erreichbaren Leistungen hochgerechnet.

Die Methanol-Wasser-Einspritzung im Verhältnis 50:50 (MW 50), zuweilen als »Sonderstoff-Anlage« bezeichnet, sorgte für eine Leistungssteigerung unterhalb der Volldruckhöhe der Bf 109 und Fw 190. Die mittels Zusatzeinspritzung bewirkte Innenkühlung der Hochleistungstriebwerke sorgte so für eine Senkung der Motorentemperatur. Über

Der Musterbaubetrieb im Werk Langenhagen bei Hannover, 1944. (Bundesarchiv)

der Volldruckhöhe schaffte der einstufige Lader zumeist nicht mehr die notwendige Füllmenge in die Zylinder, so daß zur Verbrennung der vollen Kraftstoffmenge nicht mehr genügend Sauerstoff zur Verfügung stand.

Bei Verwendung einer GM-1-Anlage wurde mittels der Einspritzung eines Sauerstoffträgers in Form eines kälteverflüssigten Stickoxydols (»Lachgas«) vor dem Luftansaugstutzen des Triebwerks eine deutliche Leistungserhöhung (über einen längeren Zeitraum) oberhalb der Volldruckhöhe erreicht. Dieses Verfahren wurde ab 1941 in größerem Umfang bei Jagd- und Zerstörerflugzeugen mit DB 601 angewandt.

Der Leistungsvergleich sollte einen verläßlichen Überblick über die Verwendungsmöglichkeiten und Leistungsfähigkeit der gerade in der Entwicklung befindlichen Fw-190- und Ta 152-Maschinen ermöglichen. Folgende Baumuster wurden im Frühsommer 1944 von der Abteilung Flugleistungen der Focke-Wulf Werke bewertet:

- Fw 190 D-9 mit Jumo 213 A
- Fw 190 D-12 mit Jumo 213 E (ohne Ladeluftkühlung)
- Ta 152 C-1 mit DB 603 L (ohne Ladeluftkühlung)
- Ta 152 B-1 mit Jumo 213 E (mit Ladeluftkühlung)
- Ta 152 H-1 mit Jumo 213 E oder G

Die Leistungswerte der Fw 190 D-9 entsprachen bis auf kleine Abweichungen denen der Fw 190 V17 und V20. Eine durchgreifende Leistungsverbesserung wurde für Anfang 1945 erwartet. Die Voraussetzung war jedoch der Anlauf der Großserienproduktion des Jumo 213 E, E-1 und EB.

Im Falle der Ausrüstung mit einer GM-1-Anlage mußte zwar eine Reduzierung der taktischen Reichweite von etwa 200 km in Kauf genommen werden, da der 115 l fassende Rumpfbehälter nicht mehr für den Kraftstoff zur Verfügung stand. Dafür aber ließ sich eine Geschwindigkeit von etwa 700 km/h in 10.000 m Höhe erreichen. Die D-9 war dann mit einstufigem Lader und GM 1-Zusatz schneller als die Fw 190 D-12 mit zweistufigem Lader.

Nachteilig wirkte sich an heißen Sommertagen jedoch aus, daß man nicht den vollen GM-1-Zusatz einspritzen konnte. Bei Flügen im Hochsommer mußten die Kühlerklappen ohnehin geöffnet werden; die zusätzliche, durch die GM-1-Einspritzung entstehende Wärme hätte sich nicht mehr abbauen lassen.

Bei einem GM-1-Vorrat von ca. 105 kg und einem Verbrauch von durchschnittlich 100 g/s betrug die Flugdauer der Fw 190 D-9 mit GM-1-Zusatz allenfalls 15 bis 17 Minuten. Die bei gleicher Schwerpunktlage unterzubringende MW-50-Menge lag bei 130 l, genug für eine etwa 50minütige Zusatzeinspritzung.

Der Vergleich der Steigleistungen ergab bei Verwendung der MW-50-Einspritzung bei Flügen mit Start- und Notleistung eine Überlegenheit bis auf 10000 m Flughöhe gegenüber dem GM-1-Betrieb. Mit zugeschalteter GM-1-Anlage ließ sich die Leistungssteigerung bis auf gut 10.500 m ausdehnen, wobei jedoch der gesamte GM-1-Vorrat verbraucht wurde.

In 4700 m Einsatzhöhe wurde mit MW-50-Einspritzung eine Geschwindigkeit von 705 km/h mit Notleistung möglich. Die Junkers Motorenwerke rieten jedoch bei Flügen mit Notleistung dazu, die MW 50 nur dreimal zehn Minuten zuzuschalten. Insgesamt ergab die Focke-Wulf-Studie, daß beim Zusatz von Methanol-Wasser eine längere Erhöhung der Motorenleistung und eine merkliche Verbesserung der Flugleistungen über längere Dauer bewirkt werden konnte. Der GM-1-Zusatz sollte erst nach Erreichen der Volldruckhöhe eine letzte Steigerung der Flugleistungen bewirken.

Die Fw 190 D-12 stellte im Grunde eine Übergangslösung zwischen der Fw 190 D-9 und den verschiedenen Ausführungen der Ta 152 dar. Mittels des Einbaus des Jumo 213 E ohne Ladeluftkühlung wurden Höhenleistungen möglich, die über denen des Ta 152 »Normaljägers« lagen, sofern dieser ohne den GM-1- oder MW-50-Zusatz flog.

Um die Höhenleistungen des Jumo 213 E vollständig ausfliegen zu können, war zusätzlich eine MW-50-Anlage notwendig. In der Zelle der Fw 190 D-12 ließen sich 130 l MW 50 unterbringen, was für eine Flugzeit von knapp 40 Minuten mit Start- und Notleistung oder aber von gut 50 Minuten mit Steig- und Kampfleistung ausgereicht hätte. Falls in Höhen oberhalb von 6000 m mit Kampfleistung geflogen wurde, mußte das MW-50-Gemisch ohnehin eingespritzt werden, um die entstehende heiße Ladeluft abzukühlen.

Da der zum Einbau gelangende Kühlerkopf des Jumo 213 A-1 nicht mehr ausreichte, mußten, wie erwähnt, die Kühlerspreizklappen im Schnellflug (während heißen Tagen) um etwa 10° geöffnet werden. Hieraus resultierte ein Geschwindigkeitsverlust von 15 bis 20 km/h. Dies bedingte auch, daß die Fw 190 D-12 letztendlich nicht wesentlich schneller als die Ta 152 sein konnte.

In bezug auf die Flugdauer war die D-12 der Ta 152 etwas unterlegen, da die im Rumpf unterzubringende Kraftstoffmenge um 70 l geringer war als bei der Ta 152. Auch die bei mehreren Varianten der Fw 190 D-12 vom RLM gestrichene MG 151 als Motorkanone wirkte sich auf das Fluggewicht aus. Der Einfluß dieser Maßnahme auf eine höhere Horizontalgeschwindigkeit war jedoch unbedeutend.

Die Ta 152 C mit DB 603 L sollte zunächst ohne einen Ladeluftkühler vom Band laufen. Durch die Methanol-Wasser-Einspritzung während Flugphasen mit Start-, Not-, Steig- oder Kampfleistung konnte ein erheblicher Leistungsgewinn erzielt werden. Hierzu muß bemerkt werden, daß bei dem ohne zusätzliche Ladeluftkühlung ausgerüsteten Jumo 213 E die MW-50-Anlage in Höhen oberhalb von 8000 m lediglich noch zur Kühlung der anfallenden Ladeluftwärme ausreichte.

Die Flugleistungen ließen sich mittels der eingestellten Luftschrauben-Untersetzung zusätzlich steigern. Die Untersetzung von 1:2,07 anstatt der früher verwandten von 1:1,93 ergab einen Geschwindigkeitsgewinn von etwa 7 km/h in Volldruckhöhe bei Notleistung.

Die zuerst von Daimler-Benz für den DB 603 L mit Ladeluftkühler bescheinigten Leistungen lagen um 74 kW höher als die des Jumo 213 E mit B4-Kraftstoff. Allerdings war schon damals absehbar, daß das Jumo-Triebwerk infolge seiner höheren Abgasstrahl-Schübe eine größere Vortriebsleistung besaß. Damit war klar, daß die Ta 152 mit Jumo 213 leistungsmäßig der Ausführung mit DB 603 überlegen sein würde.

Nachdem die Entwicklung Ta 152 A mit Jumo 213 C bereits frühzeitig eingestellt worden war, wandte sich das Konstruktionsbüro der Ta 152 B mit Jumo 213 E zu. Im Sommer 1944 fiel aufgrund des Entwicklungsrückstands beim Jumo 213 E die Entscheidung, die Ta 152 B nicht mit diesem Reihenmotor auszurüsten. Erst bei der Ta 152 H-1 sollte der mit C3-Kraftstoff betriebene Jumo 213 E (mit Ladeluftkühler) zum Einbau gelangen. Die letztlich mit dem DB 603 L oder LA zu erreichenden Höhenleistungen wären jedoch auch bei diesem Hochleistungstriebwerk von einem betriebssicheren Ladeluftkühler abhängig gewesen.

Die Triebwerksanlage für die Ta 152 B-1 sollte dennoch – zumindest zu Beginn der Serienproduktion – ohne Ladeluftkühler auskommen und hätte die angestrebten Höhenleistungen nur mittels des MW-50-Zusatzes erreicht. Infolge des (durch den Raumbedarf des MW-50-Tanks) bedingten Wegfalls des 115 l fassenden Zusatzbehälters hätte sich auch hier die Reichweite und Flugdauer leicht verringert.

Im Spätsommer 1944 war bereits absehbar, daß die Serienfertigung des Jumo 213 E zwar erst Anfang 1945, jedoch früher als die des DB 603 L beginnen würde. Außerdem sprach für dieses Triebwerk, daß der Jumo 213 E von Anfang an mit einem verbesserten Ladeluftkühler vom Band laufen würde.

Der schnelle Aufklärer Ta 152 E-1 sollte mit dem Jumo 213 E ausgerüstet werden. Die Starrbewaffnung hätte aus der MK-108-Motorkanone sowie zwei MG 151/20 in den Flügelwurzeln bestanden. Sie entsprach damit der Bewaffnung des »Normaljägers« in Form der Ta 152 B-1. Eine Vergrößerung

Darstellung der Rohrbewaffnung der Ta 152:

1 MG 151/20 (MG 151/15) (Ta 152 C-0 bis C-11)
2 MG 108/M (Ta 152 B, C, E und H)
3 MG 151/20 (Ta 152 A, C, E und H)
4 300-l.-Abwurfbehälter (Ta 152, alle Varianten)
5 MK 103 (Ta 152 B-0 bis B-5)
6 23,5-m-Fläche (Ta 152 H-0 bis H-12)

der Flugstrecke durch Verwendung eines 300-l-Abwurftanks wurde Mitte 1944 bei Focke-Wulf durchgerechnet, ergab jedoch, daß die Radlasten sowohl bei der Fw 190 D-9/D-12 als auch bei der Ta 152 C-1 und H-1 bis H-10 zu groß waren.

Das Höhenjagdflugzeug Ta 152 H stellte eine Sonderausführung des »Normaljägers« dar, von dem es sich hauptsächlich durch ein vergrößertes Tragwerk mit 14,8 m Spannweite und durch einen druckdichten Führerraum unterschied. Als Höhenjäger wurde die Bewaffnug auf die der Ta 152 E-1 reduziert; die GM-1-Anlage galt von Anfang als fester Bestandteil der Ausrüstung. Die Zelle wurde so konzipiert, daß zwei Einheitstriebwerke, das Jumo 213 E oder das DB 603 G, wahlweise Verwendung finden konnten.

Nach dem Entscheid, den DB-603-G-Flugmotor nicht zu verwenden, wurden alle Hoffnungen auf den Jumo 213 E gesetzt, von dem ein erstes Mustertriebwerk bereits im Januar 1944 getestet worden war. Die Flugerprobung mit vier aus der Fw 190 umgebauten Ta-152-H-Versuchsmustern (WerkNrn. 0040, 0054. 0055 und 0058) ergab ab Juli 1944 trotz der eingetretenen Ausfälle eine Höchstgeschwindigkeit von 715 km/h in 10600 m Flughöhe. In 5000 m Flughöhe lag die Höchstgeschwindigkeit mit Zusatzeinspritzung bei etwa 705 km/h.

Die Gruppe Flugmechanik stellte 1944 die durchschnittlichen Steigzeiten und erreichbaren Höhenleistungen zusammen:

Baumuster	Triebwerksanlage	Steigzeit auf 8000 m (min)	Dienstgipfelhöhe (m)
Fw 190 A-9	BMW 801 D	10,7 ohne MW 50	10600
Fw 190 A-9	BMW 801 F	10,3 ohne MW 50	10800
Fw 190 D-9	Jumo 213 A	8,0 mit MW 50	11400
Fw 190 D-12	Jumo 213 F	7.8 mit MW 50	12700
Fw 190 D-12	Jumo 213 EB	9,7 mit MW 50	13200
Fw 190 D-15	DB 603 E	8.0 mit MW 50	11500
Ta 152 C-1	DB 603 LA	9.0 mit MW 50	12200
Ta 152 E-1	Jumo 213 E	9.1 mit MW 50	12400
Ta 152 H-1	Jumo 213 EB	8,8 mit MW 50	13700
Ta 152 H-1	Jumo 213 E	8.0 mit GM 1	15800

Leistungen dieser Art hatte man bei Focke-Wulf bereits im Sommer 1944 erwartet. Die zur Verfügung stehenden Triebwerke ließen eine Umsetzung der Ideen jedoch erst Monate später zu.

Das von der Abteilung Flugleistungen gezogene Resumée ergab, daß bei den durchgerechneten oder erflogenen Werten eine Leistungssteigerung des Motors durch Einsatz der MW-50-Anlage unterhalb der Volldruckhöhe beim Start oder dem Fliegen mit Notleistung eine Geschwindigkeitserhöhung von fast 50 km/h ermöglichen müßte. Durch die offizielle Freigabe des MW-50-Betriebs für drei Sequenzen zu jeweils zehn Minuten, konnte das System auch für die Beschleunigung während des Steigflugs genutzt werden. Bis auf eine Flughöhe von etwa 10.000 m kam es somit zu einer Verkürzung der Steigzeit um 30% gegenüber dem Steigen mit Kampfleistung, jedoch ohne Einsatz leistungserhöhender Mittel.

Die in einmotorigen Jagdflugzeugen relativ leicht unterzubringende MW-50-Menge von etwa 115 l bis 130 l reichte grundsätzlich für eine Flugdauer zwischen 40 und 50 Minuten; genug, um den Leistungsgewinn taktisch optimal umzusetzen.

Der eigentliche Vorteil der GM-1-Einspritzung stellte sich bei absoluten Steiggeschwindigkeiten als Leistungsüberschuß in großen Höhen heraus. Zum Ausfliegen der mit GM 1 letztendlich erreich-

Die Fw 190 V21 (TI+IH), mit DB 603 LA V16 ausgerüstet, war ein Vorläufer der Ta 152 C. (Bundesarchiv)

Die Ta 152 C-0 (WerkNr. 110006, VH+EY) flog vermutlich erstmals am 3.12.1944.

baren Dienstgipfelhöhe war fast immer die gesamte GM-1-Menge notwendig.

Sollte die GM 1-Anlage lediglich zur Steigerung der Horizontalgeschwindigkeiten dienen, so das Ergebnis der Untersuchung, ergab sich gegenüber dem MW-50-Betrieb noch immer eine Verbesserung des Leistungsspektrums.

Durch den Verzicht auf die im Flügelmittelteil einzubauenden Maschinenwaffen ließen sich bei der Ta 152 weit größere Treibstoffbehälter mitführen, als dies bei der Fw 190 D-9 in der Regel der Fall war. Die Kraftstoffmengen der Ta 152 kamen damit schon an die Kapazitäten der P-47 und P-51 heran. Bei den herkömmlichen, mit Doppelsternmotor ausgerüsteten Jagdflugzeugen (etwa der Fw 190 A-6), waren adäquate Reichweiten nur mittels eines 300-l-Abwurftanks möglich. Positiv wirkte sich bei der Ta 152 auch aus, daß bei einem Verzicht auf den 300 l fassenden Abwurfbehälter auch auf das ETC 501 verzichtet werden konnte. Hierdurch gelang es, die Geschwindigkeit um etwa 5 km/h zu steigern.

Insgesamt gesehen, brachte eine nur zweijährige Entwicklung eine erhebliche Reduzierung der Steigzeiten und Verbesserung der Gipfelhöhe von 8800 m auf 15.800 m.

Die zusätzlich von Focke-Wulf unternommenen Anstrengungen, die Leistungen der letzten Kolbenjäger-Generation bis zu einem Höchstmaß zu steigern, hätte nur die Einführung der Ta 152 mit Jumo 222 E/F-Höhenmotor mit vierflügliger VS-19-Verstelluftschraube und dem neuartigen Laminarflügel (von 13,68 m Spannweite) bewirkt. Die projektierte Maschine wies eine Abflugmasse von 5815 kg auf und hätte entweder eine Bewaffnung von vier MG 151/20 oder zwei MG 151/20 und zwei MK 103 erhalten. Als Visier war entweder das Reflexvisier 16B oder das kreiselstabilisierte EZ 42 vorgesehen, das Anfang 1945 vermehrt eingebaut wurde.

Ab Februar 1945 mußten alle weitergehenden Pläne von Woche zu Woche zurückgeschraubt werden, da es an fast an allem fehlte. Im März befahl der Chef TLR die Einstellung nahezu aller Erprobungsvorhaben. Das Kriegsende stand unmittelbar bevor.

Zwei Detailaufnahmen des Fernrohres, das dem Piloten an der Fläche vorbei einen Blick auf die gerade überflogene Landschaft geben sollte.

Ta 152 – Die Versuchsmuster

V – Muster-bezeichnung	Werk-Nr.	Stamm-kennz.	Erstflug/Triebwerk/Bemerkungen/Verbleib
Ta 152 V1	0058	GH+KW	Erstflug : 13. 07. 1944 Baureihe : Fw 190 V33/U1 zur Ta 152 H-0 Triebwerk : Jumo 213 A-1 Bemerkungen : Bruch: 80% am 15. 07. 1944
Ta 152 V2	0055	GH+KT	Erstflug : 06. 08. 1944 Baureihe : Umbau Fw 190 V30/U1 zur Ta 152 H-0 Triebwerk : Jumo 213 A-1 Bemerkungen : Absturz: 13. 08. 1944 (100%)
Ta 152 V3	0054	GH+KS	Erstflug : 24. 09. 1944 Baureihe : Umbau Fw 190 V29/U1 zur Ta 152 H-0 Triebwerk : Jumo 213 A-1 (geplant: E-1) Bemerkungen : Umbau auf Stahlflügel geplant
Ta 152 V4	0040	CF+OY	Erstflug : 19. 10. 1944 Baureihe : Umbau Fw 190 V18/U1 zur Ta 152 H-0 Triebwerk : Jumo 213 A-1 (geplant: E-1) Bemerkungen : Beschädigt am 8. 10. 1944, Überführung Cottbus-Langenhangen am 25. 11. 1944, vorhanden Mitte April 1945
Ta 152 V5	0057	GH+KV	Erstflug : 26. 11. 1944 (FKT) Baureihe : Umbau Fw 190 V32/U2 zur Ta 152 H-0 Triebwerk : Jumo 213 A-1 Bemerkungen : Geplant: Einbau einer Motorlafette für MG 213 A/M und Umbau auf Jumo 213 E-1 bzw. F-1, Flugzeug abgestellt am 6. 04. 1945
Ta 152 CV6	110006	VH+EY	Erstflug : 03. 12. 1944 (FKT) Baureihe : Ta 152 C-0 Triebwerk : DB 603 EC/V21 mit MW 50-Anlage, später DB 603 LA geplant Bemerkungen : Am 13. 12. 1944 von Prof. Tank und am 17. 12. 1944 von Flugkpt. Sander geflogen, im März 1945 in Hannover-Langenhagen
Ta 152 CV7	110007	CJ+XM	Erstflug : 08. 01. 1945 Baureihe : Ta 152 C-0/R11 Triebwerk : DB 603 EC/V20 mit MW 50-Anlage, Umbau auf: DB 603 LA

V – Musterbezeichnung	Werk-Nr.	Stammkennz.	Erstflug/Triebwerk/Bemerkungen/Verbleib
			Bemerkungen : Ab 25. 01. 1945 bei Siemens zur Einbau der Kurssteuerung K 23, Erprobung im März 1945 in Hannover-Langenhagen.
Ta 152 V8	110008	+	Erstflug : 15. 01. 1945 Baureihe : Ta 152 C-0 Triebwerk : DB 603 EC/V19 mit MW 50-Anlage (geplant: DB 603 L) Bemerkungen : Im März 1945 im Rechlin zur Triebwerkserprobung
Ta 152 V9	110009	+	Erstflug : 15. 12. 1944 (FKT) Baureihe : Ta 152 E-1 Triebwerk : Jumo 213 E (geplant) Bemerkungen : 1. Bruchzelle für Ta 152 E-1 mit Jumo 213 E
Ta 152 V10	1100010	–	V-Muster (Ta 152 C-1) seit dem 18. 10. 1944 gestrichen
Ta 152 V11	1100011	–	V-Muster (Ta 152 C-1) seit dem 18. 10. 1944 gestrichen
Ta 152 V12	1100012	–	V-Muster (Ta 152 C-1) seit dem 18. 10. 1944 gestrichen
Ta 152 V13	1100013	–	V-Muster (Ta 152 C-1/R11) seit dem 18. 10. 1944 gestrichen, geplant mit LGW K 23 Kurssteuerung, FuG 215 und Flächenbehälter
Ta 152 V14	110014	+	Erstflug : 25. 01. 1945 (FKT) Baureihe : Ta 152 E-1 Triebwerk : Jumo 213 (E) mit MW 50-Anlage Bemerkungen : Als 2. Musterflugzeug des Aufklärers geplant, später Bruchzelle für Ta 152 E-1 mit Jumo 213 E
Ta 152 V15	110015	–	V-Muster (Ta 152 C-2/R11) seit dem 18. 10. 1944 gestrichen, zeitweise Fertigstellung als Ta 152 C-4 geplant, FKT: 18. 02. 1945
Ta 152 V16	110016	+	Erstflug : 18. 04. 1945 Baureihe : Ta 152 C-3 Triebwerk : DB 603 B-1, später DB 603 L geplant Bemerkungen : Motorlafette für MK 103/M
Ta 152 V17	110017	+	Erstflug : 22. 04. 1945 Baureihe : Ta 152 C-3 Triebwerk : DB 603 B-1 und MW 50-Anlage (= DB 603 E), später DB 603 L geplant Bemerkungen : Motorlafette für MK 103/M

V – Muster-bezeichnung	Werk-Nr.	Stamm-kennz.	Erstflug/Triebwerk/Bemerkungen/Verbleib
Ta 152 V18	110018	+	Erstflug : 18. 02. 1945 (FKT) Baureihe : Ta 152 C-3 Triebwerk : DB 603 B-1 und MW 50-Anlage (= DB 603 E), später DB 603 L geplant Bemerkungen : Motorlafette für MK 103/M, während der Bauausführung eingestellt
Ta 152 V19	110019	+	Erstflug : 30. 03. 1945 Baureihe : Ta 152 C-5, dann Ta 152 B-5/R11 Triebwerk : Jumo 213 E Bemerkungen : 1. Musterflugzeug Schlechtwetterjäger mit Kurssteuerung LGW K 23 und FuG 125, zunächst als Ta 152 C geplant, Bauausführung bis 16. 03. 1945 nicht erfolgt
Ta 152 V20	110020	+	Erstflug : 30. 03. 1945 Baureihe : Ta 152 B-5/R11 Triebwerk : Jumo 213 E Bemerkungen : 2. Musterflugzeug Schlechtwetterjäger (entspr. Ta 152 V19), Bauausführung bis 16. 03. 1945 nicht erfolgt
Ta 152 V21	110021	+	Erstflug : 10. 04. 1945 Baureihe : Ta 152 B-5/R11 Triebwerk : Jumo 213 E Bemerkungen : 3. Musterflugzeug Schlechtwetterjäger (entspr. Ta 152 V19), Bauausführung bis zum 16. 03. 1945 nicht erfolgt
Ta 152 V22	110022	–	V-Muster (Ta 152 C-4/R11) seit dem 18. 10. 1944 gestrichen, geplant als Schlechtwetterjäger mit K 23 Kurssteuerung, FuG 125, FuG 15 sowie DB 603 L-Triebwerk
Ta 152 V23	110023	–	V-Muster (Ta 152 C-4/R11) seit dem 18. 10. 1944 gestrichen, Ausrüstung siehe Ta 152 V22
Ta 152 V24	110024	–	V-Muster (Ta 152 C-4/R11) seit dem 18. 10. 1944 gestrichen, Ausrüstung siehe Ta 152 V22
Ta 152 V25	150001		Erstflug : 15. 12. 1944 Baureihe : Ta 152 H-1, Umbau auf Ta 152 H-2 geplant Triebwerk : Jumo 213 E Bemerkungen : Zunächst als Musterflugzeug für Ta 152 E, dann als Ta 152 H-1 geplant. Anbau der Flächen der Fw 190 V32/U1 war geplant.

V – Muster-bezeichnung	Werk-Nr.	Stamm-kennz.	Erstflug/Triebwerk/Bemerkungen/Verbleib
Ta 152 V26	110026		Erstflug : 06. 02. 1945 (FKT) Baureihe : Ta 152 H-10 Triebwerk : Jumo 213 E-1 mit MW 50 – und GM 1 – Anlage Bemerkungen : Fertigstellung nicht aktenmäßig belegt.
Ta 152 V27	150027		Erstflug : 07. 02. 1945 (FKT) Baureihe : Ta 152 C-3 Triebwerk : DB 603 L Bemerkungen : Umrüstung von Ta 152 H-0 auf Ta 153 C-3 geplant, Bauausführung bis 16. 03. 1945 nicht erfolgt (Anfrage beim RLM)
Ta 152 V28	150030		Erstflug : 18. 02. 1945 (FKT) Baureihe : Ta 152 C-3 Triebwerk : DB 603 L Bemerkungen : Umrüstung von Ta 152 H-0 auf Ta 152 C-3 geplant, Bauausführung bis 16. 03. 1945 nicht erfolgt (Anfrage beim RLM)
Ohne Zuteilung einer V-Nummer:			
Ta 152	0042	KB+PV	Erstflug : unbekannt Baureihe : Umbau aus Fw 190 V20/U1 zur Ta 152 C-1 Triebwerk : DB 603 L (zuvor: Jumo 213A) Bemerkungen : Motorlafette für MK 103/M
Ta 152	0043	GH+KR	Erstflug : unbekannt Baureihe : Umbau aus Fw 190 V21/U1 zur Ta 152 C-0 Triebwerk : DB 603 B (zuvor: Jumo 213A) Bemerkungen : –

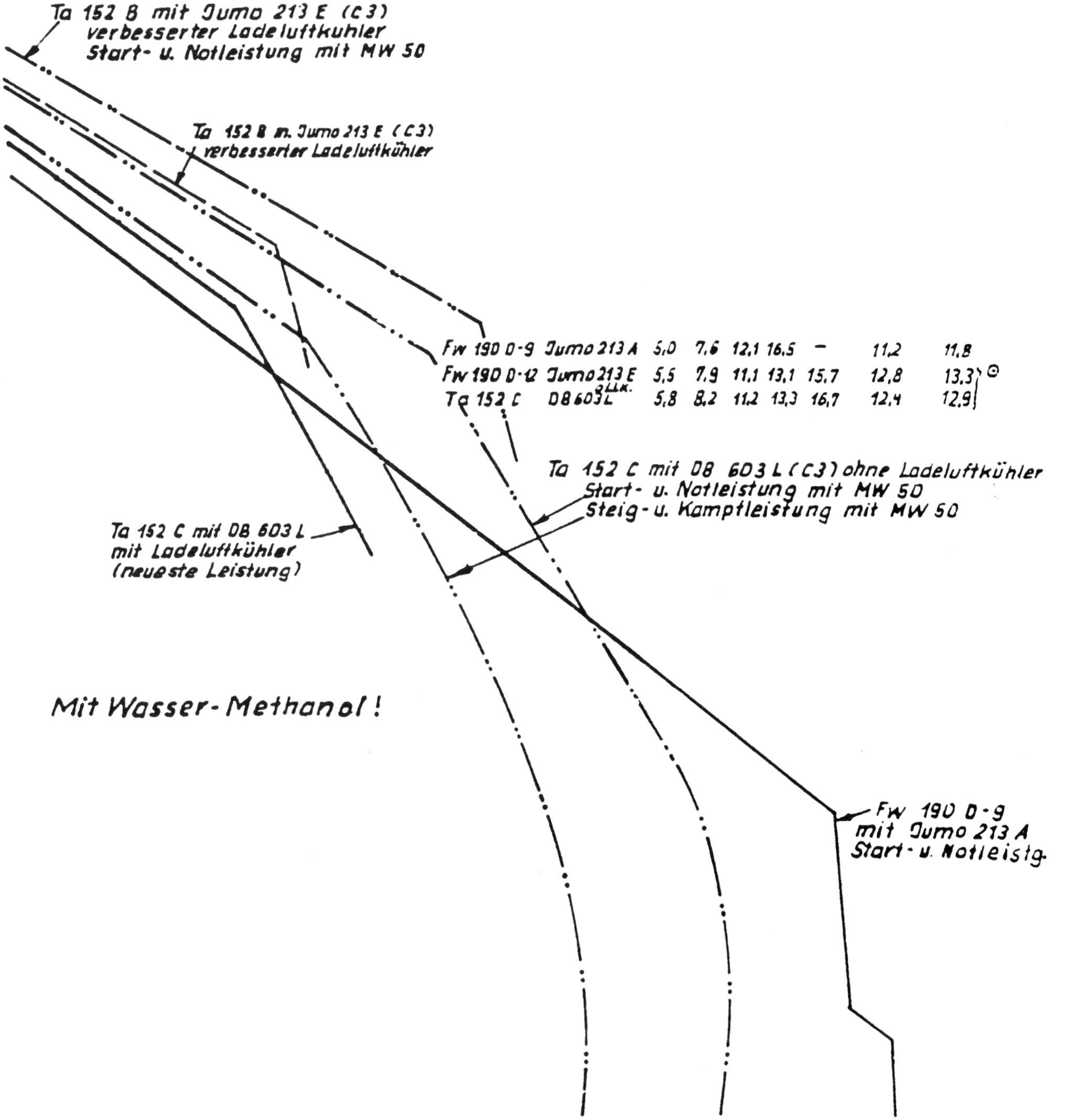

Aus einem zusammenfassenden Bericht der Focke-Wulf-Werke stammt dieser grafische Vergleich der wesentlichen Leistungen zwischen Fw 190 D und Ta 152, Sommer 1944.

⊙ Leistungen mit Start- u. Notleistung u. MW 50 Zusatz.

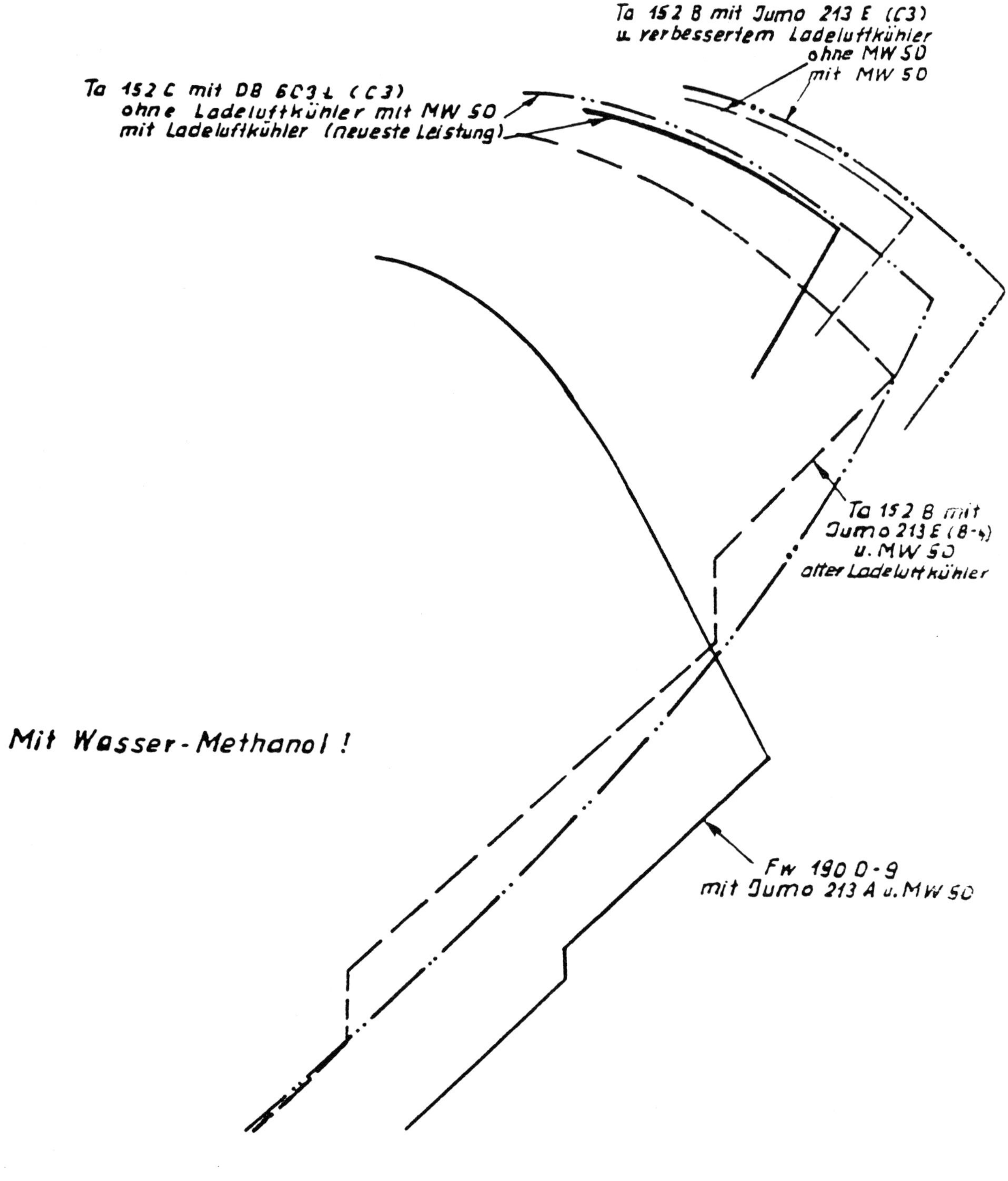
Ta 152 B mit Jumo 213 E (C3)
u. verbessertem Ladeluftkühler
ohne MW 50
mit MW 50
Ta 152 C mit DB 603 L (C3)
ohne Ladeluftkühler mit MW 50
mit Ladeluftkühler (neueste Leistung)
Ta 152 B mit
Jumo 213 E (B-4)
u. MW 50
alter Ladeluftkühler
Mit Wasser-Methanol !
Fw 190 D-9
mit Jumo 213 A u. MW 50

Ta 152 – Die Baureihen

Baureihen	Verwendungsweck	Triebwerk	Bewaffnung/Abwurfanlage				
			Motorkanone	Rumpfwaffen	Flügelwurzel	Flügel (außen)	ETC Sonstiges
Ta 152 A-1	Jagdflugzeug	Jumo 213 C-1	MK 103	2×MG 151	2×MG 151	2×MK 108	1×ETC 501
Ta 152 A-2	Jagdflugzeug	Jumo 213 C-1	MK 103	2×MG 151	2×MG 151	2×MK 108	1×ETC 501
Ta 152 B-0	Zerstörer	Jumo 213 E	MK 103	–	2×MK 103	–	1×ETC 503
Ta 152 B-1	Zerstörer	Jumo 213 E	MK 108	–	2×MK 103	2×WGr.21	1×ETC 503
Ta 152 B-1/R1	Zerstörer	Jumo 213 C	MK 103	2×MG 151	2×MG 151	2×MG 151	1×ETC 501
Ta 152 B-1/R2	Zerstörer	Jumo 213 C	MK 108	2×MG 151	2×MG 151	2×MG 151	1×ETC 501
Ta 152 B-2	Zerstörer	Jumo 213 E	MK 108	–	2×MK 103	–	1×ETC 503
Ta 152 B-2/R1	Zerstörer	Jumo 213 C	MK 103	2×MG 151	2×MG 151	2×MG 151	1×ETC 501
Ta 152 B-2/R2	Zerstörer	Jumo 213 C	MK 108	2×MG 151	2×MG 151	2×MG 151	1×ETC 501
Ta 152 B-3	Zerstörer	Jumo 213 E	MK 103	–	2×MK 103	–	1×ETC 503
Ta 152 B-3/R1	Zerstörer	Jumo 213 C	MK 103	2×MG 151	2×MG 151	2×MG 151	1×ETC 501
Ta 152 B-3/R2	Zerstörer	Jumo 213 C	MK 108	2×MG 151	2×MG 151	2×MG 151	1×ETC 501
Ta 152 B-4	Zerstörer	Jumo 213 E	MK 108	–	2×MK 103	–	1×ETC 503
Ta 152 B-4/R1	Zerstörer	Jumo 213 C	MK 103	2×MG 151	2×MG 151	2×MG 151	1×ETC 501
Ta 152 B-4/R2	Zerstörer	Jumo 213 C	MK 108	2×MG 151	2×MG 151	2×MG 151	1×ETC 501
Ta 152 B-5	Zerstörer	Jumo 213 E	MK 103	–	2×MK 103	–	1×ETC 503
Ta 152 B-5/R11	Schlechtwetterzerstörer	Jumo 213 E	MK 103	–	2×MK 103	–	1×ETC 503
Ta 152 C-0	Jagdflugzeug	DB 603 E/L	MK 108	2×MG 151	2×MG 151	–	1×ETC 503
Ta 152 C-0/R11	Schlechtwetterjäger	DB 603 E/L	MK 108	2×MG 151	2×MG 151	–	1×ETC 503
Ta 152 C-1	Jagdflugzeug	DB 603 E/L	MK 108	2×MG 151	2×MG 151	–	1×ETC 503
Ta 152 C-1/R11	Schlechtwetterjäger	DB 603 LA	MK 108	2×MG 151	2×MG 151	–	1×ETC 503
Ta 152 C-1/R14	Torpedojäger	DB 603 LA	–	–	2×MG 151	–	1×ETC 504
Ta 152 C-1/R31	Schlechtwetterjäger	DB 603 LA	MK 108	2×MG 151	2×MG 151	–	1×ETC 503
Ta 152 C-1/R33	Jagdflugzeug	DB 603 B-1	MK 108	2×MG 151	2×MG 151	–	1×ETC 502
Ta 152 C-1/U1	Schulflugzeug	DB 603 L	–	–	–	–	—
Ta 152 C-2	Jagdflugzeug	DB 603 LA	MK 108	2×MG 151	2×MG 151	–	1×ETC 503
Ta 152 C-2/R10	Jagdflugzeug	DB 603 LA	MK 108	2×MG 151	2×MG 151	–	1×ETC 503
Ta 152 C-2/R11	Schlechtwetterjäger	DB 603 LA	MK 108	2×MG 151	2×MG 151	–	1×ETC 503
Ta 152 C-2/R31	Schlechtwetterjäger	DB 603 LA	MK 108	2×MG 151	2×MG 151	–	1×ETC 503
Ta 152 C-3	Jagdflugzeug	DB 603 LA	MK 103	2×MG 151[1]	2×MG 151	–	1×ETC 503
Ta 152 C-3/R11	Schlechtwetterjäger	DB 603 LA	MK 103	2×MG 151	2×MG 151	–	1×ETC 503

Baureihen	Verwendungsweck	Triebwerk	Bewaffnung/Abwurfanlage				
			Motorkanone	Rumpfwaffen	Flügelwurzel	Flügel (außen)	ETC Sonstiges
Ta 152 C-4	Jagdflugzeug	DB 603 LA	MK 108	2×MG 151	2×MG 151	–	1×ETC 503
Ta 152 C-4/R11	Schlechtwetterjäger	DB 603 LA	MK 108	2×MG 151	2×MG 151	–	1×ETC 503
Ta 152 C-5	Jagdflugzeug	DB 603 LA	MK 151	2×MG 151	2×MG 151	–	1×ETC 503
Ta 152 C-5/R11	Schlechtwetterjäger	DB 603 LA	MK 108	2×MG 151	2×MG 151	–	1×ETC 503
Ta 152 C-6	Jagdflugzeug	DB 603 LA	MG 151	2×MG 151	2×MG 151	–	1×ETC 503
Ta 152 C-7	Jagdflugzeug	DB 603 LA	MK 103	2×MG 151	2×MG 151	–	1×ETC 503
Ta 152 C-10	Jagdflugzeug	DB 603 LA	MK 108	2×MG 151	2×MG 151	–	1×ETC 503
Ta 152 C-11	Jagdflugzeug	DB 603 LA	MK 108	2×MG 151	2×MG 151	–	1×ETC 503
Ta 152 C-11/R11	Schlechtwetterjäger	DB 603 LA	MK 108	2×MG 151	2×MG 151	–	1×ETC 503
Ta 152 E-0	Aufklärer	Jumo 213 E	MK 108	–	2×MG 151	–	1×ETC 503
Ta 152 E-1	Aufklärer	Jumo 213 E	MK 108	–	2×MG 151	–	1×ETC 503
Ta 152 E-1/R1	Aufklärer	Jumo 213 E	MK 108	–	2×MG 151	–	1×ETC 503
Ta 152 E-2	Höhenaufklärer	Jumo 213 E	MK 108	–	2×MG 151	–	1×ETC 503
Ta 152 E-2/R11	Schlechtwetter-Höhenaufklärer	Jumo 213 E	MK 108	–	2×MG 151	–	1×ETC 503
Ta 152 H-0	Begleitjäger	Jumo 213 E	MK 108	–	2×MG 151	–	1×ETC 503B-1
Ta 152 H-0/R11	Schlechtwetterbegleitjäger	Jumo 213 E	MK 108	–	2×MG 151	–	1×ETC 503B-1
Ta 152 H-1	Begleitjäger	Jumo 213 E/E-1	MK 108	–	2×MG 151	–	1×ETC 503B-1
Ta 152 H-1/R11	Schlechtwetterbegleitjäger	Jumo 213 E/E-1	MK 108	–	2×MG 151	–	1×ETC 503B-1
Ta 152 H-1/R21	Schlechtwetterbegleitjäger	Jumo 213 E/E-1	MK 108	–	2×MG 151	–	1×ETC 503B-1
Ta 152 H-1/R31	Schlechtwetterbegleitjäger	Jumo 213 E/E-1	MK 108	–	2×MG 151	–	1×ETC 503B-1
Ta 152 H-2	Begleitjäger	Jumo 213 E/E-1	MK 108	–	2×MG 151	–	1×ETC 503B-1
Ta 152 H-2/R11	Schlechtwetterbegleitjäger	Jumo 213 E/E-1	MK 108	–	2×MG 151	–	1×ETC 503B-1
Ta 152 H-10	Höhenaufklärer	Jumo 213 E/E-1	MK 108	–	2×MG 151	–	1×ETC 503B-1
Ta 152 H-10/R11	Schlechtwetter-Höhenaufklärer	Jumo 213 E/E-1	MK 108	–	2×MG 151	–	1×ETC 503B-1
Ta 152 H-11	Höhenaufklärer	Jumo 213 E/E-1	MK 108	–	2×MG 151	–	1×ETC 503B-1
Ta 152 H-12	Höhenaufklärer	Jumo 213 E/E-1	MK 108	–	2×MG 151	–	1×ETC 503B-1
Ta 152 S-1	Schulflugzeug	DB 603 E	–	–	–	–	–
Ta 152 S-2	Schulflugzeug	DB 603 L	–	–	–	–	–

1 Bei der Baureihe Ta 152 C-3 war eine Rumpfbewaffnung von zwei MG 151/15 geplant.

Ta 152 – Die Baureihen

Baureihen	Verwendung und Bemerkungen
Ta 152 A-1	Jagdflugzeug, aufbauend auf Fw 190 D-1 mit Jumo 213 C mit fünf Starrwaffen
Ta 152 A-2	Jagdflugzeug, aufbauend auf Fw 190 D-2 mit Jumo 213 C mit fünf Starrwaffen
Ta 152 B-0	Zerstörer, aufbauend auf Ta 152 A-1/A-2, jedoch mit MK 103 – Bewaffnung
Ta 152 B-1	Zerstörer mit Zelle der Ta 152 C-3 mit WGr. 21-Werfer (für Pulkzerstörer-Einsatz)
Ta 152 B-1/R1	Zerstörer mit Zelle der Ta 152 C-3 mit Jumo 213 C (MK 103/Mo) und 6 MG 151-Waffen
Ta 152 B-1/R2	Zerstörer mit Zelle der Ta 152 C-3 mit Jumo 213 C (MK 108/Mo) und 6 MG 151-Waffen
Ta 152 B-2	Zerstörer mit Zelle der Ta 152 C-3, jedoch mit FuG 15 anstatt der FuG 16 ZY-Anlage
Ta 152 B-2/R1	Zerstörer mit Zelle der Ta 152 C-3 mit Jumo 213 C (MK 103/Mo) und 6 MG 151-Waffen
Ta 152 B-2/R2	Zerstörer mit Zelle der Ta 152 C-3 mit Jumo 213 C (MK 108/Mo) und 6 MG 151-Waffen
Ta 152 B-3	Zerstörer mit Zelle der Ta 152 C-3 mit MK 103 als Motorkanone statt der MK 108
Ta 152 B-3/R1	Zerstörer mit Zelle der Ta 152 C-3 mit Jumo 213 C (MK 103/Mo) und 6 MG 151-Waffen
Ta 152 B-3/R2	Zerstörer mit Zelle der Ta 152 C-3 mit Jumo 213 C (MK 108/Mo) und 6 MG 151-Waffen
Ta 152 B-4	Zerstörer mit Zelle der Ta 152 C-3 jedoch mit FuG 15 anstatt der FuG 16 ZY-Anlage
Ta 152 B-4/R1	Zerstörer mit Zelle der Ta 152 C-3 mit Jumo 213 C (MK 103/Mo) und 6 MG 151-Waffen
Ta 152 B-4/R2	Zerstörer mit Zelle der Ta 152 C-3 mit Jumo 213 C (MK 108/Mo) und 6 MG 151-Waffen
Ta 152 B-5	Zerstörer mit Zelle der Ta 152 C-3, geänderte Flügelwurzel wegen MK 103-Einbau, MW-Anlage
Ta 152 B-5/R11	Schlechtwetterzerstörer mit Zelle der Ta 152 C-3, sonst wie C-5, jedoch K 23 und FuG 125
Ta 152 C-0	Jagdflugzeug entsprechend Ta 152 C-1, jedoch noch ohne Flügel-Kraftstoff-Anlage
Ta 152 C-0/R11	Schlechtwetterjäger mit PKS 12, FuG 125, LGW K 23-Kurssteuerung
Ta 152 C-1	Jagdflugzeug, DB 603 LA ohne Ladeluftkühler, ohne Druckkabine, für WGr. 21 vorbereitet
Ta 152 C-1/R11	Schlechtwetterjäger, DB 603LA mit Niederdruckanlage, PKS 12 und FuG 125
Ta 152 C-1/R14	Torpedoflugzeug, ETC 504, Ausrüstung teilweise von der Ta 152 C-1/R11 übernommen
Ta 152 C-1/R31	Schlechtwetterjäger, DB 603LA mit geänderter MW 50-Anlage, LGW K 23 und FuG 125
Ta 152 C-1/R33	Jagdflugzeug, DB 603 B-1 mit Kühler-Anlage der Ta 152 C-1, sonst wie Ta 152 C-0
Ta 152 C-1/U1	Schulflugzeug mit Doppelsteuer, sonst wie Ta 152 C-1, Triebwerksanlage der Ta 152 C-0
Ta 152 C-2	Jagdflugzeug, entsprechend Ta 152 C-1, jedoch mit FuG 15 anstelle des FuG 16 ZY
Ta 152 C-2/R10	Jagdflugzeug, Ausrüstung und Bewaffnung der Ta 152 C-1, mit FuG 15-Anlage
Ta 152 C-2/R11	Schlechtwetterjäger mit FuG 125, LGW K 23-Kurssteuerung, Notkompaß-Anlage
Ta 152 C-2/R31	Schlechtwetterjäger entsprechend Ta 152 C-1/R11, PKS 12, Heizscheiben und FuG 125-Anlage
Ta 152 C-3	Jagdflugzeug entsprechend Ta 152 C-2, jedoch mit MK 103 statt MK 108 als Motorkanone
Ta 152 C-3/R11	Schlechtwetterjäger entsprechend Ta 152 C-3, mit LGW K23-Kurssteuerung und FuG 125-Anlage
Ta 152 C-4	Jagdflugzeug entsprechend der Ta 152 C-2, jedoch mit FuG 15 anstelle des FuG 16 ZY
Ta 152 C-4/R11	Schlechtwetterjäger mit FuG 125, LGW K 23-Kurssteuerung, Notkompaß-Anlage
Ta 152 C-5	Jagdflugzeug mit FuG 16 ZY – Anlage und Bewaffnung mit fünf MG 151/20-Kanonen
Ta 152 C-4/R11	Schlechtwetterjäger mit FuG 125, LGW K 23-Kurssteuerung, Notkompaß-Anlage
Ta 152 C-6	Jagdflugzeug mit FuG 15 – Anlage und Bewaffnung mit fünf MG 151/20-Kanonen
Ta 152 C-7	Jagdflugzeug entsprechend Ta 152 C-6, jedoch mit Motorkanone MK 103 und vier MG 151
Ta 152 C-10	Aufklärer mit Rumpf der Ta 152 E-1 und Flächen der Ta 152 H-10, Reihenbildanlage
Ta 152 C-11	Jagdflugzeug mit Rumpf der Ta 152 E-1 und Flächen der Ta 152 H-11, Leistungssteigerung
Ta 152 C-11/R11	Schlechtwetterjäger entsprechend Ta 152 C-11 mit LGW K 23-Kurssteuerung und FuG 125

Baureihen	Verwendung und Bemerkungen
Ta 152 E-0	Aufklärer, entspr. Ta 152 B mit Kameraeinbau bis Rb 75/30, Druchblickfernrohr, MW 50 – Anlage
Ta 152 E-1	Aufklärer, Kameraeinbau bis Rb 75/30, Druchblickfernr., MW 50-Anlage, FuG 15, 19,6 m^2-Fläche
Ta 152 E-1/R1	Aufklärer, Kamera-Schrägeinbau, Durchblickfernrohr, MW 50-Anlage, FuG 15-Anlage
Ta 152 E-2	Höhenaufklärer, Kameraeinbau, Druchblickfernrohr, GM 1-Anlage, FuG 15, 23,5 m^2 Fläche
Ta 152 E-2/R11	Schlechtwetter-Höhenaufklärer mit Ausrüstungs-Rüstsatz R11 entsprechend Ta 152 H-10/R11
Ta 152 H-0	Begleitjäger mit Druckkabine geplant, MK 108 – Motorkanone, mit FuG 16 ZS statt FuG 16 ZY
Ta 152 H-0/R11	Schlechtwetterbegleitjäger, Jumo 213 E/E-1 mit Niederdruckanlage, PKS 12 und FuG 125
Ta 152 H-1	Begleitjäger mit Kraftstoffbehälter im Flügel, GM 1- od. MW 50-Anlage, Produktion ab Jan. 1945
Ta 152 H-1/R11	Schlechtwetterbegleitjäger, Jumo 213 E/E-1 mit Niederdruckanlage, LGW K23 und FuG 125
Ta 152 H-1/R21	Schlechtwetterbegleitjäger, Jumo 213 E/E-1 mit Hochdruckanlage, LGW K23 und FuG 125
Ta 152 H-1/R31	Schlechtwetterbegleitjäger, Jumo 213 E-1 oder EB mit Hochdruckanlage, LGW K23 und FuG 125
Ta 152 H-2	Begleitjäger entsprechend der Ta 152 H-1, jedoch mit FuG 15 statt FuG 16 ZY, wird Ta 152 H-12
Ta 152 H-2/R11	Schlechtwetterbegleitjäger entsprechend der Ta 152 H-0/R11 mit GM 1- und MW 50-Anlage
Ta 152 H-10	Höhenaufklärer mit Ta 153 E-1 – Ausrüstung, gr. Fläche, Jumo 213 E/E-1 mit Leistungssteigerung
Ta 152 H-10/R11	Schlechtwetter-Höhenaufklärer entsprechend Ta 152 H-1/R11 und H-10
Ta 152 H-11	Höhenaufklärer, entsprechend Ta 152 H-1 mit großer Fläche und Ausrüstung der Ta 152 E-1
Ta 152 H-12	Höhenaufklärer, entsprechend Ta 152 H-2 mit großer Fläche und Ausrüstung der Ta 152 E-1
Ta 152 S-1	Schulflugzeug, Rumpfumbau für zweiten Sitz bei DLH Prag geplant, unbewaffnet.
Ta 152 S-2	Schulflugzeug, Rumpfumbau für zweiten Sitz, Doppelsteuer, FuG 16 anstatt FuG 15

Baureihenübersicht Ta 152

Serie	Versuchsmuster	Motorenausrüstung	Fläche (m^2)	Rüstzustände	Bemerkungen
Ta 152 A-1	–	Jumo 213 A	19,50	–	Keine Bauausführung
Ta 152 A-2	–	Jumo 213 A	19,50	–	Keine Bauausführung
Ta 152 B-0	–	Jumo 213 E	19,50	–	Behälterfl. und MW 50
Ta 152 B-1	–	Jumo 213 E	19,50	R11 Schlechtwetter	Behälterfl. und MW 50
Ta 152 B-2	–	Jumo 213 E	19,50	R11 Schlechtwetter	Behälterfl. und MW 50
Ta 152 B-3	–	Jumo 213 E	19,50	R11 Schlechtwetter	Behälterfl. und MW 50
Ta 152 B-4	–	Jumo 213 E	19,50	R11 Schlechtwetter	Behälterfl. und MW 50
Ta 152 B-5	–	Jumo 213 E	19,50	R11 Schlechtwetter	Serie mit WGr. 21
Ta 152 C-0	Fw 190 V21	DB 603 L	19,50	–	
Ta 152 C-1	Ta 152 V13	DB 603 L	19,50	R11 Schlechtwetter	Behälterfl. und MW 50
Ta 152 C-2	Ta 152 V15	DB 603 L	19,50	R11 Schlechtwetter	Behälterfl. und MW 50
Ta 152 C-3	Ta 152 V17	DB 603 L	19,50	R11 Schlechtwetter	Behälterfl. und MW 50
Ta 152 C-4	Ta 152 V18	DB 603 L	19,50	R11 Schlechtwetter	Behälterfl. und MW 50
Ta 152 E-0	–	Jumo 213 E	19,50	–	
Ta 152 E-1	Ta 152 V9+14	Jumo 213 E	19,50	R1 Kameraschrägeinbau	Behälterfl. und MW 50
Ta 152 H-0	Ta 152 V1-5	Jumo 213 E	23,50	R11 Schlechtwetter	MW 50 – Anlage
Ta 152 H-1	Ta 152 V25	Jumo 213 E	23,50	R11 Schlechtwetter	GM 1-Anlage, einstufig
Ta 152 H-2	Ta 152 V25	Jumo 213 E	23,50	R11 Schlechtwetter	MW 50 und B4
Ta 152 H-10	Ta 152 V26	Jumo 213 E	23,50	–	GM 1-Anlage, dreistufig B4 und Bildgerät-Einbau
Ta 152 S-1	–	DB 603 L	19,50	–	

Quelle: Dokument der Focke-Wulf – Werke vom 26. 10. 1944

2. Ta 152 – Die technische Bewertung

Der technische Außendienst der Focke-Wulf-Werke legte im Februar 1945 einen ausführlichen Bericht über die Ta 152 H-0 und H-1 vor, die bei der III./JG 301 eingesetzt waren. Es folgt eine auszugsweise Wiedergabe:

5. **Bericht über Erprobung der Ta 152, Stand vom 14. Februar 1945**

a) Flugeigenschaften

Im Vergleich mit der Fw 190 A-8 gestattet die Ta 152 H-0 engeres Kurven mit geringerer Neigung zum Abkippen, bzw. tritt dieses erst bei niedrigeren Geschwindigkeiten (ca. 250 km/h) ein. Hierdurch ins Trudeln geratene Flugzeuge können leicht durch Drücken nach ca. 500 bis 600 m wieder abgefangen werden. Naturgemäß hat die größere Fläche die Wendigkeit etwas herabgesetzt, was aber keinesfalls als nachteilig empfunden wird. Der Kommandeur behauptet, beim Kurven »Mattscheibe« bekommen zu haben, eine ihm beim Fliegen der Fw 190 unbekannte Erscheinung. Beim Kurvenkampf mit einer A-8 wurde letztere geflogen von einem sehr guten Flugzeugführer, von der H-0 mit einem Flugzeugführer, der mit der Ta (152) den zweiten Start hinter sich hatte, leicht ausgekurvt. Alle diese Eigenschaften sind bisher in erster Linie in Bodennähe bis drei Kilometer Höhe erprobt worden. Steigflüge sind bisher vom Kommandeur mit acht Minuten auf sieben und 15 Minuten auf elf Kilometer durchgeführt worden, wobei dieser darauf hinweist, nicht die günstigsten Steiggeschwindigkeiten ausgenutzt zu haben. Sturzflüge wurden keine vorgenommen, oder nur mit Geschwindigkeiten, die unter den in der Be-

Die Maschine in der Mitte des Hallenvorfeldes stellte die frühere Ta 153 dar. (Bundesarchiv)

Die Fw 190 V30/U1 (WerkNr. 0055) stellte das erste Versuchsmuster der Ta 152 H-0 (GH+KT) dar.

dienungsanweisung als zulässig angegebenen Werte liegen. Diese Vorschrift ist auf die Angaben der E-Stelle Rechlin zurückzuführen, welche starke Unstabilität bei Sturzgeschwindigkeiten über 600 km/h beobachtet haben will. Unstabiliät um Hoch- und Querachse wird von Rechlin überhaupt als besonders nachteiliges Mehrkmal der Ta 152 H-0 in den Vordergrund geschoben, welches dauerndes Nachtrimmen beim Steigflug erfordern und auch im Kurvenflug stete Beachtung des Wendezeigers verlangen soll. Diese Eigenschaften sind von der Gruppe bisher nicht beanstandet worden, was vielleicht darauf zurückgeführt werden kann, daß nur Luftkampfübungen, aber keine Schießflüge durchgeführt wurden, die ein genaues Anvisieren des Gegners erfordern, und die Unstabilität gezeigt hätte, wenn sie in dem von Rechlin dargestellten Maße vorhanden ist. Die Geschwindigkeit in Bodennähe ist mit mehreren Flugzeugen mit folgendem Ergebnis ermittelt worden, wobei zur Kontrolle die Staurohranzeigen mit einer A-8 verglichen wurden:

Mit U/min	= 2100	2400	2700	3100
km/h	= 390-410	450-470	490-510	550

Durchschnittlich liegen die Werte also 50 km/h höher als bei der Fw 190 A-8.

Start und Landung erfordern sehr geringe Rollstrecken und gestatten nach Angaben des Kommandeurs den Einsatz von Plätzen, die von oben nicht als Jägerplätze auszumachen sind.

b) Wartungsansprüche
Der T.O. [Technischer Offizier] beurteilt die Wartungsansprüche der Ta 152 für geringer als die der Fw 190. Es muß jedoch berücksichtigt werden, daß noch keine Wartungsvorschrift mit allen notwendigen Hinweisen vorliegt und die Flugzeuge noch nicht mit Druckkabine ausgerüstet sind. Außerdem müssen noch die Erfahrungen bei höheren Flugstunden abgewartet werden.

C) Beanstandungen

I. Fahrwerk

a) Im Flug fahrt das Fahrwerk rechtsseitig nicht ein. Die Ursachen sind bekannt. Nachdem der Sporn ausgehängt werden mußte (Einziehanlage arbeitet nicht einwandfrei), konnte jedoch beim Start mit 20° Landeklappenstellung, leichtem Nachdrücken bei ca. 200 km/h und gleichzeitigem Einfahrkommando einwandfrei eingefahren werden (also kein doppeltes Einfahrkommando). Diese Methode ist jedoch ein

Behelf, der schnellstens durch einwandfrei arbeitende Hydraulik, die notfalls durch Einbau fester Radkappen entlastet werden muß, abgelöst werden muß. Einen fühlbaren Geschwindigkeitsverlust möchte die Gruppe jedoch nicht in Kauf nehmen. Er soll möglichst wieder ausgeglichen werden können durch den zur Zeit noch ausgefahrenen Sporn, mit dem auch alle vorgenannten Geschwindigkeiten erfolgen wurden.

b) Die Rolle der Spornradeinziehvorrichtung sprang aus der Führungsschiene am Holm. Die Ursache konnte noch nicht einwandfrei geklärt werden. In einigen Fällen kann die Rolle durch ungenaue Einstellung aus der Schiene herausgelaufen sein, während in zwei Fällen stark aufgeweitete Schienen vorgefunden wurden, in denen sich wahrscheinlich die mit zu großem Spiel laufenden Rollen verkantet hatten.

c) Die Rückführung für den Verriegelungshebel ist zu schwach. Besonders bei Einsätzen auf aufgeweichten Plätzen tritt zusätzlich Verschlammen der nicht vollständig gekapselten Rollen ein, die den Seilzug noch schwergänger machen. Die Rückholfeder muß verstärkt werden. Vorab hat sich die Truppe durch den Einbau einer zusätzlichen Feder geholfen.

d) Bei Start- und Landung auf aufgeweichten Plätzen wird sehr viel Wasser und Sand oder Schlamm in die Fahrwerksschächte geschleudert. Von dort gelangt vornehmlich Wasser durch die MG 151-Lagerung und die Durchtrittsbohrungen für die Hydraulikleitungen im Holm sowie durch den Heizrohranschluß für die Außenwaffen in den MG-Schacht für das MG 151. Nach einer vor ca. 15 Minuten erfolgten Messung fand sich dort noch 40 mm hoch Wasser, da auch keine Ablaufbohrungen vorgesehen sind. Es besteht Gefahr für das MG-Schloß und das Antennenanpassungsgerät für die Y-Antenne. Außerdem war vornehmlich Erdreich gegen die Motorkanone geschleudert worden und hatte das Schloß stark versandet, wordurch Gefahr ungewollter Schußauslösung besteht. Die bisher vorgesehenen Abdeckungen, z.B. Schutzrohr um MG 151-Lauf und Abdeckbleche zum Motorraum müssen auf alle Fälle wieder angebracht werden. Die Gruppe hat sich vorläufig durch Einbau entsprechender Abdeckungen selbst geholfen und Ablaufbohrungen (6 mm) im MG-Schacht vorgesehen.

h) Ungewolltes Einfahren des Fahrwerks trat in zwei Fällen ein, und zwar einmal beim Anlassen, bei wel-

Die Ta 152 H-1 (WerkNr. 110003) wurde beim Stab des JG 301 eingesetzt.

Die Ta 152 H-1 (WerkNr. 110003) kurz vor der Abnahme.

Die Ta 152 C-0 (WerkNr. 110007, CI+XM) wurde von einem DB 603 EM angetrieben. Die Maschinen besaß eine MW-50-Anlage.

Der Stabsschwarm des JG 301, Anfang Februar 1945 in Alteno/Luckau.

chem das vorgeschriebene Ziehen des Fahrwerksgriffes unterlassen worden war, ohne daß festgestellt werden konnte, wer in der nur kurzen Pause des Flugzeugführerwechsels eine Betätigung im Sinne Einfahren am Fahrwerksschalter hätte vorgenommen haben können. Im anderen Falle erfolgte wahrscheinlich das Aufsetzen, bevor die Arbeitszylinder in ausgefahrener Stellung verriegelt hatten. Eine Kontrolle ergab jedenfalls, daß der Hydraulikschalter noch nicht in Nullstellung zurückgesprungen war, der Ausfahrdruck also noch nicht abgeschaltet war.

2) Fahrwerk
Nietlockerungen. Wie bereits im Bericht vom 17.01.1945 mitgeteilt, traten an allen Flugzeugen Ta 152 H-0 nach wenigen Flugstunden Nietlockerungen unterhalb der Flügelnase im vorderen Randbogen des Laufradausschnittes in der Fläche auf.

3) Triebwerk
a) Besonders beim Start tritt Abdampfen ein, wobei Glykol durch die ungünstige Lage der Leitungen auf die Sichtscheibe gespritzt wird. Das Glykol läßt sich durch die Scheibenspülanlage nicht entfernen. Die Abdampfleitung muß eine entsprechende Verlegung erfahren.
b) Bereits in zwei Fällen löste sich die Verkleidung des Schmierstoffbehälters im Fluge und fiel in die Luftschrauben. Da die zerstörten Teile nicht mehr vorhanden waren, konnte nicht festgestellt werden, ob es sich um Brüche der Befestigungen oder nur um ungenügende Sicherung der Bolzen handelt.

4) Preßluftanlage
Das Ventil Hn 2 verhindert durch schlechtes Gummimaterial ein Füllen der Preßluftflaschen nach Notbetätigung des Fahrwerkes und ist in vielen Fällen undicht, wodurch Preßluft am Außenbordanschluß entweicht. Das Gummimaterial klebt teilweise am Ventilkörper oder ist hart und porös.

Die Ersatzteilbeschaffung für die bei der III./JG 301 in Alteno zur Erprobung eingesetzten zehn Ta 152 H-0 hat bislang noch keine erheblichen Schwierigkeiten bereitet. Der Ersatzteilbedarf bewegt sich in mäßigen Grenzen und konnte von Cottbus gedeckt werden. Diese Quelle wird jedoch für Alteno bald erschöpft sein. Das Elbag-Lager 256 in Tetschen-Bodenbach, an welches die Gruppe verwiesen worden war, zeigte sich noch am 13.02.1945 völlig unbevorratet. Von der Umdisposition der Ersatzteillieferung von Ta-152-Teilen nach Elbag-Lager 288 in Berlin-Tempelhof war die Gruppe nicht informiert worden. Abgesehen davon ist Berlin transportmäßig gesehen (auch für Kuriere) kein idealer Lagerort. Es wurde deshalb mit der Betriebsleitung und BAL in Cottbus nochmals die Frage erörtert, ob nicht ein Ausschlachten der noch in Neuhausen liegenden Brüche (soweit deren Großbauteile nicht bereits für das Serienprogramm verplant sind) in dringenden Fällen vorgenommen werden kann. Die BAL gab hierzu Zustimmung, daß die Gruppe nach einer vorher ihr zur Genehmigung vorzulegenden Aufstellung das benötigte Material in Neuhausen ausbauen kann.

Anmerkung: Die Tragfläche Ta 152 H-0 erwies sich bisher als unempfindlicher bei Bauchlandungen oder Landungen mit einseitig ausgefahrenem Fahrwerk. Bei allen bisher vorgekommenen Erdberührungen der Fläche durch unvorschriftsmäßige Landungen trat keinerlei Flächenschaden auf.

Bremen, den 19.2.1945
Technischer Außendienst-Truppe
gez. Martin

Trotz der ungünstigen Kriegslage war es – wie der Bericht zeigt – zu erheblichen Fortschritten bei der Erprobung der Ta 152 gekommen, was in erster Linie auf die technische Versiertheit des technischen Personals zurückzuführen sein dürfte.

Ta 152 – Technische Daten

Baureihe **Verwendung**		**C-0** **Jagdflugzeug**	**C-3** **Jagdflugzeug**	**E-1** **Jagdflugzeug**
Motorenmuster		DB 603 E	DB 603 LA	Jumo 213 E
Startleistung	(kW)	1472	1546[1]	1273
Kampfleistung	(kW)	1148	1104[1]	927
Kraftstoffart		B 4	B 4	B 4
Spannweite	(m)	11,00	11,00	11,00
Länge	(m)	10,71	10,71	10,71
Höhe[3]	(m)	3,36	3,36	3,36
Flügelfläche	(m2)	19,50	19,50	19,60
Tankinhalt MW 50	(l)	140	140	140/0
Tankinhalt GM 1	(l)	–	–	–
Hauptbehälter	(l)	549	549	549
Zusatzbehälter im Rumpf und Flügel	(l)	–	470	470/610
Abflugmasse (ohne Außenlasten)	(kg)	4800	5440	5100
Geschwindigkeit bei:[4]				
Kampfleistung in Bodenhöhe	(km/h)	534	542	521
Notleistung (5 min.) in Bodenhöhe	(km/h)	566	–	542
Kampfleistung in ... km Volldruckhöhe	(km/h)	666 (7,6)	694 (10,3)	690 (10,7)
Notleistung (5 min.) in ... km Volldruckhöhe	(km/h)	678 (7,6)	–	702 (10,7)
Steig- und Kampfleistung mit GM 1	(km/h)	–	–	–
Sondernotleistung mit MW 50 in Volldruckhöhe	(km/h)	686 (6,5)	732 (10,4)	724 (9,5)
Steigzeit auf 10 km mit Sondernotleistung	(min)	15,0	13,8	13,5
Dienstgipfelhöhe bei Steigen mit 0,5 m/s	(m)	11500	12200	12200
Größte Flugstrecke mit Dauerleistung in 0 m	(km)	510	965	1090
Größte Flugdauer mit Dauerleistung in 0 m	(h)	1,02	1,91	2,20
Größte Flugstrecke mit Dauerleistung in 7 km	(km)	670	1130	1265
Größte Flugdauer mit Dauerleistung in 7 km	(h)	1,25	2,07	2,37
Rollstrecke bis Abheben	(m)	415	o.A.	515
Startstrecke bis zum Erreichen von 20 m Höhe	(m)	630	o.A.	740

Baureihe Verwendung		C-0 Jagdflugzeug	C-3 Jagdflugzeug	E-1 Jagdflugzeug
Funkausrüstung (FT-Geräte)		FuG 16 ZY FuG 25 a	FuG 16 ZY FuG 25 a	FuG 15 FuG 25 a
Waffeneinbau Rumpf		2 MG 151	2 MG 151/15	–
Schußzahl		2 u 160	2 u 160	–
Waffeneinbau Motor		1 MK 108	1 MK 103	1 MK 108
Schußzahl		90	80	90
Waffeneinbau Flügelwurzel		2 MG 151	2 MG 151/15	2 MG 151
Schußzahl		2 × 150	2 ×150	2 × 150
Abwurfwaffenzuladung	(kg)	bis 500	bis 500	bis 500

Baureihe Verwendung		H-0 Begleitjäger	H-10 Höhenaufklärung	B-5 Zerstörer
Motorenmuster		Jumo 213 E	Jumo 213 E	Jumo 213 E
Startleistung	(kW)	1273	1273	1273
Kampfleistung	(kW)	927	927	927
Kraftstoffart		B 4	B 4	B 4
Spannweite	(m)	14,44	14,44	11,00
Länge	(m)	10,71	10,71	10,71
Höhe[3]	(m)	3,36	3,36	3,36
Flügelfläche	(m^2)	23,50	23,50	19,50
Tankinhalt MW 50	(l)	–	70	140/0
Tankinhalt GM 1	(l)	–	85	–
Hauptbehälter	(l)	549	549	549
Zusatzbehälter im Rumpf und Flügel	(l)	118	400	470/610
Abflugmasse (ohne Außenlasten)	(kg)	4740	5280	5450
Geschwindigkeit bei:[4]				
Kampfleistung in Bodenhöhe	(km/h)	521	515	512
Notleistung (5 min.) in Bodenhöhe	(km/h)	542	535	529
Kampfleistung in ... km Volldruckhöhe	(km/h)	706 (10,7)	697 (10,7)	664 (10,7)
Notleistung (5 min.) in ... km Volldruckhöhe	(km/h)	718 (10,7	709 (10,7)	683 (10,7)
Steig- und Kampfleistung in mit GM 1	(km/h)	755 (12,5)	746 (12,5)	–
Sondernotleistung mit MW 50 in Volldruckhöhe	(Km/h)	o.A.	727 (9,5)	710 (9,5)

Baureihe Verwendung		H-0 Begleitjäger	H-10 Höhenaufklärung	B-5 Zerstörer
Steigzeit auf 10 km mit Sondernotleistung	(min)	o.A.	11,7	16,7
Dienstgipfelhöhe bei Steigen mit 0,5 m/s	(m)	15300[2]	14700[2]	11600
Größte Flugstrecke mit Dauerleistung in 0 m	(km)	565	980	1040
Größte Flugdauer mit Dauerleistung in 0 m	(h)	1,15	2,03	2,20
Größte Flugstrecke mit Dauerleistung in 7 km	(km)	655	1200	1165
Größte Flugdauer mit Dauerleistung in 7 km	(h)	1,40	2,35	2,30
Rollstrecke bis Abheben	(m)	320	405	640
Startstrecke bis zum Erreichen von 20 m Höhe	(m)	520	615	880
Funkausrüstung (FT-Geräte)		FuG 16 ZY FuG 25 a	FuG 15 FuG 25 a	FuG 16 ZY FuG 25 a
Waffeneinbau Rumpf		–	–	–
Schußzahl		–	–	–
Waffeneinbau Motor		1 MK 108	1 MK 108	1 MK 103
Schußzahl		90	90	80
Waffeneinbau Flügelwurzel		2 MG 151	2 MG 151	2 MK 103
Schußzahl		2 × 150	2 × 150	2 × 44
Abwurfwaffenzuladung	(kg)	bis 500	bis 500	bis 500

1) mit MW 50-Einspritzung
2) mit GM-1-Einspritzung
3) Gesamthöhe: Rollstellung mit freilaufender Luftschraube
4) ohne Abwurfwaffen, mit ETC
5) abwerfbare Zusatzbehälter
o.A. = ohne Angaben

3. Ta 152 im Einsatz

Die Einführung der Ta 152 sollte bei den Jagdgeschwadern der Luftwaffe bereits im Herbst 1944 beginnen. Da es aber beim Anlauf der Serienproduktion der Maschine zu erheblichen Verzögerungen gekommen war und im Sommer 1944 alle in Frankreich in Auftrag gegebenen Vorrichtungen für die Ta 152 verlorengegangen waren, mußten in Posen zunächst neue hergestellt werden. Die Produktion lief daher erst mit drei Flugzeugen im Oktober 1944 an.

Das Jagdgeschwader JG 301 gehörte zu den drei »Wilde-Sau«-Verbänden und war bis zum letzten Kriegstag in der Reichsverteidigung eingesetzt.

Im Januar 1945 begann die hektische Umrüstung der III./JG 301 in Luckau (Alteno) in der Niederlausitz von der Fw 190 A-8 auf die leistungsstärkere Ta 152. Zunächst sollte die Ta 152 H-0 und H-1 nur der dritten Gruppe zugeführt werden. Zuvor hatte Hauptmann Bruno Stolle im Focke-Wulf-Werk Sorau 20 neue Ta 152 entdeckt und um Abgabe an die III./JG 301 gebeten, das damals in Sachau stationiert war und von Major Guth geführt wurde. Am 10.01.1945 wurde vom OKL (Stab des Geneneralquartiermeisters) befohlen, daß die Einweisung auf das neue Muster in Rechlin stattfinden sollte. Anstelle des Erprobungskommandos EK 152 würde die III. Gruppe die Einsatzerprobung durchführen. Bei den ersten Ta 152 H-0 und H-1 des JG 301 handelte es sich um die Maschinen mit den WerkNrn. 150001, 150022, 150025, 150032 und 150034 bis 150040. Davon ging die WerkNr. 150037 gleich zu Anfang durch Absturz verloren, die WerkNr. 150022 wurde bei einer Bruchlandung beschädigt, konnte aber geborgen und wieder instandgesetzt werden. Mit diesen wenigen Maschinen konnten bis zum 14.02.1945 etwa 120 Starts durchgeführt werden. Obwohl sich der Klarstand bei durchschnittlich 75 % bewegte, konnten nur 40

Teil des Bestandes war die Fw 190 D-9 (WerkNr. 600651), die Anfang 1945 vermutlich zur I./JG 2 in Merzhausen gehörte.

Noch in den letzten Kriegstagen wurde die Fw 190 D-9 von den wenigen verbliebenen Einsatzplätzen aus als Jabo eingesetzt. Die Maschine gehörte zur II./JG 26 in Nordhorn.

Die »Blaue 8« gehörte zum Bestand der II./JG 6 und wurde in Halle an der Saale von Soldaten der 69th US-Infanteriedivision erbeutet.

Flugstunden absolviert werden. Im Februar 1945 sank zudem die Zahl der flugklaren Maschinen auf etwa 30 %, da der angelieferte Kraftstoff mit Wasser versetzt worden war. Dies führte zu mehreren festgefressenen Einspritzpumpen bei den Jumo-213-Triebwerken. Die Mängel konnten trotz der angespannten Ersatzteilage von dem gut geschulten Bodenpersonal unter Leitung des Technischen Offiziers, Hauptmann Rölzer, behoben werden. Am 14.02.1945 wurde der bisherige TO zur I./JG 301 versetzt; seine Nachfolge übernahm Oberleutnant Schallenberg von der II. Gruppe des JG 301. Die näherrückende Front hatte den Fliegerhorst Alteno/Luckau zu einem Einsatzplatz für mehrere Jagd- und Schlachtgruppen werden lassen, was die Erprobung des neuen Musters erheblich beinflußte.

Die bisherige Erprobung wurde Mitte März in einer Meldung, die hier sinngemäß wiedergegeben wird, zusammengefaßt:

> Vor der III./JG 301 wurde über die Ta 152 H-O einstimmig das beste Urteil abgegeben, welches bisher von einem Frontverband über ein Erzeugnis (der Focke-Wulf Werke) abgegeben wurde. Besonders hervorgehoben werden die guten Kurven- und Flugeigenschaften.
> Der Umfang der bisher aufgetretenen Beanstandungen liegt unter der für ein neues Muster zu erwartenden Höhe; sie haben, bis auf die Fahrwerkshydraulik, nicht den Charakter grundsätzlicher Fehler, die den sofortigen Fronteinsatz der Flugzeuge infrage stellen könnten. Soweit die Abstellung der Mängel im Interesse größter Einsatzbereitschaft sofort nötig war, hat sich die Gruppe selbst geholfen. Es wird jedoch erwartet, daß diese Beanstandungen bereits bei den nächsten zur Auslieferung anstehenden Flugzeugen beseitigt sind, zumal es sich nicht um aufwendige Änderungen handelt, die erforderlich werden. In Erwartung schnellster Behebung der Mängel hat die III. Gruppe diese Beanstandungen nicht der vorgesetzten Dienststelle weitergegeben, sondern nur den Gesamteindruck mit dem Hinweis geschildert, daß die Behebung festgestellter Mängel in direktem Einvernehmen mit der Industrie behoben werden.

Soweit der Bericht des technischen Außendienstes der Focke-Wulf Werke. Die Einführung der Ta 152 stand nach schier endlosen Besprechungen über die Festlegung der Ausrüstung unzähliger Ausführungen ab Anfang 1945 unter keinem guten Stern.

Gleich zu Beginn der sowjetischen Januar-Offensive war die III. Gruppe auf einen Platz verlegt worden, der sich bereits im Rücken der russischen Front befand. Als sich dies herausstellte, gelang es trotz der ungünstigen Witterung zwar, einen Teil der neuen Jagdflugzeuge wieder herauszubringen, mehrere unklare Ta 152 mußten jedoch gesprengt werden.

Bis zum 21.01.1945 waren deshalb bereits 14 der neuen Maschinen infolge Feindeinwirkung oder beim Flugbetrieb verlorengegangen. Ende des Monats konnte Oberfeldwebel Josef Keil eine B-17 über Berlin abschießen. Am 2.02.1945 startete Leutnant Hagedorn von der 9./JG 301 mit zwei Kameraden zum Einsatz gegen DH »Mosquito«, hierbei erreichte er eine Flughöhe von über 12.500 m.

Zwei Tage später stürzte die Ta 152 H-1 (WerkNr. 150037) des Unteroffiziers Hermann Dürr von der 12./JG 301 bei einem Überführungsflug in der Nähe von Alteno ab. Am 7. Februar traf dieses Schicksal auch OFw. Keil, der sich jedoch retten konnte. Zwei Tage später verlor Hauptmann Herbert Eggers sein Leben, als seine Ta 152 H-1 (WerkNr. 150023) beim Überführungsflug von Tarnewitz nach Rechlin abstürzte.

Inzwischen stockte der Nachschub werksfrischer Ta 152. Ein Teil der Produktion konnte nicht ausgeliefert werden, da es an Jumo-213-Triebwerken oder dringend erforderlichen Ausrüstungsgegenständen mangelte. Ende Februar 1945 besetzte die Rote Armee das Werk Posen, wobei erneut die gesamten Vorrichtungen für die Flächen und Rümpfe der Ta 152 verlorengingen. Mit Flugzeugnachschub war damit nur noch in geringem Maße zu rechnen, weil Focke-Wulf wegen des alliierten Vormarsches ausgelagert wurde. Die Produktion bei den Nachbaufirmen lief von Anfang an mit Behelfsvorrichtungen. Die Wiederaufnahme der Fertigung war bei den Mitteldeutschen Metallwerken in Erfurt für Ende Februar/Anfang März 1945, bei Siebel in Halle sowie bei der ATG Maschinen GmbH in Leipzig-

Mockau ab März/April 1945 geplant. Für die nächsten beiden Monate war jedoch nur mit einigen wenigen Maschinen zu rechnen. Die wenigen an das JG 301 ausgelieferten Ta 152 H-1 mit Jumo 213 E besaßen noch keine sogenannten »Reichweiten-Flächen«, die dank der zusätzlichen Kraftstoff-Kapazität für eine merkliche Vergrößerung der Reichweite gesorgt hätten. Aber auch die Ausbringung der angekündigten »Schlechtwetterjäger« der Bauausführung Ta 152 C war Anfang 1945 gefährdet, da noch immer keine DB 603 E/LA angeliefert worden waren. Luftangriffe auf die Daimler-Benz Werke und chaotische Verkehrsverbindungen waren hierfür verantwortlich. Die Produktion in verbunkerten Werken war nur ansatzweise möglich, da laut »Führerbefehl« noch immer »Vergeltungswaffen« in Serie produziert werden mußten.

Aber auch die bereits vorhandenen Ta 152 besaßen noch Schwachstellen, die ihre Verwendungsmöglichkeiten einschränkte. Die wichtigsten waren bei der Truppe mittlerweile bekannt:

Beim Ta 152 »Begleitjäger« war die Druckkabine infolge geringer Fertigungstoleranzen undicht. Das Einziehen des Hauptfahrwerks bereitete mehrfach Schwierigkeiten, die nur durch die Nachrüstung mit einem Druckspeicher zu lösen waren. Auch die Triebwerke funktionierten oftmals unzuverlässig. Besonders bei den ersten Serientriebwerken kam es zu erheblichen Störungen, die vielfach den Ausbau der gesamten Triebwerksanlage erforderlich machten.

Außerdem rügten die Piloten der III./JG 301, daß die Stabilität um die Hochachse zu gering, und bei Mitnahme eines 300-l-Abwurftanks besonders schlecht gewesen sei. Auch die Stabilität um die Querachse entsprach nicht den Anforderungen der Truppe, besonders bei vollen Rumpfbehältern wurde das allgemeine Flugverhalten als »indifferent« beschrieben.

Am 26.02.1945 konnte Hauptmann Posselmann auf dem Fliegerhorst Luckau/Alteno nur noch auf zwölf Ta 152 zurückgreifen. Am 3. März fiel eine weitere Maschine in der Nähe von Greifswald infolge einer Notlandung aus. Wenig später, am 14.03.1945, stürzte Oberfähnrich Wiegeshoff mit seiner Ta 152 H-1 beim Start ab. Ferner ging die Maschine von Unteroffizier Walter Konrad – aus unbekannter Ursache – beim Flugbetrieb zu Bruch.

Am selben Tag griffen zudem Bomber der RAF den Liegeplatz der III./JG 301 an.

Während der nächsten Tage kam es, so Major Gerhard Posselmann, wegen der mangelnden Erfahrung der immer jünger werdenden Piloten (sie wurden oft wegen ihrer geringen Lebenserwartung als »Drei-Tage-Flieger« bezeichnet) zu relativ hohen Ausfällen infolge der gegnerischen Luftüberlegenheit.

Am 17., 18. und 21. März starteten die flugklaren Ta 152 zum Abfangeinsatz gegen B-17 und B-24 der 1. und 2. Air Division der 8th US Army Air Force über Mitteldeutschland. Hierbei traten mindestens zwei Verluste ein.

Am 25.03.1945 verfügte nur noch der Stabsschwarm des JG 301 über einige Ta 152. Die Einsatzstärke der Staffeln war rapide abgesunken. An jenem Tage verlegte ein Teil der III. Gruppe überraschend nach Hannover-Langenhagen, wo erst kürzlich ein alliierter Luftangriff stattgefunden hatte. Die Landebahn und das Rollfeld waren daher noch voller Bombenkrater. Einige Bruchlandungen blieben daher nicht aus. Allerdings fanden sich in Langenhagen weitere der von den Piloten sehr begehrten Ta-152-Jäger. Leider war ein Teil dieser Maschinen noch nicht mit Motoren ausgerüstet worden, da die Versorgung fast zusammengebrochen war.

Wegen der schleppenden Ausbringung an neuen Maschinen sank der Klarstand zusehens ab. Denoch konnten hin und wieder Einsätze zum Schutz eigener Jagdbomber, die mit Bombenschüttbehälter in die Bodenkämpfe eingriffen, von Hannover aus geflogen werden.

Die Ende März mit AB 250 und AB 500 ausgerüsteten Fw 190 D-9 des JG 301 flogen im Tiefangriff hauptsächlich alliierte Bereitstellungen und Fahrzeugkolonnen an. So wurden am 1.04.1945 zahlreiche SD-1-Splitterbomben aus nur zehn Meter Flughöhe auf amerikanische Lastkraftwagen geworfen. Am folgenden Tag griffen Jagdbomber Fw

Diese Fw 190 »Dora« fanden amerikanische Bodentruppen stark beschädigt in Straubing bei München vor.

In Eschborn bei Frankfurt/Main erbeuteten US-Truppen diese Fw 190 D-9 der II. Gruppe des JG 4 kurz vor Kriegsende.

190 D-9 unter Führung von Hptm. Posselmann im Raum Kassel an. Nach diesen Einsätzen im Westen verlegte man zurück nach Osten und landete schließlich in Hagenow, einem kleinen Fliegerhorst an der Straße von Oldesloe nach Ludwigslust.

Am 10.04.1945 startete Oberfeldwebel Keil von Sachau (10 km SW Gardelegen) und hatte nördöstlich von Braunschweig Feindberührung mit etwa 15 P-47. Im Luftkampf gelang es ihm – trotz der zahlenmäßigen Überlegenheit – einen US-Jäger abzuschießen.

An jenem Tag konnte das OKL die letzte, noch relativ vollständige Einsatzbereitschaftsmeldung der fliegenden Verbände der Luftwaffe zusammenstellen. Im Bereich der zum IX. Fliegerkorps gehörenden 1. Jagddivision meldete das JG 301 zwei Ta 152 beim Geschwaderstab sowie jeweils 36 Fw 190 bei der I. und II. Gruppe als aktuellen Bestand. Insgesamt 49 Maschinen waren einsatzklar. Bei der Stabsstaffel waren weitere sieben Ta 152 vorhanden, von denen jedoch nur drei einsatzklar in den Splitterschutzboxen standen.

OFw. Keil wurde am 13.04.1945 in der Nähe von Wittenberg in Luftkämpfe mit mehreren P-51 verwickelt. Ohne einen Luftsieg errungen zu haben, landete er schließlich in Neustadt-Gleve. Dagegen konnte Feldwebel Loos mit seiner Ta 152 H-0 (WerkNr. 150003) am 24.04.1945 über Berlin zwei russische Yak 9 abschießen. Nur einen Tag später meldete Walter Loos einen weiteren Luftsieg.

Kurz vor dem Fall Berlins, am 30.04.1945, errang der Feldwebel einen weiteren Sieg über eine La 9; er wurde dadurch zum erfolgreichsten Ta-152-Piloten der Luftwaffe.

Am selben Tag verfügte der Geschwaderstab des JG 301 in Welzow nur noch über zwei, wenn auch moderne Schlechtwetterjäger des Typs Ta 152 C-1/R31 mit einer K-23-Kurssteuerung.

Soweit es die begrenzten Treibstoffvorräte zuließen, konnte das Geschwader auf mehr als 50 Fw 190 D-9 und Bf 109 G-14 in Alteno, Finsterwalde und Welzow zurückgreifen. Hierzu ist zu bemerken, daß die in Luckau stationierte III. Gruppe des JG 301 sich damals bereits in Auflösung befand.

In den ersten Mai-Tagen zogen sich die Reste des JG 301 von Hagenow und Neustadt-Gleve zurück, von wo aus noch einige wenige Einsätze stattgefunden haben. Anschließend verlegten die Reste der III. Gruppe nach Leck in Schleswig-Holstein. Ab dem 5. Mai herrschte dort Waffenruhe. Nur zwei Tage später wurden die Piloten und das verbliebene Bodenpersonal von englischen Truppen interniert.

Ta 152 – Die Werknummern

Werk-Nr.	Verwendung und Bemerkungen
110006	Erprobung als Ta 152 C-0 ab 17. 12. 1944 (V6)
110007	Erprobung als Ta 152 C-0/R11 ab 8. 01. 1945 (V7)
110008	Erprobung als Ta 152 C-0 ab ab 15. 01. 1945 (V8)
110014	Verwendung als Bruchzelle für Ta 152 E-1 (1944)
110016	Erprobung als Ta 152 C-3 ab 18. 04. 1945 (V16)
110017	Erprobung als Ta 152 C-3 ab 22. 04. 1945 (V17)
110018	Erprobung als Ta 152 C-3 geplant, nicht fertiggestellt
110019	Erprobung als Ta 152 B-5/R11 ab 30. 03. 1945 (V19)
110020	Erprobung als Ta 152 B-5/R11 ab 30. 03. 1945 (V20)
110021	Erprobung als Ta 152 B-5/R11 ab 10. 04. 1945 (V21)
110026	Erprobung als Ta 152 H-10 ab 6. 02. 1945 (FKT), als V26
150001	Außenlandung (H. Sander) bei Cottbus, CW+CA, 21. 11. 1944
150002	Leichter Bruch in Cottbus, CW+CB, 29. 11. 1944
150003	CW+CC, am 3. 12. 1944 Stab JG 301, ab 11. 12. 1944 in Rechlin
150004	Ta 152 H-0/R11, Erstflug: 19. 11. 1944, sodann Langenhagen
150005	CW+CE, am 3. 12. 1944, abholbereit für Rechlin
150006	CW+CF, Anfang Dez. 1944 im Einflugbetrieb, sodann Rechlin
150007	CW+CG, Anfang Dezember 1944 im Einflugbetrieb
150008	Nachfliegen (CW+CH), FF. Beauvais am 20. 02. 1945 in Rechlin
150009	Kompensierung in Cottbus, Anfang Dezember 1944
150010	Einschießen mit MK 108 in Cottbus, Anfang Dezember 1944
150011	Maschine vor Einflug, Anfang Dezember 1944
150012	Maschine vor Einflug, Anfang Dezember 1944
150018	Werkserprobungsflugzeug für die Baureihe Ta 152 H-1
150022	Einsatzmaschine beim III./JG 301, Bruchlandung
150023	Absturz beim Flug nach Rechlin am 9. 02. 1945, Hptm. Eggers
150025	Einsatzmaschine beim III./JG 301 in Luckau/Alteno
150027	Umbau und Erprobung als Musterflugzeug für Ta 152 C-3 (V27)
150030	Umbau und Erprobung als Musterflugzeug für Ta 152 C-3 (V28)
150032	Einsatzmaschine beim JG 301 in Luckau/Alteno
150034	Absturz in der Nähe des Flugplatzes Luckau/Alteno, JG 301
150035	Einsatzmaschine beim JG 301 in Luckau/Alteno
150036	Einsatzmaschine beim JG 301 in Luckau/Alteno
150037	Absturz am 1. 02. 1945 bei Treptow, Uffz. Dürr, III./JG 301
150038	Einsatzmaschine beim JG 301 in Luckau/Alteno
150039	Einsatzmaschine beim JG 301 in Luckau/Alteno
150040	Pleuelschaden (Jumo 213E) am 19. 11. 1944 bei JG 301
150055	Pleuelschaden (Jumo 213E) am 23. 11. 1944 bei JG 301

Anmerkung: Werk-Nrn. ab 150001: Ta 152 H-0
Werk-Nrn. ab 150018: Ta 152 H-1

Ta 152 – Die Serienproduktion

Baureihen-bezeichnung	Herstellung als:	Stückzahl:	Werkmummern	Hersteller/ Serieanlauf ab:
Ta 152 A-1	Projekt	0	–	nicht festgelegt
Ta 152 A-2	Projekt	0	–	nicht festgelegt
Ta 152 B-0	Projekt	0	–	nicht festgelegt
Ta 152 B-1	Projekt	0	–	nicht festgelegt
Ta 152 B-1/R1	Projekt	0	–	nicht festgelegt
Ta 152 B-1/R2	Projekt	0	–	nicht festgelegt
Ta 152 B-2	Projekt	0	–	nicht festgelegt
Ta 152 B-2/R1	Projekt	0	–	nicht festgelegt
Ta 152 B-2/R2	Projekt	0	–	nicht festgelegt
Ta 152 B-3	Projekt	0	–	nicht festgelegt
Ta 152 B-3/R1	Projekt	0	–	nicht festgelegt
Ta 152 B-3/R2	Projekt	0	–	nicht festgelegt
Ta 152 B-4	Projekt	0	–	nicht festgelegt
Ta 152 B-4/R1	Projekt	0	–	nicht festgelegt
Ta 152 B-4/R2	Projekt	0	–	nicht festgelegt
Ta 152 B-5	Projekt	0	510000– 580000– 720000–	Erla Gotha Gotha
Ta 152 B-5/R11	Musterbau V19–21	3	110019–110021 510000–	Focke-Wulf Erla
Ta 152 C-0	Musterbau V6–8, 0042	4	110006–110008 380000–	Focke-Wulf AGO
Ta 152 C-1	Musterbau (V10–13), 0042	5	380000– 580000– 710000– 720000–	AGO Gotha NDW (Dornier) Gotha
Ta 152 C-1/R10	Projekt	0	–	nicht festgelegt
Ta 152 C-1/R11	Projekt	0	360000– 480000– 600000– 720000– 790000– 830000– 920000–	Siebel Fieseler Mimetall Gotha ArbG. Roland ATG ATG
Ta 152 C-1/R14	Projekt	0	–	nicht festgelegt
Ta 152 C-1/R31	Serienbau	>2	unbekannt	unbekannt
Ta 152 C-1/R33	Projekt	0	–	nicht festgelegt
Ta 152 C-2	Musterbau	1	480000–	Fieseler

Baureihen-bezeichnung	Herstellung als:	Stückzahl:	Werkmummern	Hersteller/ Serieanlauf ab:
	(V15)		710000–	NDW (Dornier)
			720000–	Gotha
			790000–	ArbG. Roland
			870000–	Mimetall
Ta 152 C-2/R31	Projekt	0	–	nicht festgelegt
Ta 152 C-3	Musterbau	4	110016–1100018	Focke-Wulf
	V16-17, 27-28		870000–	Mimetall
			920000–	ATG
Ta 152 C-3/R11	Projekt	0	440000–	Siebel
			830000–	ATG
Ta 152 C-4	Musterbau	1	710000–	NDW (Dornier)
	V18 (22-24)		720000–	Gotha
			790000–	Roland
Ta 154 C-4/R11	Musterbau	0	110000–	nicht fertiggestellt
Ta 152 C-5	Projekt	0	–	nicht festgelegt
Ta 152 C-5/R11	Projekt	0	–	nicht festgelegt
Ta 152 C-6	Projekt	0	–	nicht festgelegt
Ta 152 C-7	Projekt	0	–	nicht festgelegt
Ta 152 C-10	Projekt	0	–	nicht festgelegt
Ta 152 C-11	Projekt	0	–	nicht festgelegt
Ta 152 C-11/R11	Projekt	0	–	nicht festgelegt
Ta 152 E-0	Projekt	0	600000–	Mimetall
Ta 152 E-1	Musterbau	2	600000–	Mimetall
	V9 + V14 1			
Ta 152 E-2	Projekt	0	870000–	Mimetall
Ta 152 E-2/R11	Projekt	0	–	nicht festgelegt
Ta 152 H-0	Serie	ca. 12	150001–150012	Focke-Wulf
	V1 – V5			
Ta 152 H-0/R11	Projekt	0	150000–	Focke-Wulf
Ta 152 H-1	Serie	ca. 35	150001–150055	Focke-Wulf
	V25		510000–	Erla
			580000–	Gotha
			640000–	Erla
Ta 152 H-1/R11	Projekt	0	200000–	Focke-Wulf
			510000–	Erla
			580000–	Gotha
			640000–	Erla
			720000–	Gotha
Ta 152 H-1/R21	Projekt	0	–	nicht festgelegt
Ta 152 H-1/R31	Projekt	0	–	nicht festgelegt
Ta 152 H-2	Projekt	0	640000–	Erla

Baureihen-bezeichnung	Herstellung als:	Stückzahl:	Werkmummern	Hersteller/ Serieanlauf ab:
Ta 152 H-2/R11	Projekt	0	–	nicht festgelegt
Ta 152 H-10	Musterbau 1 V26	–	nicht festgelegt	
Ta 152 H-10/R11	Projekt	0	950000–	Mimetall
Ta 152 H-11	Projekt	0	–	nicht festgelegt
Ta 152 H-12	Projekt	0	–	nicht festgelegt
Ta 152 S-1	Projekt	0	–	nicht festgelegt
Ta 152 S-2	Projekt	=	–	nicht festgelegt

1 Als Bruchzellen für Baureihe Ta 152 E-0 und E-1 verwandt.

4. Das Ende einer Epoche

Schon im Jahre 1942 wurden die Richtlinien für eine Fw 190 mit wassergekühltem Triebwerk aufgestellt – vorläufige Musterbezeichnung Ta 153.

Am 26.09.1942 flog die erste von einem Jumo-213-Reihenmotor angetriebene Fw 190; es war der erste Schritt zur Ta 153. Einige Monate später war man bei Focke-Wulf so weit, daß Piloten der E-Stelle Rechlin die Versuchsmaschine am 30.04.1943 nachfliegen konnten. Die Ergebnisse ließen zwar keine Euphorie aufkommen, wiesen aber für die spätere Weiterentwicklung den Weg.

Vier Monate später, am 17.08.1943, wurden die von Prof. Tank vorgeschlagenen Änderungen und Vereinfachungen im Bereich des Vorrichtungsbaus für die geplante Großserie in einer Besprechung beim Generalluftzeugmeister genehmigt. Auch die Maschine selbst wurde hinsichtlich ihrer Ausrüstung leicht modifiziert und erhielt hiernach die Bezeichnung Ta 152.

Als Beginn der Großserienfertigung wurde Mitte Dezember 1943 der 1.09.1944 festgelegt. Um der Angelegenheit die nötige Dringlichkeit für die Zuweisung von Personal und Material zu verschaffen, wurde der Ta-152-Herstellung die Einstufung »DE« zuteil. Doch bereits einen Monat später traten ernste Schwierigkeiten im Musterbau auf, da es an der erforderlichen Kapazität und vor allem an fachkundigem Personal fehlte. Bis Mitte Januar waren die Anträge der Focke-Wulf Werke nur für die Ta 152 V1 bis V10 als kriegswichtig eingestuft worden. Für die Fw 190 D sowie die Ta 152 A und die Ta 152 waren gleichlautende Anträge sogar abgelehnt worden. Da sich die Einberufungsaktionen für den Dienst in der Wehrmacht direkt auf das Konstrukti-

In Marienburg/Ostpreußen wurden diese Fw 190 D-9 flugklar erbeutet und anschließend in sowjetische Dienste übernommen.

onsbüro und den Musterbau auswirkten und eingespielte »Teams« auseinandergerissen wurden, darf es nicht verwundern, daß sich manche Entwicklungsabläufe immens verzögerten. Die Zuerkennung einer »DE-Einstufung« bedeutete einen gewissen Schutz. Über Wochen und Monate kam es jedoch zu keiner Reaktion der Verwaltungsdienststellen. Am 29. Mai forderte Focke-Wulf daher nochmals 220 Mann gut ausgebildetes Personal für den Musterbaubetrieb in Adelheide an. Doch auch diese Zuweisung blieb erwartungsgemäß hinter den Forderungen des Werks zurück.

Anfang März 1944 wurde seitens des Technischen Amtes die Vergrößerung der Reichweite durch den Einbau ungeschützter Behälter in den Tragflächen der Ta 152 gefordert. Das Konstruktionsbüro und die Statiker begannen daher sofort mit der Arbeit, so daß Prof. Tank am 18.07.1944 die Auslieferung des neuen Jägers mit vergrößerter Reichweite ab Dezember 1944 verbindlich zusagte.

Das erste Versuchsmuster, die umgebaute Fw 190 V33 (WerkNr. 0058), wurde am 13.07.1944 als erstes Musterflugzeug der Bauausführung Ta 152 ausgeliefert. Die Maschine ging jedoch nach nur 36 Flugminuten bei einer Außenlandung in Vechta zu Bruch (70%) und fiel daher für die weitere Erprobung aus. Schon am 6.08.1944 folgte die zweite Maschine des künftigen »Begleitjägers«, der, nachdem er durch Piloten der E-Stelle Rechlin nachgeflogen worden war, am 23.08.1944 abstürzte. Die dritte Mustermaschine, die der allgemeinen Erprobung des Triebwerkseinbaus bei den Junkers Motorenwerke diente, wurde ab dem 24.09.1944 erprobt. Die folgende Fw 190 V18/U1 wurde am 19.11.1944 in Adelheide (Delmenhorst) ausgeliefert und diente der Erprobung von Zelle und Triebwerksanlage. Am 6.04.1945 mußte die Maschine in Hannover-Langenhagen abgestellt werden, da auch dort das Flugbenzin endgültig ausgegangen war. Das hohe Leistungsniveau der Ta 152 am Beispiel der Ausführung C-0 (Umbau der Fw 190 V21) bewies Oberfeldwebel Friedrich Schnier im Oktober 1944, als er eine Höhe von 13.650 m erreichte. Leistungen dieser Art und die von Focke-Wulf ermittelten Leistungsdaten hinterließen beim RLM und dem Jägerstab einen gewaltigen Eindruck. Immer neue Forderungen für weitere Verwendungsmöglichkeiten entstanden. So sollte nach dem Willen des Jägerstabes, dies zeigt die Entscheidung vom 23.09.1944, die Ta 152 außer als Begleit- und Höhenjäger auch als einmotoriger »Zerstörer« mit einer aus drei MK 103 bestehenden Starrbewaffnung schnellstens entwickelt und produziert werden. Man sah darin eine wirksame Waffe gegen die viermotorigen Bomber der westlichen Alliierten.

Bis zur Auslieferung der ersten Flugzeuge der Großserie sollten drei Monate vergehen. Infolge Personalmangels trafen die Zeichnungssätze erst am 15.12.1944 bei den Nachbaufirmen ein. Bis Anfang Januar 1945 waren erst drei der Ta 152 C-1-»Normaljäger mit DB 603 E« sowie einige Ta 152 H-0 von der Bauabnahme Luft (BAL) abgenommen. Die Lieferung der ersten DB 603 L würde sich voraussichtlich bis Ende Februar 1945 verzögern. Die Produktion des Jumo 213 E war infolge der Kriegslage ebenfalls nur sehr schleppend angelaufen. Auch der am 11.01.1945 als Anlaufbeauftragter für die Ta 152 eingesetzte Arado-Direktor Reichelt vermochte keine Wunder zu vollbringen. Zwar wurde dank des am 22.01.1945 von Hauptdienstleiter (HDL) Saur verkündeten »Notprogramms« die Zahl der Flugzeugtypen drastisch reduziert, es umfaßte zeitweise lediglich die Bf 109, Fw 190, Ta 152 und Me 262, doch die Luftangriffe auf die Herstellerwerke und Zulieferer zeigten zunehmend ihre Wirkung auf den Produktionsablauf.

Daher war der Jägerstab gezwungen (in Übereinstimmung mit dem Chef TLR und dem OKL), von der Ta 152 nur noch die Ausführungen C-1/R11 und H-1/R11 im Programm zu belassen. Die Standardbewaffnung sollte eine Motorkanone (MK 108) sowie zwei oder vier MG 151 in den Flächen umfassen.

Am 28.02.1945 wurde die Entscheidung Hitlers vom Reichsminister für Rüstung und Kriegsproduktion bekanntgegeben, nach der nur noch an den

Diese Fw 190 D-9/R5 war für den Jagdbomber-Einsatz mit vier ETC 71 unter den Flächen ausgerüstet worden. Die Maschine blieb beim Rückzug in Mitteldeutschland ohne Treibstoff stehen.

»Hochleistungsflugzeugen« gearbeitet werden durfte. Hierzu zählten der Strahlbomber Ar 234, die Jagdflugzeuge Me 262 und Ta 152, die im Anlauf befindlichen Do 335 A-1 sowie der »Volksjäger« He 162.

Laut Eintragung des Chefs TLR in das Kriegstagebuch vom 4.03.1945, waren bei der Fronterprobung der Ta 152 unerwartete Probleme mit der Längsstabilität aufgetreten, woraufhin man sich auf eine Änderung des Leitwerks einstellen mußte. Bereits Ende März 1945 konnte die erste Ta 152 mit einem vergrößerten Seitenleitwerk ausgerüstet und eingeflogen werden. Zum Abschluß kam die Erprobung dieses Musters bis zum Kriegsende nicht mehr.

Die Produktion von 30 bereits im Bau befindlichen Aufklärern wurde kurz vor Kriegsende gestoppt und die Maschinen teilweise als Normaljäger, aber auch als Schlechtwetterjäger fertiggestellt. Da inzwischen auch die Produktion des kreiselstabilisierten Visiers EZ 42 von alliierten Bombern beeinträchtigt wurde, konnten bis März 1945 lediglich 350 Geräte ausgeliefert werden. Gleichzeitig kam es zu besonders starken Produktionseinbrüchen bei den Funk- und Kenngeräten, wie dem FuG 16 ZE oder dem FuG 25a.

Die wohl letzte Festlegung der Ta-152-Ausführungen kam am 9.03.1945 heraus. Die mit Kurssteuerung ausgestatteten Schlechtwetterjäger der Ausführung H-1/R11 sollten nun mit Jumo 213 E-1 und Jumo 213 EB-Motoren ausgestattet werden.

Im Falle der C-1/R11 würde der DB 603 LA zum Einbau gelangen. Als neue Baumusterbezeichnungen wurden im März 1945 festgelegt:

Ta 152 H-1/R11	Jumo 213 E oder E-1, jedoch ohne MW-50- oder GM-1-Anlage
Ta 152 H-1/R21	Jumo 213 E, E-1 oder EB, jedoch ohne MW-50- oder GM-1-Anlage
Ta 152 H-1/R31	Jumo 213 E, E-1 oder EB und GM-1-Anlage
Ta 152 C-1/R11	DB 603 LA mit MW-50-Anlage
Ta 152 C-2/R31	DB 603 LA mit MW-Niederdruckanlage

Infolge der Kriegslage hatten diese Änderungen keinerlei Chance – außer als Einzelstücke im Rahmen des Musterbaus – realisiert zu werden. Daran änderte auch der »Führerbefehl« vom 22.03.1945 nichts, der das Ende der Produktion der Bf 109, Fw 190 und Do 335 zugunsten der Me 262 A-1a anordnete, jedoch die weitere Herstellung der Ar 234, He 162, Ju 88 (»Mistel-Unterteile«) sowie der Ta 152 gestattete.

Inzwischen hatten die Westalliierten den Rhein überschritten, sowjetische Verbände standen an der Oder. Die Zeit für Programmänderungen war damit gänzlich vorüber. Der Rüstungsstab schlug daher Anfang April 1945 vor, nach dem Verlust aller Produktionsstätten die Herstellung der Ta 152 nochmals zu beginnen. Die verbliebenen Ta 152 wurden teilweise – ohne Motoren – abgestellt. Sie sollten noch im April mit R4M-Rosten zum Einsatz gelangen. Außerdem war daran gedacht, bei den wenigen noch einsatzklaren Flugzeugen die Stabilitätsmängel durch den Einbau von 50 kg Ballast in der Nähe des Triebwerks in den Griff zu bekommen. Da für die wenigen einsatzklaren Ta 152 ohnehin keine Ersatzteile oder etwa ausreichend Betriebsstoff vorhanden waren, erübrigten sich diese und ähnliche Vorgaben.

Spätestens ab Mitte April 1945 verhinderte der alliierte Vormarsch an allen Fronten selbst die Fertigung von Einsatzmaschinen in Bergwerken und verbunkerten Produktionsstätten. Die Motorenherstellung in Dessau hatte schon einige Tage zuvor ihr vorläufiges Ende gefunden. Die Masse des verbliebenen Materials war gesprengt worden oder lag noch bis zum Spätsommer 1945 herrenlos, unter Tarnnetzen verborgen, entlang den Landstraßen in Mitteldeutschland.

Gegen das Leistungsspektrum der Düsenflugzeuge war mit den kolbengetriebenen Einsatzmaschinen nichts zu bewirken. Hier Me 262 A-1a und eine Me 262 B-1a (links).

Drittes Nullserienflugzeug der Ta 152 H-0-Serie während der Erprobung.

Die Ta 152 H-0 (WerkNr. 150005) während der Kompensierung.

Einsatzbereitschaft der fliegenden Verbände

(Luftflotte Reich, Stand: 12.04.1945)

Verband	Istbestand	Klarstand
Nachtschlachtgruppe 20	25	19
II./Kampfgeschwader 200	38	24
Stab Jagdgeschwader 26	4	2
I./JG 26	40	24
II./JG 26	51	31
IV./JG 26	22	3
Stab Jagdgeschwader 2	0	0
I./JG 2	2	1
II./JG 2	10	4
III./JG 2	9	5
Stab Jagdgeschwader 4	7	4
II./JG 4	50	22
Stab Jagdgeschwader 300	1	1
II./JG 300	37	11
Stab Jagdgeschwader 301	2	2 (Ta 152)
Stabsstaffel JG 301	7	3 (Ta 152)
I./JG 301	36	27
II./JG 301	36	20
III./JG 301	6	3 (Ta 152)
Stab Nahaufklärungsgruppe 13	4	3
Jagdgruppe 10	13	5
Insgesamt:	400	214

Klarstand: 53,5 %

Die P 47 D-28-RE, SN 44199909 der 56th Fighter Group (61st Fighter Squadron) über Nordwestfrankreich.

Über ein gutes Leistungspektrum verfügte auch die LaGG 5 FN.

Die Tagjagd-Verbände im April 1945

Verbandsbezeichnung	Flugzeugausstattung	Kommandeure
Stab Jagdgeschwader 1	He 162 A-2	Kdore. Oberst Ihlefeld
- I./JG 1 [1]	He 162 A-2	Maj. Zober
- II./JG 1 [2]	He 162 A-2	Hptm. Rahe
- III./JG 1 [3]	Bf 109 G-10, G-14, K-4	Hptm. Moldenhauer
Stab Jagdgeschwader 2 [4]	Fw 190 D-9	Kdore. Oberstlt. Bühligen
- I./JG 2	Fw 190 D-9	Olt. Eickhoff
- II./JG 2	Fw 190 D-9	Hptm. Karch
- III./JG 2	Fw 190 D-9	Hptm. Lemke
Stab Jagdgeschwader 3	Fw 190 D-9	Kdore. Maj. Schröer
- I./JG 3 [5]	–	–
- II./JG 3	Bf 109 G-10, K-4	Hptm. Baeker
- III./JG 3	Bf 109 K-4	Maj. Langer
- IV./JG 3	Fw 190 A-8, A-9, D-9	Hptm. Schack
Stab Jagdgeschwader 4	Fw 190 D-9	Kdore. Oberstlt. Michalski
- I./JG 4 [6]	–	–
- II./JG 4	Fw 190 A-8, A-9, D-9	Maj. Moritz
- III./JG 4	Bf 109 K-4	Hptm. Strasen
- IV./JG 4	Bf 109 G-10	Hptm. Laube
Stab Jagdgeschwader 5	Fw 190 A-8	Kdore. Oberstlt. Scholz
- I./JG 5 [7]	–	–
- II./JG 5	Bf 109 G-6, G-14	Hptm. Treppe
- III./JG 5	Bf 109 G-14, Fw 190 A-8	Hptm. Dörr
- IV./JG 5	Bf 109 G-14, Fw 190 A-8	Hptm. Stendel
Stab Jagdgeschwader 6	Fw 190 D-9	Kdore. Maj. Leppla
- I./JG 6	Fw 190 A-8 [8]	Hptm. Elstermann
- II./JG 6	Fw 190 A-8, A-9, D-9	Hptm. Weyl
- III./JG 6	Bf 109 G-14 AS	Maj. Müller
Stab Jagdgeschwader 7	Me 262 A-1a	Kdore. Maj. Weißenberger
- I./JG 7	Me 262 A-1a	OLt. Stehle (i.V.)
- II./JG 7	Me 262 A-1a	Maj. Klemm
- III./JG 7	Me 262 A-1a	Maj. Späte
- IV./JG 7	Me 262 A-1a	Hptm. Mayer

Verbandsbezeichnung	Flugzeugausstattung	Kommandeure
Stab Jagdgeschwader 11	Fw 190 D-9	Kdore. Maj. Hackl
- I./JG 11	Fw 190 A-8, A-9, D-9 [9]	Hptm. von Kirchmayr
- II./JG 11	Bf 109 G-10, G-14, K-4	Hptm. Leonhardt
- III./JG 11	Fw 190 A-8, A-9	Hptm. Kutscha
Stab Jagdgeschwader 26	Fw 190 D-9	Kdore. Maj. Götz
- I./JG 26	Fw 190 D-9	Maj. Borris
- II./JG 26	Fw 190 D-9	Hptm. Schauder
- III./JG 26 [10]	–	–
Stab Jagdgeschwader 27	Bf 109 K-4	Kdore. Oberstlt. Franzisket
- I./JG 27	Bf 109 G-10, K-4	Hptm. Schade
- II./JG 27	Bf 109 G-10, G-14	Hptm. Keller
- III./JG 27	Bf 109 K-4	Maj. Dr. Werfft
- IV./JG 27 [11]	–	–
Jagdverband 44	Me 262 A-1a	GenMaj. Galland
- Platzschutz	Fw 190 D-9, D-11	Lt. Sachsenberg
Stab Jagdgeschwader 51	Fw 190 A-8 (Stabsstaffel)	Kdore. Maj. Dr. Lange
- I./JG 51 [12]	(Bf 109 G-14)	–
- II./JG 51 [13]	–	–
- III./JG 51	Bf 109 G-14, K-4	Hptm. Brendel
- IV./JG 51	Bf 109 G-14, K-4	Hptm. Josten
Stab Jagdgeschwader 52	Bf 109 K-4	Kdore. Oberst Graf
- I./JG 52	Bf 109 G-14, K-4	Hptm. Hartmann
- II./JG 52	Bf 109 G-10, G-14, K-4	Hptm. Batz
- III./JG 52	Bf 109 G-14, K-4	Maj. Borchers
Stab Jagdgeschwader 53	Bf 109 K-4	Kdore. Oberstlt. Bennemann
- I./JG 53 [14]	–	Hptm. Lipfert
- II./JG 53	Bf 109 G-14, K-4	Hptm. Meimberg
- III./JG 53	Bf 109 K-4	Hptm. Luckenbach
- IV./JG 53	Bf 109 G-14, K-4	Hptm. Hammer
Stab Jagdgeschwader 54	Fw 190 A-9	Kdore. Oberst Hrabak
- I./JG 5	Fw 190 A-8, A-9	Maj. Eisenach
- II./JG 54	Fw 190 A-8, A-9	Hptm. Findeisen
- III./JG 54 [15]	Fw 190 A-8, A-9	unbekannt
- IV./JG 54 [16]	Fw 190 A-8	unbekannt

Verbandsbezeichnung	Flugzeugausstattung	Kommandeure
Stab Jagdgeschwader 77	Bf 109 K-4	Kdore. Maj. Losigkeit
- I./JG 77	Bf 109 K-4	Hptm. Grosser
- II./JG 77 [17]	–	–
- III./JG 77 [18]	–	–
Jagdgeschwader 300	Fw 190 D-11	Kdore. Maj. Rall
- I./JG 300 [19]	–	–
- II./JG 300	Fw 190 D-9, D-11	Maj. Baier
- III./JG 300	Bf 109 G-10, G-14, K-4	unbekannt
- IV./JG 300	Bf 109 G-14, K-4	Hptm. Offterdinger
Stab Jagdgeschwader 301	Ta 152 H-1	Kdore. Oberstlt. Aufhammer
- I./JG 301	Fw 190 A-8, A-9, D-9, D-9/R11	Hptm. Posselmann
- II./JG 301	Fw 190 A-9, D-9, D-9/R11	Maj. Cescotti
- III./JG 301	Fw 190 D-9, Ta 152 H-1, H-10	Maj. Bascilla
- IV./JG 301 [20]	–	–
Stab Jagdgeschwader 400 [21]	–	–
- I./JG 400 [22]	He 162 A-2 (geplant)	Hptm. Fulda
- II./JG 400	Me 163 B-2	Hptm. Opitz
Stab Erg. Jagdgeschwader 1	–	–
- I. (Erg.)/JG 1	unbekannt	Hptm. Mayerl
- II. (Erg.)/JG 1	unbekannt	Hptm. Koall
- III. (Erg.)/JG 1	unbekannt	Maj. Schnoor
Stab Erg. Jagdgeschwader 2	Fw 190 D-9	Kdore. Oberstlt. Bär
- I. (Erg.)/JG 2 [23]	–	–
- II. (Erg.)/JG 2	Bf 109 G, K, Fw 190 A-8, D-9	Maj. Olejnik (zeitweise)
- III. (Erg.)/JG 2	Fw 190 A-5 bis A-8, Me 262	Hptm. Eder
- IV. (Erg.)JG 2 [24]	–	–
I./Ital. Jagdgruppe	Bf 109 G-10/AS, G-14/AS, K-4	Maj. Visconti [25]
II./Ital. Jagdgruppe	Bf 109 G-12, K-4	Maj. Alessandrini
III./Ital. Jagdgruppe	Bf 109 G-6, G-10, G-14	Maj. Miani
Kampfgeschwader (Jagd) 6 [26]	Bf 109 K-4	Oberstlt. Hogeback
- I./KG (J) 6	Bf 109 G-10/R6, K-4/R6	Maj. Haller
- II./KG (J) 6	Bf 109 K-4, K-4/R6	Hpt, Faulhaber
- III./KG (J) 6	Me 262 A-1a	Hptm. Baesner [27]

Verbandsbezeichnung	Flugzeugausstattung	Kommandeure
Kampfgeschwader (Jagd) 27 [28]	Bf 109 K-4	Kdore. Oberstlt. Kiel
- I./KG (J) 27	Bf 109 G-10/R6, K-4/R6	Maj. Quednau
- II./KG (J) 27	Bf 109 K-4, K-4/R6	Maj. Günzel
- III./KG (J) 27	Fw 190 A-9/R11, D-9/R11	Maj. Mayer
Kampfgeschwader (Jagd) 30 [29]	unbekannt	Kdore. Oberstlt. Heise
- I./KG (J) 30	Mistel-Einsatz	Maj. Greve
- II./KG (J) 30	Mistel-Einsatz	Hptm. Hollmann
- III./KG (J) 30	Mistel-Einsatz	Hptm. Paulsen
Kampfgeschwader (Jagd) 54	Me 262 A-1a	Kdore. Maj. Bätcher
- I./KG (J) 54	Me 262 A-1a	Hptm. Baasner
- II./KG (J) 54 [30]	–	Hptm. Petzold
- III./KG (J) 54	Me 262 A-1a	Hptm. Brogsitter
Kampfgeschwader (Jagd) 55 [31]	(Bf 109 G-6)	Kdore. Maj. Brunner
- I./KG (J) 55	(Bf 109 G-6)	Maj. Schirmböck
- II./KG (J) 55	(Bf 109 G-6)	Maj. Herrmann
- III./KG (J) 55	(Fw 190 A-7, A-8)	Maj. Schrödter

1 I./JG 1 wurde am 4. 05. 1945 zur 1. (Einsatz)/JG 1 umgegliedert
2 II./JG 11 wurde am 4. 05. 1945 zur 2. (Einsatz)/JG 1 umgegliedert
3 Ab Mitte April 1945 Umstellung auf He 162 A-2 „Volksjäger“
4 Auflösung des Stabes JG 2 im April 1945 befohlen
5 Auflösung der I./JG 3 im März 1945
6 Auflösung der I./JG 4 im April 1945
7 Auflösung der I./JG 5 im April 1945
8 I./JG 5 eventuell bereits im März 1945 aufgelöst
9 I./JG 11 eventuell bereits im März 1945 aufgelöst
10 Auflösung der III./JG 26 im März 1945
11 Auflösung der IV./JG 27 im März 1945
12 Auflösung der I./JG 51 im März 1945
13 Auflösung der II./JG 51 im März 1945
14 Auflösung der I./JG 53 im April 1945
15 Eingliederung der II./ZG 76 in die III./JG 54
16 IV./JG 54 im Feb. 1945 zum JG 11, Auflösung am 5. 04. 1945
17 Auflösung im März 1945
18 Auflösung im März 1945
19 Auflösung der I./JG 300 im April 1945
20 Auflösung der IV./JG 301 im April 1945
21 Auflösung des Stabs JG 400 am 7. 03. 1945
22 Auflösung der I./JG 400 am 19. 04. 1945
23 Auflösung der I. (Erg.)/JG 1 im März 1945
24 Auflkösung der IV. (Erg.)/JG 2 im März 1945
25 Maj. Visconti wurde am 29. 12. 1945 von Partisanen erschossen.
26 Auflösung des Stabes sowie der I. und II./KG (J) 6 am 9. 04. 1945
27 Einsatz III./KG (J) 6 und KG 51 als „Gefechtsverband Hogeback“.
28 Zuführung der Einsatzmaschinen nur angelaufen
29 Auflösung des Verbandes (Mistel) am 9. 04. 1945
30 Auflösung der II./KG (J) 54 am 25. 04. 1945
31 Auflösung des gesamten KG (J) 55 am 9. 04. 1945

Am 8.05.1945 landeten eine Fw 190 A-8 der 1./SG 6 sowie eine Bf 109 G-10/R2 (WerkNr. 770269) der 2./NAG 14 auf dem Flugplatz Fürth.

In Bad Aibling/Bayern fanden sich bei Kriegsende zahlreiche Einsatzmaschinen der Luftwaffe. Vorn links möglicherweise eine Fw 190 A-9, dahinter eine A-3 (WerkNr. 2168).

Eine provisorisch getarnte Einsatzmaschine der III./JG 54.

Als Kriegsbeute wurde die Fw 190 D-13/R11 (Werk-Nr. 836017) des JG 26 abtransportiert.

Großer Beliebheit erfreuten sich die erbeuteten Fw 190 A bei den Alliierten.

Als NC 900 flogen einige erbeutete Fw 190 mit Vierblatt-Luftschrauben.

Quellenverzeichnis

1. Veröffentlichte Quellen

Absolon, R., Rangliste der Generale der Deutschen Luftwaffe nach dem Stand vom 20. April 1945.
Podzun-Pallas Verlag, Friedberg/Hess., 1984.

Aders, G., Geschichte der deutschen Nachtjagd.
Motorbuch Verlag, Stuttgart, 1977.

Aders, G. und Held, W., Stukas, Jagdbomber, Schlachtflieger.
Motorbuch Verlag, Stuttgart, 1980.

Aders, G., Focke-Wulf Fw 190 chasseur-bombardier. Editions Atlas, Paris und Genf, o.J..

Air Ministry, The Rise and Fall of the German Air Force 1933–1945.
St. Martin's Press, New York, 1983.

Baumbach, W., Zu Spät – Aufstieg und Untergang der deutschen Luftwaffe.
Richard Pflaum Verlag, München, 1949.

Bekker, C., Angriffshöhe 400 – Ein Kriegstagebuch der deutschen Luftwaffe.
Gerhard Stalling Verlag, Hamburg-Oldenburg, 1964.

Benecke, Th., Hedwig, K.-H. and Hermann, J., Flugkörper und Bordraketen.
Bernard & Graefe, Koblenz, 1987.

Bölkow, L., Dr.-Ing. mult., Ein Jahrhundert Flugzeuge.
VDI Verlag, Düsseldorf 1990

Bowyer, M. J., Air Raid.
Patrick Stephens, Wellingborough, 1986.

Brandt, L. (edit.), Dr., Bordfunkgeräte der deutschen Luftwaffe 1939–1945.
(by Trenkle, F.), Ausschuß für Funkortung, Düsseldorf, 1958.

Brütting, G., Das Buch der deutschen Fluggeschichte, Bd. 3.
Drei Brunnen Verlag GmbH, Stuttgart, 1979.

Brütting, G., Das Buch der deutsche Fluggeschichte.
Drei Brunnen Verlag, Stuttgart, 1979.

Burda, F., Dr., Fünfzig Jahre Motorflug.
Burda Druck und Verlag, Offenburg/Baden, 1953.

Campbell, J.L., Focke-Wulf Fw 190 in Action, Squadron-Signal Publications, Warren, Michigan, 1975

Cescotti, R., Kampfflugzeuge und Aufklärer, Bernard & Graefe, Koblenz, 1989.

Conradis, H., Forschen und Fliegen, Weg und Werk von Kurt Tank.
Musterschmidt Verlag, Göttingen-Berlin-Frankfurt, 1955.

Cuny, J., La Chasse de nuit Allemande 1939–1945.
Editions e.p.a., Nancy, 1980.

Dierich. W., Die Verbände der Luftwaffe 1935–1945.
Motorbuch Verlag, Stuttgart, 1976.

Dressel, J. und Griehl, M., Fighters of the Luftwaffe.
Arms & Armour, London, 1993

Ethell, J. L. and Price, A., The German Jets in Combat.
Jane's Publishing Company, London-Sydney, 1979.

Ethell, J. L., Ta 152, Monogram Close-up 24.
Monogram Aviation Publications, Sturbridge/Massachusetts, 1990.

Feuchter, G. W., Geschichte des Luftkriegs – Entwicklung und Zukunft.
Athenäum Verlag, Bonn, 1954.

Frappè, J.-B. und Lorant, J.-Y., Le Focke-Wulf 190.
Collection DOCAVIA, Editions Larivière, Paris, 1981.

Freeman. R-.A., The mighty Eight War Diary.
Arms & Armour Ltd., London 1981 und 1991.
Galland, A., Die Ersten und die Letzten.
Franz Schneekluth Verlag, Hamburg-München, 1953.
von Gersdorff, K. and Grasmann, K., Flugmotoren und Strahltriebwerke.
Bernard & Graefe, München,1981
Green, W., The Warplanes of the Third Reich.
MacDonald, London, 1970.
Girbig, W., Start im Morgengrauen.
Motorbuch Verlag, 2. Aufl., Stuttgart, 1973.
Griehl, M., Me 262 – Das Vielzweckflugzeug.
Podzun-Pallas Verlag, Friedberg/Hess., 1984.
Griehl, M., Deutsche Nachtjäger im 2. Weltkrieg.
Podzun-Pallas Verlag, Friedberg/Hess., 1986.
Griehl, M., German Jets of World War Two.
Arms & Armour Ltd., London-New York-Sydney, 1988.
Griehl, M. und Dressel J., Deutsche Nahaufklärer 1930 bis 1945.
Podzun-Pallas Verlag, Friedberg/Hess., 1989.
Griehl, M. und Dressel J., Die deutschen Kampfflugzeuge im Einsatz 1936–1945.
Podzun-Pallas Verlag, Friedberg/Hess., 1990.
Griehl, M. und Dressel, J., Flugzeuge gegen Panzer.
Podzun-PallasVerlag, Friedberg/Hess., 1990.
Griehl, M., Heinkel Combat Aircraft.
Arms & Armour Ltd., London, 1992.
Griehl, M., Focke-Wulf Fw 190.
Flugzeug Publikationen GmbH, Illertissen, 1992
Griehl, M., Messerschmitt Me 262.
Flugzeug Publikationen GmbH, Illertissen, 1993
Gunston, B., World Encyclopaedia of Aero Engines.
Patrick Stephans, Wellingborough, 1986.
Gurney, G., The War in the Air.
Bonanza Books, New York, 1967.
Hahn, F., Deutsche Geheimwaffen 1939–1945.
Erich Hoffmann Verlag, Heidenheim/Brenz, 1963.
Hahn, F., Waffen und Geheimwaffen des deutschen Heeres 1933–1945.
Bernard & Graefe, Koblenz, 1987.
Hamburger Stiftung für Sozialgeschichte des 20. Jahrhunderts (edit.), Das Daimler-Benz Buch.
Greno Verlagsgesellschaft, Nördlingen, 1988.
Held, W. und Nauroth, H., Die deutsche Nachjagd.
Motorbuch Verlag, Stuttgart, 1995.
Hentschel, G., Die geheimen Konferenzen des Generalluftzeugmeisters.
Bernard & Graefe, Koblenz, 1989
Hildebrandt, C., Broken Eagles, Vol. 1, Fighter Pictorials.
Pekiomenville, 1987
Dr. Hiller, A., Heinkel He 162 »Volksjäger«.
Verlag Dr. Alfred Hiller, Wien, 1984.
Irving, D., Die Tragödie der Deutschen Luftwaffe.
Verlag Ullstein, Frankfurt-Wiesbaden-Wien, 1970.
Johnson, B., Streng Geheim – Wissenschaft und Technik im 2. Weltkrieg.
Motorbuch Verlag, Stuttgart, 1983.
Klein, H., Vom Geschoß zum Feuerpfeil.
Kurt Vohwinckel Verlag, Neckargemünd, 1977.
Kosin, R., Die Entwicklung der deutschen Jagdflugzeuge.
Bernard & Graefe, Koblenz, 1983.
Lange, B., Typenhandbuch der deutschen Luftfahrttechnik.
Bernard & Graefe Verlag, Koblenz, 1986.
Lauck, F., Der Lufttorpedo – Entwicklung und Technik in Deutschland 1915–1945.
Bernard & Graefe, Koblenz, 1981.
Lusar, R., Die deutschen Waffen und Geheimwaffen des 2. Weltkriegs.
Lehmanns Verlag, München, 1971.
Maloney, E.T., Heinkel He 162.
Aero Publishers Inc., Fallbrook, 1965.
Middlebrook M. und Everitt, Ch., The Bomber Command War Diaries, 1939–1945.
Viking Books Ltd., Harmondsworth, Middlesex., 1985.
Mönnich, H., Vor der Schallmauer.
BMW Edition im ECON Verlag, Düsseldorf-Wien, 1983.

M T U (edit.), Erinnerungen 1934–1984 Flugtriebwerksbau in München.
MTU, München, 1985.
Nowarra, H.J., Focke-Wulf Fw 190.
Podzun-Pallas Verlag, Friedberg/Hess., 1985.
Nowarra, H. J., The Focke Wulf 190, a famous German Fighter.
Harleford Publikation, Lings Langley, Herts., 1972.
Nowarra, H. J., Die deutsche Luftrüstung.
Bernard & Graefe, Vol. 3, Koblenz, 1987.
Nowarra, H. J., Deutsche Flugkörper.
Podzun-Pallas Verlag, Friedberg/Hess., 1987.
Nowarra, H. J., Focke-Wulf Fw 190 – Ta 152, Entwicklung – Technik – Einsatz.
Motorbuch Verlag, Stuttgart, 1988.
Petersen, C., Tyske Fly i Danmark, 1940–1945.
Bollerup Boghandels Forlag, Ringkoebing, 1992.
Price, A., Dr., Luftschlacht über Deutschland.
Motorbuch Verlag, Stuttgart, 1974.
Price, A., Dr., Blitz über England.
Motorbuch Verlag, Stuttgart, 1978.
Price, A., Dr., Sie flogen die Fw 190.
Motorbuch Verlag, Stuttgart, 1980.
Price, A., Dr., The Last Year of the Luftwaffe (May 1944 to May 1945).
Arms and Armour, London, 1991.
Ries, K. und Dierich W., Fliegerhorste und Einsatzhäfen der Luftwaffe – Planskizzen 1935–1945.
Motorbuch Verlag, Stuttgart, 1993.
Rumpf, H., Das war der Bombenkrieg.
Gerhard Stalling Verlag, Oldenburg, 1961.
Saft, U., Das bittere Ende der Luftwaffe.
Verlag Saft, Langenhagen, 1992.
Scutts, J., Luftwaffe Night Fighter Units 1939-45.
Prey Publishing, London, 1978.
Schliephake, H., Flugzeugbewaffnung. Die Bordwaffen der Luftwaffe v. d. Anfängen b. z. Gegenwart.
Motorbuch Verlag, Stuttgart, 1977.
Schreier, H., Jagdgeschwader 52.
Kurt Vowinkel Verlag, Berg am See, 1990.
Sengfelder, G., Flugzeugfahrwerke der ehemaligen deutschen Luftwaffe.
Motorbuch Verlag, Stuttgart, 1979.
Shores, Ch., Entscheidende Luftschlachten des 2. Weltkriegs.
Motorbuch Verlag, Stuttgart, 1988.
Simon, L. E., Secret Weapons of the Third Reich.
W E Inc., Old Greenwich, 1971
Smith, R. and Creek, E. J., Volksjäger.
Monogram Aviation Publications, Boylston, 1986.
Smith, R. and Creek, E. J., Dornier Do 335.
Monogram Aviation Publications, Boylston, 1986.
Smith, R. and Creek, E. J., Fw 190 D.
Monogram Aviation Publications, Boylston, 1987.
Smith, R. (edit.), The Koller War Diary.
Monogram Aviation Publications, Boylston, 1990.
Streetly, M., Confound and Destroy.
MacDonald and Jane's, London, 1978.
Stockhorst, E., Wer war was im 3. Reich.
VMA Verlag, Wiesbaden, o.D.
Toliver, R. F., Adolf Galland.
F.A. Herbig Verlagsbuchhandlung GmbH, München, 1992.
Trenkle, F., Die deutschen Funkmeßverfahren bis 1945.
Motorbuch Verlag, Stuttgart, 1979.
Trenkle, F., Bordfunkgeräte, Vom Funkensender zum Bordradar.
Bernard & Graefe, Koblenz, 1986.
Uhlrich, W., Deutsche Decknamen des Zweiten Weltkriegs.
Kurt Vowinckel Verlag, Berg am See, 1987.
Wagner, W., Kurt Tank, Konstrukteur und Testpilot bei Focke-Wulf.
Bernard & Graefe, München, 1980.
Wagner, W. Die ersten Strahlflugzeuge der Welt.
Bernard & Graefe, Koblenz, 1989.
West, K. S., The captive Luftwaffe.
Putnam & Company, London, 1978.
Winter, F. F., Die deutschen Jagdflieger.
Universitas Verlag, München, 1987.

2. Unveröffentlichte Quellen

– Auszug –

Amtschefbesprechungen (GFM Milch), 1942–1944
Entwicklungsbesprechungen (GFM Milch), 1942–1944
Flugzeugbeschaffungsprogramme 1939–1944
Focke-Wulf, Flugberichte, div. Versuchsmuster, ab 1942
ebenda, div. Baubeschreibungen der Ta 152, 1944–1945
ebenda, div. Bedienungsvorschriften – Fl, 1944–1945
ebenda, Erprobungsberichte Ta 152, 1944–1945
ebenda, div. Flugbücher der Abt. Mustererprobung
ebenda, Flugzeug-Ausführungs-Übersichtslisten, 1942–1944
ebenda, Betrachtungen über Flugzeugbewaffnung, 30. 07. 1942
ebenda, Flugzeughandbücher Fw 190 A–1 bis D-9, Teil 0
ebenda, Flugzeugmuster Fw 190 mit BMW 801, Januar 1944
ebenda, Flugbetriebsbuch Langenhagen, 1944–1945
ebenda, Ingenieur-Nachrichten 1944–1945
ebenda, Rüst- und Betriebsanleitung Fw 190 V1 und V2, 1940
ebenda, div. Schriftverkehr des Werks, 1940–1945
ebenda, Tagjäger-Leistungsvergleich vom 10. 06. 1944
ebenda, Berichte Techn. Aussendienst, 1941–1945
Forschungsanstalt Graf Zeppelin, Zusatzbehälterentw., 1944
Jägerstabsbesprechungen, 1944–1945
Jumo Motorenwerke, Schriftverkehr, 1940–1945
ebenda, Monatsberichte Versuchsbau, 1943–1945
ebenda, Tätigkeitsberichte, 1943–1945
Junkers Werke, Werksunterlagen Flugzeugbewaffnung, 1945
Kommando der Erprobungsstellem, Schriftverkehr und Berichte
ebenda, E-Stelle Tarnewitz, Monatsberichte und Fernschreiben
ebenda, Halbjahresberichte (Auszüge), 1942 und 1944
ebenda, E-Stelle Rechlin, Monatsberichte 1944–1945
Luftflotte 6 und Luftwaffenkdo 6 – Schriftverkehr, 1944–1945
ebenda, Tageneinsatzmeldungen (Auszüge), 1945
OKL – Chef TLR, Kriegstagebuch (bis 4. 04. 1945) nebst Anlagen
OKL – Führungsstab, Gliederungen und Berichte, 1944–1945
OKL – GenQu., Flugzeugverteilung, Mai 1944 – Februar 1945
OKL – GdS, Panzerschacht-Einsatz, 21. 05. 1944
ebenda, Produktionszahlen, Juni 1944 – März 1945
Reichsluftfahrtministerium, div. Unterlagen, 1942–1945
Rheinmetall-Borsig, div. Schriftverkehr, 1943–1945

FLUG REVUE

Ich habe keinen Bock mehr! Ich will nicht mehr! Ich bin schon lange tot!